工程塑料及其应用

第 2 版

樊新民　车剑飞　编

机 械 工 业 出 版 社

本书前半部分简明地介绍了工程塑料的类型与性能，系统地介绍了通用工程塑料、特种工程塑料、改性工程塑料的种类、成型加工、性能等内容；后半部分通过应用实例，主要介绍了工程塑料在机械工程、汽车、电气电子工程、建筑工程、化工等领域的应用。本书内容全面系统，层次清晰，实例丰富，是一本应用性强、技术新的工程塑料应用技术图书。

本书可供机械、电气电子、石油、化工、建筑等领域的工程技术人员、管理人员及购销人员使用，也可供相关专业在校师生和研究人员参考。

图书在版编目（CIP）数据

工程塑料及其应用/樊新民，车剑飞编. —2版.
—北京：机械工业出版社，2016.11（2024.6重印）
ISBN 978-7-111-55047-1

Ⅰ.①工… Ⅱ.①樊…②车… Ⅲ.①工程塑料
Ⅳ.①TQ322.3

中国版本图书馆CIP数据核字（2016）第239220号

机械工业出版社（北京市百万庄大街22号 邮政编码100037）
策划编辑：陈保华 责任编辑：陈保华
责任印制：常天培 责任校对：李锦莉
北京机工印刷厂有限公司印刷
2024年6月第2版·第7次印刷
169mm×239mm·19.25印张·371千字
标准书号：ISBN 978-7-111-55047-1
定价：59.00元

凡购本书，如有缺页、倒页、脱页，由本社发行部调换
电话服务
服务咨询热线：010-88361066
读者购书热线：010-68326294
010-88379203
策 划 编 辑：010-88379734

网络服务
机 工 官 网：www.cmpbook.com
机 工 官 博：weibo.com/cmp1952
金 书 网：www.golden-book.com
教育服务网：www.cmpedu.com

前　言

工程塑料具有良好的综合性能，刚性大，蠕变小，力学强度高，耐热性好，电绝缘性好，能在较宽的温度范围内承受机械应力和在较苛刻的物理化学环境中使用，是当今世界发展最为迅速的工程结构材料之一。工程塑料制作的新产品不断涌现，应用领域越来越广，在机械、汽车、电气电子、建筑、化工等许多工业领域得到越来越广泛的应用。

工程塑料易成型加工，可调节性和可配制性强，品种繁多。目前工程塑料正朝着高性能化、高功能化、多用途和低成本方向发展。工程塑料是具有独特性能的材料，不能仅仅将工程塑料作为金属材料的代用品，而是要针对不同的具体要求，选择综合性能最佳、成本较低及产品质量最好的加工方法，根据工程塑料的特性合理选用，扬长避短，充分发挥工程塑料的优良特性。这就要求从事设计工作的工程技术人员对工程塑料的性能有较全面的了解。编写本书的目的是为从事设计与选材的工程技术人员、有关的管理人员及购销人员提供应用性强、标准新、技术新、实例多的工程塑料应用技术图书，促进工程塑料应用技术的发展。

本书第2版基本保持了第1版的编写体例，即在给出各类工程塑料性能数据的基础上，介绍了工程塑料在机械、汽车、电气电子、建筑、化工等领域的应用技术。此次修订，贯彻了现行技术标准，更正了第1版的错误，修订了部分工程塑料的性能数据，补充了新的工程塑料应用技术实例。

本书由樊新民、车剑飞编写，樊新民编写第1、5、6、7章，车剑飞编写第2、3、4、8、9章，全书由樊新民统稿。在本书编写过程中，我们参考了大量的文献资料，书中仅列出了主要参考文献，但难免挂一漏万，编者在此向文献的作者致以诚挚的谢意。本书的编写与出版，得到了机械工业出版社的大力支持，编者在此深表谢意。限于编者水平，书中定有错误与不妥之处，恳请读者批评指正。

编　者

目　　录

第1章　工程塑料的类型与性能

1.1　工程塑料的类型

塑料是以合成树脂为基本成分，在一定条件下可塑制成型，而产品最后能够保持形状不变的材料。大多数塑料除基本成分合成树脂外，还含有辅助物料，如填料、增塑剂、稳定剂等。

按用途塑料分为通用塑料和工程塑料两大类。通用塑料产量大，价格低，应用面广，成型加工容易；但耐热性、力学强度和刚性比较低，一般只作为非结构材料使用，如聚乙烯、聚丙烯、聚氯乙烯、聚苯乙烯等。

工程塑料主要是指能够用作结构材料的热塑性塑料。工程塑料具有良好的综合性能，刚性大，蠕变小，力学强度高，耐热性好，电绝缘性好，能够在较苛刻的化学、物理环境中长期使用，可作为结构材料使用；但价格较贵，产量较小。

工程塑料又分为通用工程塑料和特种工程塑料。通用工程塑料使用温度一般在150℃以下，主要品种有聚酰胺（俗称尼龙，PA）、聚甲醛（POM）、聚碳酸酯（PC）、聚苯醚（PPO或PPE）、热塑性聚酯（PBT、PET）、丙烯腈-丁二烯-苯乙烯共聚物（ABS）、超高分子量聚乙烯（UHMWPE）等。特种工程塑料的使用温度一般在150℃以上，主要品种有聚砜（PSF）、聚醚砜（PES）、聚苯硫醚（PPS）、聚芳酯（PAR）、聚酰胺（酰）亚胺（PAI）、聚醚酰亚胺（PEI），聚醚醚酮（PEEK）、聚酰亚胺（PI）、液晶聚合物（LCP）、氟塑料等。表1-1列出了工程塑料的中英文名称及缩写。

表1-1　工程塑料的中英文名称及缩写

中文名称及缩写	英文名称
丙烯腈-丁二烯-苯乙烯共聚物（ABS）	acrylonitrile-butadine-styrene copolymer
聚酰胺（俗称尼龙）（PA）	polyamide（nylon）
聚甲醛（POM）	polyformaldehyde or polyoxymethylene
聚碳酸酯（PC）	polycarbonate
聚苯醚（PPO或PPE）	polyphenylene oxide or polyphenylene ether
聚对苯二甲酸丁二醇酯（PBT）	polybutylene terephthalate
聚对苯二甲酸乙二醇酯（PET）	polyethylene terephthalate

（续）

中文名称及缩写	英文名称
聚萘二甲酸乙二醇酯（PEN）	polyethylene naphthalate
超高分子量聚乙烯（UHMWPE）	ultra high-molecular weight polyethylene
聚砜（PSU）	polysulfone
聚醚砜（PES）	polyethersulfone
聚苯硫醚（PPS）	polyphenylene sulfide
聚芳酯（PAR）	polyarylate
聚酰胺（酰）亚胺（PAI）	polyamidimide
聚醚（酰）亚胺（PEI）	polyetherimide
聚醚醚酮（PEEK）	polyetheretherketone
聚醚酮（PEK）	polyetherketone
聚酰亚胺（PI）	polyimide
液晶聚合物（LCP）	liquid crystalline polymer
聚四氟乙烯（PTFE）	polytetrafluoroethylene
聚三氟氯乙烯（PCTFE）	polychlorotrifluoroethylene
聚偏氟乙烯（PVDF）	polyvinylidene fluoride
聚氟乙烯（PVF）	polyvinylfluoride

1.2 工程塑料的性能特点

工程塑料的性能主要取决于高分子化合物的化学组成、相对分子质量、分子结构和物理状态。工程塑料具有下列优良的特性：

1）密度低，工程塑料的密度通常为1.02~2.40g/cm^3，只有钢铁材料的1/8~1/4。表1-2给出了工程塑料与某些金属材料的密度。

表1-2 工程塑料与某些金属材料的密度

名称	密度/(g/cm^3)	名称	密度/(g/cm^3)	名称	密度/(g/cm^3)
铸铁	8.0	ABS	1.02~1.06	均聚甲醛	1.42
合金钢	8.0	PA6	1.14	共聚甲醛	1.41
铜合金	8.7	PA66	1.14	聚苯醚	1.06
铝	2.8	PA12	1.02	聚砜	1.24
钛	4.6	PA1010	1.05	聚苯硫醚	1.3
玻璃	2.2~3.0	聚碳酸酯	1.20	聚四氟乙烯	2.14~2.20

2）较高的比强度（强度/密度），现在聚芳酯的比强度已经超过钢铁材料。

3）良好的电绝缘性，许多电子电器产品都离不开它。

4）化学稳定性好，有良好的耐化学腐蚀性，如有“塑料王”之称的聚四氟乙烯，任何介质都难以腐蚀。

5）优良的耐磨、减摩和自润滑性，如聚酰胺、聚碳酸酯及聚四氟乙烯等工程塑料制的耐摩擦零件，可以在各种液体、边界和干的摩擦条件下工作。

6）良好的异物埋没性和就范性，在有磨粒或杂质存在的恶劣条件下工作的零件，如齿轮，偶遇坚硬杂质时，会因塑料的异物埋没性和就范性而将杂质埋没在齿轮内或发生适当形变而继续运转，不会像钢齿轮那样发生咬死或刮伤现象。

7）优良的吸振性、耐冲击性、抗疲劳性及消声性，对于运动中的机械零件，可使其达到平稳无声运转。

但工程塑料的力学强度、硬度和耐热性不如金属材料，力学强度低，拉伸强度约为钢的1/10；一般只能在100℃左右工作，少数可达200℃，热导率只有钢铁的1/(200~300)，尺寸稳定性差，膨胀收缩变形较金属大，线膨胀系数约为钢的5倍；耐久性差，长期受重力作用易产生疲劳，在室外长期受紫外线作用，易降低性能。

工程塑料大都具有可塑性和熔融流动特性，可以采用热压、挤出、注射、吹塑、压延等成型方法成批生产，比金属加工的工艺简单、工时少、能耗低、成本低。

工程塑料的性能主要有力学性能、物理性能、化学性能和加工性能，所包含的具体项目如下：

工程塑料的性能
- 物理性能——热性能、电性能、光学性能
- 力学性能——拉伸强度、压缩强度、弯曲强度、伸长率、冲击强度、疲劳强度、蠕变、摩擦、磨耗、硬度、弹性模量
- 化学稳定性——耐蚀性、耐老化性能
- 加工性能

1.3 工程塑料的物理性能

1.3.1 热性能

工程塑料的热性能包括与热传导有关的物理量，如热导率、比热容、线胀系数；与相态变化有关的性能，如玻璃化转变温度、熔点；与耐热性有关的性质，如热变形温度、维卡软化点；与燃烧有关的性质，如阻燃性、燃烧速率。

1. 热导率、比热容、线胀系数

工程塑料的热导率低、导热性较差。热导率一般约为0.22W/(m·K)，是

铜的6/10000，不到钢铁材料的1/100，是优良的绝热、保温材料。热导率随温度升高变化不大，结晶型塑料的热导率随温度升高有所下降。

工程塑料的比热容比金属材料及无机材料大，一般为1～2kJ/(kg·K)，是钢铁材料的2～4倍。

工程塑料的线胀系数比金属材料和陶瓷大，是金属材料的3～10倍，因此，工程塑料制品容易因温度变化而影响尺寸的稳定性。线胀系数随温度的升高而增大，但不是线性关系。表1-3列出了工程塑料的热性能。表1-4列出了一些工程塑料的线胀系数。

表1-3 工程塑料的热性能

材料	密度/(g/cm³)	比热容/[kJ/(kg·K)]	热导率/[W/(m·K)]	热扩散率/(10^{-7} m²/s)	最高使用温度/℃
ABS	1.04	1.47	0.3	1.7	70
PA66	1.14	1.67	0.24	1.01	90
PA66+30%玻璃纤维	1.38	1.26	0.52	1.33	100
PC	1.15	1.26	0.2	1.47	125
POM(均聚)	1.42	1.47	0.2	0.7	85
POM(共聚)	1.41	1.47	0.2	0.72	90
MPPO	1.06	—	0.22	1.47	120
PET	1.37	1.05	0.24	—	110
PET+30%玻璃纤维	1.63	—	—	—	150
PTFE	2.10	1.00	0.25	0.7	260

表1-4 工程塑料的线胀系数

材料	线胀系数/(10^{-5}/℃)	材料	线胀系数/(10^{-5}/℃)
PA6	8.0	PC	6.0
GFPA66	2.5	GFPC	3.2～4.8
PA610	10.0	PSF	5.6
PA1010	14.0	GFPSF	2.8
PA11	11.0	PES	5.5
PA12	11.0	MPPO	6.7
ABS	7.0	PCTFE	10.0
GFPET	2.5	PVDF	7.9～14.2

2. 耐热性

耐热性是评价工程塑料性能的主要标准之一。工程塑料在实际使用中，不仅要求在室温下具有较高的力学性能，而且要求在高于室温和较高温度下也具有良好的力学性能。工程塑料的性能随着温度的升高会有不同形式和程度的变化。表征工程塑料的性能随着温度变化的性能参数有热变形温度、玻璃化转变温度、UL温度指数（长期连续使用温度）、熔点等。

热变形温度是指将试样浸在一种等速升温的适宜传热介质中，在简支梁式的静弯曲载荷作用下，测出试样弯曲变形达到规定值时的温度。热变形温度是衡量工程塑料耐热性能的重要技术指标之一，是材料研究和工程设计中控制质量的主要性能参数。维卡软化点是指在等速升温条件下，用一根带有规定载荷、截面积为1mm^{2}的平顶针放在试样上，当平顶针刺入试样1mm时的温度，单位以℃表示。马丁耐热温度是指试样在一定弯曲力矩作用下，在一定等速升温环境中发生弯曲变形，试样达到规定变形量时的温度。

表1-5给出了一些工程塑料的热变形温度及长期使用温度，表1-6列出了一些工程塑料的玻璃化转变温度和熔点，表1-7列出了工程塑料的耐热等级。

表1-5 工程塑料的热变形温度及长期使用温度 （单位:℃）

材　料	热变形温度（1.82MPa）	维卡软化点	长期连续使用温度
PA6	63		65～130
PA12	49～55	162～165	
PA612	60	180	
玻璃纤维增强PA6	206		65～130
聚对苯二甲酸丁二醇酯（PBT）	78	214	120～140
玻璃纤维增强PBT	212		120～140
聚甲醛	122		85～105
聚碳酸酯	135	150～155	100～130
改性聚苯醚（MPPO）	110		90～140
聚砜	175～200	222	140～150
聚醚砜	203		170～180
聚苯硫醚	260		180～220
聚芳酯	174		150～160
聚酰胺酰亚胺	274		230～250
聚酰亚胺	357		260～316
液晶聚合物（Xydar）	310		210～260
聚四氟乙烯	55		240～260

表1-6 一些工程塑料的玻璃化转变温度(T_g)和熔点(T_m) (单位:℃)

材 料	T_g	T_m	材 料	T_g	T_m
UHMWPE	-120	136	PPO	-56	175
PA6	50	215~225	PPO 共聚物	-60	165
PA11	37	187	PET	69	263
PA12	37	178	PBT	20	224
PA66	50	253~263	PPS	90	285
PA1010		200~210	PEEK	143	334
PA46	78	290	PTFE	-33	327
PA610	50	213	PVF	-35	198~200
PA612		210	PVDF		165~185
PC		200~230	PCTFE	45	220

表1-7 工程塑料的耐热等级

耐热等级	温度/℃	工程塑料
Y级	90	聚甲醛、PA1010
A级	105	氯化聚醚、MCPA
E级	120	玻璃纤维增强PA、聚碳酸酯、改性聚苯醚、聚三氟氯乙烯
B级	130	玻璃纤维增强聚碳酸酯、玻璃纤维增强PBT
F级	155	聚砜、聚芳酯
H级	180	聚醚砜、玻璃纤维增强PET
C级	>180	聚四氟乙烯、聚酰亚胺、聚芳砜、聚苯酯、聚醚醚酮、液晶聚合物

1.3.2 电性能

电气材料根据使用电场的高低分为弱电材料和强电材料。用于通信设备、各种民用电子设备、家电、高频绝缘、印制电路板等的电子材料属弱电材料；用于变压器、电动机、发电机等电器及电力输送线路的材料为强电材料。弱电材料的主要电性能指标是介电常数和介质损耗角因数；强电材料主要应满足绝缘性、耐电压和长期使用性能。

1. 介电常数、介质损耗角因数

介电常数 ε 是表征绝缘材料在交流电场下介质极化程度的参数，它是充满此绝缘材料的电容器的电容量，与以真空为电介质时同样电极尺寸电容器的电容量的比值。介质损耗角因数表征绝缘材料在交流电场下的能量损耗，是外施正弦电压与通过试样的电流之间的相角的余角正切，又称为介质损耗角正切值。表1-8

列出了几种工程塑料在不同频率时的介电常数和介质损耗角因数。

表 1-8 几种工程塑料在不同频率时的介电常数和介质损耗因数

材料	介电常数			介质损耗因数（$\times 10^{-4}$）		
	60Hz	10^3Hz	10^6Hz	60Hz	10^3Hz	10^6Hz
ABS	2.4~4.5	2.4~4.5	2.4~3.8	30~80	40~70	70~150
POM		3.7	3.7		40	40
PA66	4.0~4.6	3.9~4.5	3.4~3.6	140~400	200~400	400
PA6	3.9~5.5	4.0~4.9	3.5~4.7	400~600	110~600	300~400

2. 绝缘电阻、表面电阻率、体积电阻率

施加在试样上的直流电压与流过电极间的传导电流之比，称为绝缘电阻，单位为Ω。试样体积电流方向的直流电场强度与该处电流密度之比，称为体积电阻率，单位为Ω·cm。试样表面电流方向的直流电场强度与单位长度的表面传导电流之比，称为表面电阻率，单位为Ω。表1-9列出了一些工程塑料的体积电阻率。

表 1-9 一些工程塑料的体积电阻率

材料	体积电阻率/Ω·cm	材料	体积电阻率/Ω·cm
PA6	$>10^{15}$	PBT	$>10^{16}$
PA66	$>10^{15}$	超高分子量聚乙烯	$10^{16}\sim10^{18}$
ABS	$10^{15}\sim10^{16}$	聚砜	$>10^{16}$
聚碳酸酯	$>10^{16}$	聚醚砜	$>10^{16}$
聚甲醛	$10^{14}\sim10^{15}$	聚四氟乙烯	$>10^{17}$
改性聚苯醚	$10^{16}\sim10^{17}$	聚三氟氯乙烯	$>10^{17}$

3. 介电强度

介电强度又称为击穿强度，是指在规定的试验条件下，击穿电压与施加电压的两导电部分之间距离的商，单位为kV/mm。表1-10列出了一些工程塑料的介电强度和耐电弧性。

表 1-10 一些工程塑料的介电强度和耐电弧性

材料	介电强度/(kV/mm)	耐电弧性/s	材料	介电强度/(kV/mm)	耐电弧性/s
ABS	14~15	66~82	PBT	18.0	80~130
PA6	18.0	130~140	改性聚苯醚	16~22	70~80
PA66	15.0	120~135	玻璃纤维增强改性聚苯醚	20~24	80~100
PA12	>15.0	120~125	聚四氟乙烯	>60	>300
聚碳酸酯	20~22	100~120	聚三氟氯乙烯	>15.0	>360
聚甲醛	20.0	220~240			

1.3.3　光学性能

1. 透光性

衡量透明工程塑料透光性的两个重要参数是透光率和雾度。透光率是指透过试样的光通量和射到试样上的光通量之比，用百分数表示，一般用于透明塑料。雾度是指透过试样而偏离入射光方向的散射光通量与透射光通量之比，用于半透明的塑料。

2. 黄色指数

无色透明、半透明和近白色不透明塑料偏离白色的程度，称为塑料黄色指数或塑料黄色度。某些工程塑料（如聚碳酸酯、ABS 等）常以黄色指数的变化，作为经长期暴露于光和热环境中性能变化的评定依据。

3. 白度

塑料白度是指不透明白色或近白色的粉末状树脂和板状塑料表面对规定蓝光漫反射的辐射能，与同样条件下理想的全反射漫射体反射的辐射能之比，用百分数表示。

1.4　工程塑料的力学性能

工程塑料作为一种结构材料，其力学性能是最重要的性能。力学性能由其结构特性所决定。

1.4.1　拉伸应力-应变曲线的特点

工程塑料的拉伸性能是其力学性能中最重要、最基本的性能之一，拉伸性能指标在很大程度上决定了工程塑料的使用范围。在拉应力作用下，工程塑料的应力应变行为与金属材料有很大不同，主要表现在屈服后的应力应变特点。图 1-1 所示是塑料在拉应力作用下的应力-应变曲线。曲线的起始阶段 OA 基本上是一条直线，应力与应变成正比，试样表现为胡克弹性行为。直线的斜率是试样的弹性模量。线性区对应的应变较小，一般只有百分之几。B 点是屈服点，应力达到屈服点后，在应力基本不变的情况下试样产生较大的变形，当应力去除后，试样不能恢复到原样，即发生了塑性变形。屈服点对应的应力称为屈服应力或屈服

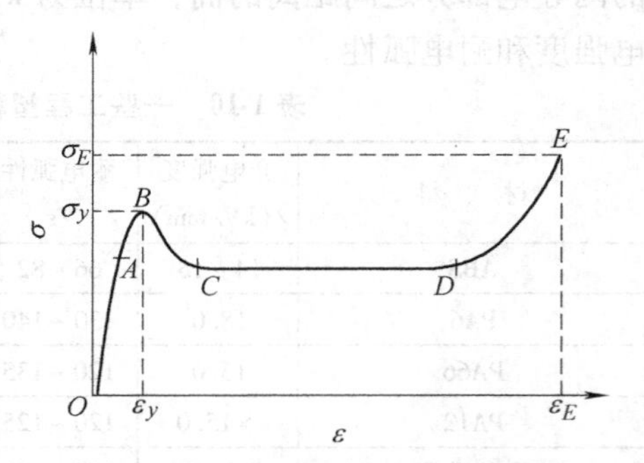

图 1-1　拉应力作用下塑料的应力-应变曲线

强度。屈服点之后，试样出现细颈，这一点与金属材料不同。此后的形变是细颈的逐渐扩大，直到 D 点，试样被拉成细颈。D 点之后试样的应变进入第三阶段，试样再度被均匀拉伸，应力提高，直到 E 点被拉断为止。相应于 E 点的应力是拉伸强度，对应的形变称为断裂伸长率。

有明显屈服的工程塑料的屈服强度是作为结构材料使用时的最大应力。一些工程塑料在屈服前就发生断裂，只有拉伸断裂强度。

1.4.2　强度与模量

用于制造受力结构件的工程塑料必须有足够的强度。根据应力-应变曲线能够测定工程塑料的屈服强度、屈服伸长率、拉伸断裂强度、断裂伸长率。表1-11列出了一些工程塑料的力学性能。

表1-11　一些工程塑料的力学性能

材料	屈服强度/MPa	屈服伸长率（%）	拉伸断裂强度/MPa	断裂伸长率（%）	拉伸模量/GPa	弯曲强度/MPa	弯曲模量/GPa	压缩强度/MPa	泊松比（静态值）
PA6	50	30	75	300	1.9		2.0	90	0.44
PA66	57	25	80	200	2.0		2.3		0.46
聚甲醛			65	40	2.7		2.5	120	0.44
聚苯醚			65	75	2.3				0.41
聚砜			65	75	2.5	100		80	0.42
聚酰亚胺			75	7	3.0	100			0.42
聚苯硫醚			65	3	3.4	110			
聚四氟乙烯	13	62.5	2.5	200	0.5		0.35	0.8	0.46

工程塑料拉伸强度和压缩强度的绝对值比钢铁材料等金属材料低，但其比强度（强度/密度）则与金属材料相当。工程塑料经过玻璃纤维等增强后，强度得到明显提高，表1-12列出了工程塑料在玻璃纤维增强前后的力学性能。

表1-12　工程塑料在玻璃纤维增强前后的力学性能

材　　料		拉伸强度/MPa	伸长率（%）	弯曲强度/MPa	弯曲弹性模量/MPa
PA6	未增强	74	200	112	2.6
	30%玻璃纤维增强	160	5	240	7.5
PA66	未增强	80	60	96	3.0
	30%玻璃纤维增强	170	5	240	8.0
聚甲醛	未增强	62	40	91	2.6
	25%玻璃纤维增强	128	3	200	7.7

（续）

材料		拉伸强度/MPa	伸长率（%）	弯曲强度/MPa	弯曲弹性模量/MPa
聚碳酸酯	未增强	63	100	90	2.3
	30%玻璃纤维增强	125	4	190	7.8
改性聚苯醚	未增强	65	60	80	2.5
	30%玻璃纤维增强	120	5	140	7.7
PBT	未增强	56	300	87	2.5
	30%玻璃纤维增强	140	4	200	9.0
聚砜	未增强	71	70	110	2.8
	30%玻璃纤维增强	130	2	160	8.3
聚苯硫醚	未增强	67	1.6	9.8	3.9
	40%玻璃纤维增强	137	1.3	204	11.2

1.4.3 冲击强度

冲击试验是用来度量材料在高速冲击状态下的韧性或对断裂的抵抗能力的一种试验。测试工程塑料冲击试验的方法较多，主要有摆锤冲击试验法、落锤冲击试验法。摆锤冲击试验又分简支梁（Charpy）法和悬臂梁（Izod）法。目前我国测试工程塑料冲击强度使用较多的是简支梁法，而国外则大多使用悬臂梁法。选用冲击强度数据时，应注意所采用的试验方法。

简支梁冲击试验所用的试样分为无缺口和有缺口两种。

（1）无缺口试样简支梁冲击强度　其冲击强度是指无缺口试样在冲击载荷作用下，破坏时所吸收的冲击能量与试样的原始横截面积之比，单位为 kJ/m^2。

（2）缺口试样简支梁冲击强度　其冲击强度是指缺口试样在冲击载荷作用下，破坏时所吸收的冲击能量与试样缺口处的原始横截面积之比，单位为 kJ/m^2。

悬臂梁冲击试验所用的试样开有缺口，以试样破断时单位宽度所消耗的能量来衡量，单位是 J/m。表 1-13 列出了一些工程塑料的悬臂梁缺口冲击强度。

表 1-13　一些工程塑料的悬臂梁缺口冲击强度

材料	悬臂梁缺口冲击强度/(J/m)	材料	悬臂梁缺口冲击强度/(J/m)
PA6	56	PA1010	40～50
PA66	40	ABS	105～215
PA11	39	聚碳酸酯	660～880
PA12	50	聚甲醛	60～80
PA610	56	聚四氟乙烯	150～180

1.4.4　硬度

硬度表征材料表面局部体积内抵抗变形或破裂的能力。随着试验方法的不同，其内涵意义也不同。按照施加载荷的方式，硬度试验可分为刻划法和压入法。工程塑料与金属材料及陶瓷相比硬度低，属软质材料。

1. 莫氏硬度

莫氏硬度主要用在矿物分类上。莫氏硬度从1级到10级，其抗刮痕性递增（如滑石的莫氏硬度为1级，金刚石为10级），即每一级莫氏硬度对应的材料可以在前一级的材料上刮出痕迹。根据莫氏硬度可以确定工程塑料在使用时与其接触物体之间的抗刮痕性。工程塑料的莫氏硬度为2~3级。

2. 压陷硬度

压陷硬度表征材料表面抵抗其他较硬物体压入的性能，综合反映材料表面局部区域的弹性、塑性和韧性。工程塑料的压陷硬度分为球压痕硬度、邵氏硬度、巴柯尔硬度、布氏硬度和洛氏硬度。压陷硬度的测试原理是，把规定直径的钢球在规定的载荷下压入试样表面，并保持一定时间，用压痕单位面积上承受的力或者压痕的深度表示硬度。布氏硬度一般用于硬度值较高的塑料，邵氏硬度用于低硬度，洛氏硬度应用范围较广，较软、较硬的塑料均可测试。塑料的压陷硬度低于金属材料和陶瓷。表1-14列出了几种工程塑料的硬度。

表1-14　工程塑料的硬度

材　　料	洛氏硬度		邵氏硬度
	M	R	
ABS		108~113	
UHMWPE		40	
PTFE			D50~65
氟树脂（GF增强）	80~100		
PA		110~120	
PC		115~125	
POM		120	
PPO		115~123	
PSU	69	120	
PPS		121~122	
热塑性聚酯	68	117	

1.4.5　蠕变与疲劳

1. 蠕变

蠕变是指材料长时间受恒定应力作用而应变随时间延长不断增大的现象。黏弹性的特点决定了塑料的蠕变性能不同于金属材料，金属材料通常在高温工作时发生蠕变，而塑料在常温时就会有蠕变。塑料的蠕变起因于晶粒及分子链等滑移所造成的松弛和黏性流动。工程塑料的蠕变性能与工程塑料的结构、载荷的大小、载荷作用的时间、环境温度及湿度有关。用工程塑料制造结构零部件时，必须考虑材料的蠕变，即在预定时间内构件尺寸允许的变化范围。蠕变值较小的工程塑料有聚碳酸酯、聚砜和聚苯醚等，蠕变值较大的工程塑料主要有氟塑料和聚酰胺。

2. 疲劳

疲劳是材料在重复载荷的长时间作用下引起的力学性能下降或破坏的现象。疲劳性能通常用疲劳曲线表示，疲劳曲线以循环应力幅 S 为纵坐标，疲劳破坏循环次数 N 的对数为横坐标（S-N 曲线），图1-2所示是典型的 S-N 曲线。由疲劳曲线能确定某一应力值的疲劳寿命，所加的应力越大，则材料的疲劳寿命越短，断裂前循环次数越少。疲劳极限是疲劳曲线水平部分对应的应力值，在疲劳曲线没有水平部分出现时，疲劳极限用某一循环次数时的应力表示。许多金属材料有明显的疲劳极限，而工程塑料的疲劳极限不明显，通常以循环次数的应力值作为疲劳极限。

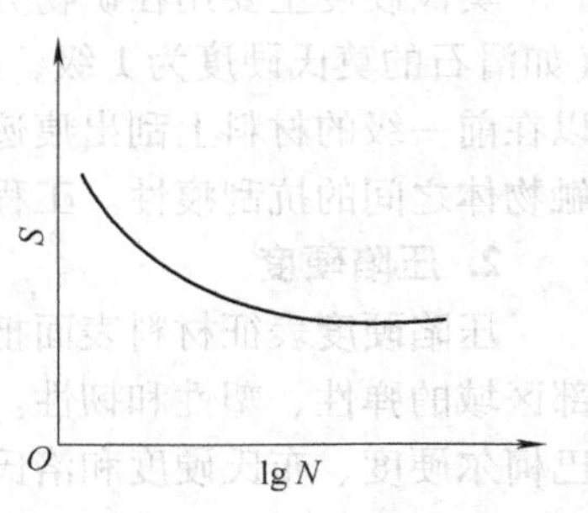

图1-2　典型的 S-N 曲线

聚碳酸酯、聚砜的疲劳极限一般只有静拉伸强度的10%～20%；聚甲醛、PET的疲劳极限较高，为静拉伸强度的50%。表1-15列出了一些工程塑料的疲劳极限，图1-3～图1-6所示是几种工程塑料的疲劳曲线。

表1-15　一些工程塑料的疲劳极限

材　料	静态拉伸强度/MPa	疲劳极限/MPa
PA6	74	20
PA66	80	21
MCPA	91	20
聚甲醛	69	34
聚碳酸酯	65	7～14
20%玻璃纤维增强聚碳酸酯	98	37～44
改性聚苯醚	87	21
聚酰亚胺	88	25
PET	68	23
聚砜	71	9～12
30%玻璃纤维增强聚砜	130	38～42

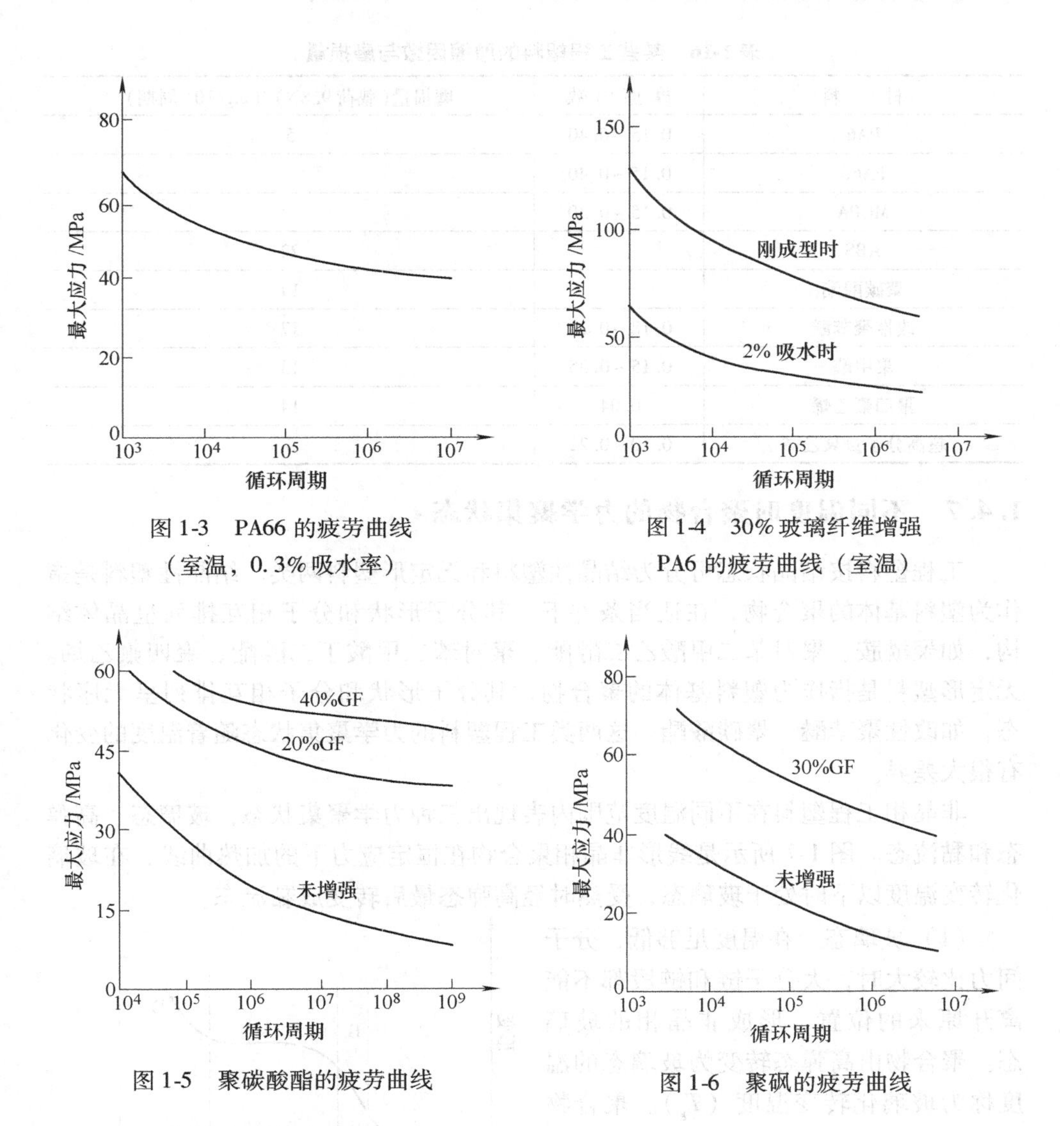

图1-3 PA66的疲劳曲线（室温，0.3%吸水率）

图1-4 30%玻璃纤维增强PA6的疲劳曲线（室温）

图1-5 聚碳酸酯的疲劳曲线

图1-6 聚砜的疲劳曲线

1.4.6 摩擦和磨损

工程塑料常用来制造各种机械的减摩耐磨零件，为合理选择材料，必须了解工程塑料的摩擦与磨损性能。摩擦性能主要指材料的摩擦因数，工程塑料一般均有自润滑性，干燥状态下的摩擦因数较低，一般为0.02～0.50。摩擦因数随载荷增大而降低，随滑动速度的增快而增高。材料的磨损性能主要指在摩擦过程中，材料的表面不断损失的性能。工程塑料具有良好的耐磨性。表1-16列出了某些工程塑料的摩擦因数与磨损量。

表 1-16 某些工程塑料的摩擦因数与磨损量

材　料	摩擦因数	磨损量(载荷 9.8N)/(mg/10^3 周期)
PA6	0.15～0.40	5
PA66	0.15～0.40	
MCPA	0.15～0.30	
ABS		22
聚碳酸酯		14
改性聚苯醚	0.18～0.23	17
聚甲醛	0.15～0.35	13
聚四氟乙烯	0.04	14
超高分子量聚乙烯	0.10～0.22	3

1.4.7 不同温度时聚合物的力学聚集状态

工程塑料按结晶状态可分为结晶性塑料和无定形塑料两类。结晶性塑料是指作为塑料基体的聚合物，在适当条件下，其分子形状和分子相互排列呈晶体结构，如聚酰胺、聚对苯二甲酸乙二醇酯、聚对苯二甲酸丁二醇酯、聚四氟乙烯。无定形塑料是指作为塑料基体的聚合物，其分子形状和分子相互排列呈无序状态，如改性聚苯醚、聚碳酸酯。这两类工程塑料的力学聚集状态随着温度的变化有很大差异。

非晶相工程塑料在不同温度范围内表现出三种力学聚集状态：玻璃态、高弹态和黏流态。图 1-7 所示是线形非晶相聚合物在恒定应力下的加热曲线，在玻璃化转变温度以下时处于玻璃态，受热时经高弹态最后转变成黏流态。

(1) 玻璃态　在温度足够低，分子间力比较大时，大分子链和链段都不能离开原来的位置，形成非晶相的玻璃态。聚合物由高弹态转变为玻璃态的温度称为玻璃化转变温度（T_g）。聚合物处于玻璃态时，整个分子的活动和链段的内旋转都已冻结，分子的状态和相对位置已经固定，分子只能在自己的位置上振动。在力学行为上表现出模量高和形变小，当施加外力时，形变很小，链段只做瞬时微小的伸长和压缩；除去外力，立即恢复原状。因此，这时只有可逆形变或弹性形变。

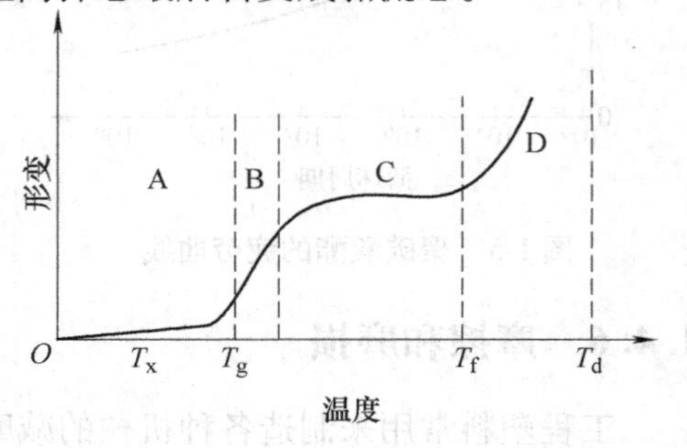

图 1-7 线形非晶相聚合物在恒定应力下的加热曲线

A—玻璃态　B—过渡态

C—高弹态　D—黏流态

T_x—脆化点　T_g—玻璃化转变温度

T_f—流动温度　T_d—分解温度

当玻璃态的聚合物处于低于 T_g 的某一温度时，将出现不能拉伸或压缩的脆性，该温度称为脆化点（T_x）。脆化点与分子链的柔曲性有关。如果是柔性链，脆化点就接近玻璃化转变温度；如果是刚性链，脆化点就比玻璃化转变温度低得多。聚合物在 T_g 与 T_x 区域内表现为可拉伸或压缩，而不变脆。

（2）高弹态　高弹态又称橡胶态。随着温度逐渐上升，分子的动能增加，整个大分子还不能移动，但小链段已可产生内旋转。此时如施加外力，能产生缓慢的形变；如果除去外力，又会缓慢地恢复原状，这种状态称为高弹态。处于高弹态的无定形聚合物具有显著的高弹性，其高弹形变最高可达1000%。它也有明显的松弛现象，即它的形变不是瞬时的，而是需要一定的松弛时间才能完成。

（3）黏流态　黏流态又称流动态。当温度继续上升达到适当范围时，分子间的作用力变小，分子的动能增加，使分子链及链段都可以移动，聚合物成为流动的黏性流体，该温度称为流动温度（T_f）。当施加外力时，分子间相互滑动而产生形变，除去外力后不能恢复原状。这种形变是不可逆形变，称为黏性流动形变或塑性形变。

工程塑料的黏流态具有很大的实际意义，因为如果工程塑料受热时不会流动，就无法进行成型加工。另外，工程塑料在成型过程中必须有足够的时间达到完全流动，使高弹形变达到完全松弛，否则高弹形变冻结在玻璃态时，所形成的内部应力会导致制品开裂。

结晶性聚合物的加热曲线如图1-8中曲线1所示（曲线2为非晶相聚合物的加热曲线）。比较曲线1和曲线2可以看出，结晶聚合物在熔点以下仍不转变为高弹态，这样对工程塑料来说便扩大了温度使用范围。同时，结晶使工程塑料的强度增加，从而使其应用范围也更为广泛。

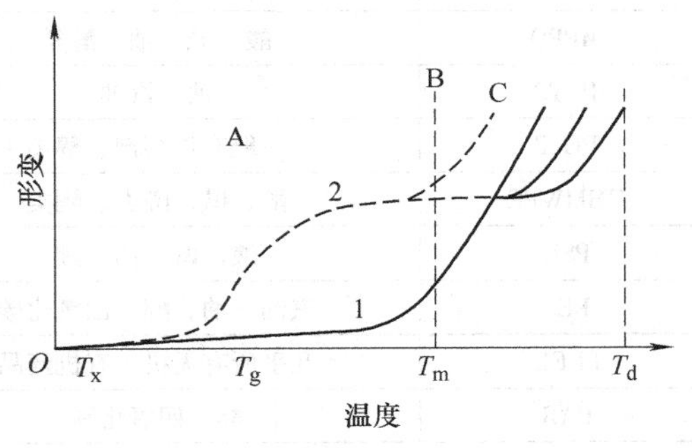

图1-8　结晶性聚合物的加热曲线

1—结晶相　2—非晶相

A—玻璃态　B—流动态　C—高弹态

T_x—脆化温度　T_g—玻璃化转变温度（非晶相）　T_m—熔点　T_d—分解温度

完全结晶的聚合物，在熔点以下无高弹态，不论相对分子质量多么低也不会产生流动。当加热到熔点 T_m 以上，可能是高弹态，也可能是黏流态，视相对分子质量而定。如果有高弹态出现，即在曲线上有水平部分，再升高温度到流动点以上才变成黏流态。结晶聚合物的熔点是不随相对分子质量变化的，而非晶相聚合物的流动温度随相对分子质量的增大而升高。

1.5 耐化学药品性和吸水性

1. 耐化学药品性

耐化学药品性是指塑料抵抗酸、碱、有机溶剂、油料、气体、盐水等化学药品侵蚀的能力。在化学药品长期作用下，塑料的外观和物性会发生失光、变色、雾化、开裂、龟裂、翘曲、分解、溶胀、溶解、发黏等变化。塑料在化学药品中是否受到腐蚀，评定的依据通常是塑料在化学药品中一定时间后的质量、体积、强度、色泽等变化的情况。塑料受化学药品腐蚀的程度和快慢除了与介质种类有关外，还与介质的温度、压力、制品内残存的内应力、孔隙多少等因素有关。表1-17 列出了工程塑料的耐化学药品性。

表 1-17 工程塑料的耐化学药品性

材 料	不受侵蚀的药品、溶剂	可溶解、受影响的溶剂
PA6	烃类、汽油、油、弱酸、碱	强酸、甲酸、苯酚
PA66	烃类、汽油、油、弱酸、碱	强酸、甲酸、苯酚
PA12	烃类、汽油、油、弱酸、碱	强酸、苯酚
POM	汽油、油、苯、醇类	强酸、强碱
PC	油、醇类	芳香烃、酮类、酯类、卤代烃
MPPO	酸、碱、油、醇类	芳香烃、酮类、四氯化碳
PBTP	油、汽油	邻氯代苯酚
PETP	一般有机溶剂、醇类	苯酚、四氯乙烷
UHMWPE	酸、碱、醇类、酮类	十氢萘、甲苯、二甲苯
PSU	酸、碱、油、醇	卤代烃
PES	汽油、油、醇、四氯化碳	三氯甲烷、丙酮
PEEK	几乎所有无机、有机药品	浓硫酸
PAR	醇、四氯化碳	芳香烃、卤代烃
PAI	几乎所有的有机溶剂	氢氧化钠
PI	酸、碱、有机溶剂	
PEI	几乎所有的烃类、醇类	二氯甲烷、三氯乙烷
PTFE	极不活泼、稳定	

2. 老化

工程塑料及其制品在使用或贮存过程中，由于受到光、热、氧、潮湿、应力、化学侵蚀的影响，引起化学结构的变化而使强度、弹性、硬度、颜色等逐渐变坏的现象称为老化。

3. 吸水性

塑料的吸水性对塑料制品的力学性能、电性能、热性能、化学稳定性和加工性能等有很大影响。表示塑料吸水性的指标有吸水量、单位面积吸水量和吸水率。将规定尺寸的试样浸入到具有一定温度（25℃ ±2℃）的蒸馏水中，经过一定时间后（24h）所吸收的水量，称为吸水量。吸水量与试样质量之比称为吸水率，用百分数表示。

第2章 通用工程塑料

2.1 聚酰胺

2.1.1 聚酰胺的性能

聚酰胺（PA）是以内酰胺、脂肪羧酸、脂肪胺，或芳香族二元酸、芳香族二元胺为原料合成，主链上含有酰胺基团（—NHCO—）的高分子化合物。聚酰胺为韧性角状半透明或乳白色结晶性树脂，作为工程塑料的聚酰胺的相对分子质量一般为（1.5～3）×10^4。聚酰胺具有很高的力学强度，软化点高，耐热，摩擦因数低，耐磨损，自润滑性、吸振性和消声性好，耐油，耐弱酸，耐碱和一般溶剂，电绝缘性好，有自熄性，无毒，无臭，耐候性好，染色性差。缺点是吸水性大，影响尺寸稳定性和电性能。用纤维增强可降低树脂的吸水率，使其能在高温、高湿条件下工作。

1. 常用聚酰胺的性能数据

PA 的品种有 PA6、PA66、PA11、PA12、PA46、PA610、PA612、PA1010，以及半芳香族聚酸胺 PA6T 和特种聚酰胺等，其中 PA6、PA66 产量最大，占聚酰胺产量的90%以上。各种聚酰胺的化学结构不同，其性能也有差异，表2-1 列出了一些常用聚酸胺的性能，表 2-2 列出了 PA46 的主要性能。

表 2-1　常用聚酰胺的性能

性能	PA6	PA66	PA11	PA12	PA610	PA612	PA1010
密度/(g/cm^3)	1.14	1.14	1.04	1.02	1.08	1.07	1.03～1.05
熔点/℃	220	260	187	178	215	210	200～210
成型收缩率(%)	0.6～1.6	0.8～1.5					1.0～1.5
拉伸强度/MPa	74.0	80.0	55	50	56.8	62	50～60
伸长率(%)	200	60	300	350	200	200	200
弯曲强度/MPa	111	127	67.6	72.5	93.1	89	80～89
弯曲弹性模量/GPa	2.5	3.0	1.0	1.1	1.96	2.0	1.3
悬臂梁缺口冲击强度/(J/m)	56	40	39.2	50	56	54	40～50
洛氏硬度(R)	114	118	108	106	116	114	

（续）

性能		PA6	PA66	PA11	PA12	PA610	PA612	PA1010
热变形温度/℃	1.82MPa	63	70	55	55	60	60	
	0.45MPa	150	180	155	150	150		
线胀系数/(10^{-5}/℃)		8.0	9.0	11	11.2	10.0		
热导率/[W/(m·℃)]		0.19	0.34	0.29	0.23	0.22		
阻燃性(UL94)		V-2	V-2					
吸水率(24h,%)		1.8	1.3	0.30	0.25	0.5	0.4	0.39

表2-2 PA46的主要性能

性能		非增强品级	玻璃纤维增强品级	阻燃非增强品级	阻燃玻璃纤维增强品级
		TS300/TW300/TE300	TS200F6/TW200F6/TQ200F6	TS350/TE350	TS250F6/TE250F6
密度/(g/cm³)		1.18	1.41	1.37	1.69
熔点/℃		295	295	290	290
成型收缩率(%)		1.5	0.24	1.4	0.20
吸水率(23℃,24h,%)		1.8	1.2	1.2	0.6
饱和吸水率(23℃,50%RH,%)		4.3	3.0	3.0	1.9
悬臂梁缺口冲击强度/(J/m)	23℃	90	110	40	90
	-40℃	40	80	30	
拉伸强度/MPa		100	196	101	186
拉伸断裂伸长率(%)		30	5	18	3
弯曲强度/MPa		143	274	142	250
弯曲弹性模量/GPa		3.14	8.53	3.72	11.07
压缩强度/MPa		92	196	94	
洛氏硬度(R)		121	123	122	123
热变形温度/℃	1.82MPa	220	285	200	285
	0.45MPa	285	285	280	285
线胀系数/(10^{-5}/℃)		8.0	3.0	7.0	3.0
热导率/[W/(m·℃)]		0.35	0.40		
维卡软化点/℃		280	290	277	283

（续）

性能	非增强品级	玻璃纤维增强品级	阻燃非增强品级	阻燃玻璃纤维增强品级
	TS300/TW300/TE300	TS200F6/TW200F6/TQ200F6	TS350/TE350	TS250F6/TE250F6
介电强度(厚1.77mm)/(kV/mm)	24	24/25/27	24	25
体积电阻率/Ω·cm	10^{15}	10^{15}	10^{15}	10^{15}
表面电阻率/Ω	10^{16}	10^{16}	10^{16}	10^{16}
介电常数(10^3Hz)	4.0	4.4	3.8	4.0
介质损耗角正切(10^3Hz)	0.01	0.01	0.01	0.01
耐电弧性/s	121	100	85	85
阻燃性	V-2	HB	V-0	V-0

2. 力学性能

聚酰胺分子链中含有极性酰胺基团，能形成分子间的氢键，具有结晶性，分子链之间的作用力较大，因此具有较高的力学强度和模量。随着酰胺基密度的增加、分子链对称性增强和结晶度的提高，其强度也增加；随着聚酰胺分子链中亚甲基的增加，力学强度逐渐下降，而冲击强度逐渐增加。在聚酰胺分子链结构中引入芳基，强度也提高，这是由于键能增加，分子链之间的作用力（如范德华力）增加。

聚酰胺中PA66的硬度、刚性最高，但韧性最差。各种聚酰胺按韧性大小排序为：PA66 < PA11 < PA12 < PA1010 < PA6 < PA610。聚酰胺的结晶度，对它的力学性能有很大的影响，拉伸强度、弯曲强度、弯曲模量均随结晶度的增加而提高。

聚酰胺分子主链中的酰胺基是亲水基团，使得聚酰胺具有吸水性。吸水性对聚酰胺力学性能影响很大，吸水后拉伸强度、弯曲强度及其弯曲弹性模量等大幅度下降，制品尺寸变化大，而冲击强度则大幅度上升，见表2-3。

表2-3 聚酰胺吸水性对强度的影响

聚酰胺名称	拉伸断裂强度/MPa	伸长率(%)	弯曲强度/MPa	弯曲弹性模量/GPa	悬臂梁缺口冲击强度/(J/m)
PA6(吸水率为3.5%)	50~55(75)	270~290(150)	34~39(110)	0.65~0.75(2.4)	280~400(70)
PA66(吸水率为3.5%)	58(83)	270(60)	55(120)	1.2(2.9)	110(45)
PA46(吸水率为3%)	60(100)	200(40)	67(144)	1.1(3.2)	180(90)
PAMXD-6(吸水率为3%)	76(85)	>10(2.0)	130(162)	4.0(4.6)	

注：测定标准采用ASTM，括号内为干态测定的数据。

3. 电学性能

聚酰胺有良好的电绝缘性能，表2-4列出了一些聚酰胺的电性能。聚酰胺虽有较好的电性能，但是，它的分子主链中含有极性酰胺基，属于易吸水的聚合物，随着吸水率的增加，聚酰胺的体积电阻率和介电强度降低，因此，聚酸胺工程塑料不适合作为高频和在湿态环境下工作的电绝缘材料。

表2-4 一些聚酰胺的电性能

性能		PA6	PA66	PA11	PA12	PA610	PA612	PA1010
体积电阻率/Ω·cm		10^{15}	10^{15}	10^{14}	10^{14}	10^{14}	10^{14}	10^{14}
介电常数	60Hz	4.1	4.0			3.9		3.6
	10^3Hz		3.9	3.7	4.5	3.6		
	10^6Hz	3.4	3.3			3.1	2.62	
介质损耗角正切	60Hz					0.04		0.03
	10^3Hz	0.06	0.02	0.05	0.05	0.04		
	10^6Hz	0.02	0.02			0.02	0.03	
介电强度/(kV/mm)		18.0	15.0	17	15	18		17~20

4. 热学性能

不同品种聚酰胺的熔点差别较大，熔点最高的是PA46，高达295℃。聚酰胺的使用温度范围较宽，一般为-40~100℃。聚酰胺的热变形温度和所承受的载荷关系很大，随着载荷的增加，热变形温度迅速降低。各种聚酰胺的热导率差别不大，见表2-1。各种聚酰胺的燃烧热见表2-5。PA6和PA66的燃烧热一样，PA610的燃烧热较高，PA11的燃烧热最高。

表2-5 聚酰胺的供烧热 （单位：kJ/g）

PA66	PA66	PA610	PA11
31.5	31.5	34.7	36.8

5. 化学性能

聚酰胺对大多数化学试剂的作用是稳定的，特别是对汽油、润滑油等油类，具有很强的抵抗性，耐油性好。PA11、PA12的耐油性极好，是汽车油管的首选材料。但是，常温下它可溶于酚类、浓无机酸、甲酸，在高温下可溶于乙二醇、冰醋酸、丙二醇、氯化锌或氯化钙的甲醇溶液，以及氟乙酸、氟乙醇等。通常，大多数聚酰胺塑料在碱性溶液中都是稳定的，但在高温下，特别是使聚酰胺熔融，则发生水解或降解；在此条件下，无机酸和胺，特别是一价酸可使聚酰胺迅速酸解和胺解，引起酰胺键的断裂，最终生成聚酰胺的单体。

聚酰胺在高温下会发生热降解。在空气中，加热聚酰胺时，除了热降解之外，还有氧化降解。例如，PA66 在250℃处理2h 或70℃放置2 年后变脆。在实际工作中，常常在加工聚酰胺制品时，添加一些抗氧剂抑制热氧化降解。

聚酰胺在光照下，由于紫外线的辐射，也会发生光降解或老化。聚酰胺中含有羰基，能吸收日光中的紫外线，使聚酰胺链段断裂和交联，在无氧光照下，PA6 和 PA66 分解为 H_2、CO 和烃。为了提高聚酰胺的光稳定性，可添加紫外线吸收剂和受阻胺光稳定剂。

6. 常用聚酰胺的性能特点及应用

（1）PA6　PA6 为半透明或不透明的乳白色结晶形聚合物。PA6 的力学强度较高，有良好的耐冲击性，具有优良的耐磨性和自润滑性。无油润滑的摩擦因数约为0. 2。PA6 有良好的耐热性，熔点为220℃，低于 PA46、PA66，高于其他品种，具有自熄性。电绝缘性能良好。PA6 对脂肪族烃类，特别是汽油和润滑油有优异的抵抗性，耐碱和大多数盐类，但溶解于浓无机酸、甲酸和酚类化合物。

PA6 的吸水率较高，尺寸稳定性较差。PA6 的性能受温度和吸水率影响较大。在使用温度范围内，拉伸强度、弯曲温度、弯曲模量随温度的升高而降低，拉伸强度受吸水率影响较大，随吸水率增加而降低。冲击强度随温度升高和吸水率的增加而明显提高。体积电阻率随温度升高和吸水率增加而降低。

PA6 可用于制造齿轮、轴承、滑轮、泵叶轮、风扇叶片、紧固件、螺钉、螺母、高压密封圈、耐油密封垫、活塞等机械零件，化工设备中的管道、贮槽、过滤器、截止阀阀头等，汽车中的散热器箱、吸附罐、燃料过滤器、车轮罩、汽车外板等，电器中的开关、继电器、接线柱、微波炉壳体等。

（2）PA66　PA66 为半透明或不透明的乳白色结晶形树脂，是最早开发的聚酰胺品种。PA66 在较宽的温度范围内具有较高的强度、刚性和韧性，强度和刚性高于 PA6，耐冲击性低于 PA6，具有优良的耐磨性和自润滑性。对钢的摩擦因数为0. 25，在油润滑条件下降低至0. 12，抗疲劳性和抗蠕变性优于 PA6。PA66 具有优良的耐热性，熔点为260℃，仅低于 PA46，属自熄性材料。PA66 对汽油和润滑油有优异的抵抗性，能耐稀无机酸、碱及醇、酮、芳烃等溶剂，但易溶于苯酚、甲酸等极性溶剂。电绝缘性良好。

PA66 的吸水性较大，制品尺寸稳定性较差，拉伸强度、弯曲强度随温度的增加和吸水率的增加而降低，冲击强度随吸水率增加显著提高。电绝缘性随温度和吸水率的增加而降低。

PA66 广泛用于制造轴承、轴承保持架、轴瓦、衬套、涡轮、凸轮、泵体叶轮、气缸罩盖、密封垫片、阀门、活塞、螺栓、螺母等机械零件，在汽车上用于制造散热器箱、加热器箱、散热器叶片、前格栅、转向柱罩、尾灯罩、吸附罐、各种带轮、窗手柄、窗插销、各种齿轮、轴承等，在电器中用于制造电动工具罩、电动机罩、传感器框架、线圈绕线管、电器开关、外壳等，在建筑领域可用于制造窗框缓冲撑档、门滑轮、窗帘导轨滑轮、自动扶梯栏杆、升降机零部件、隔热窗框架等。

（3）PA11　PA11 密度低，力学强度和刚性低于 PA6、PA66，吸湿性小，尺寸稳定性好。PA11 的耐热性低于 PA66 和 PA6，但其低温性能优良，使用温度范围较宽，为 -40 ~95℃。PA11 电性能良好，但体积电阻率随温度的升高和吸水率的增加而降低。PA11 对汽油和润滑油有优异的抵抗性，耐稀酸、碱和各种盐溶液，但在浓硫酸、甲酸和酚类化合物中溶解或溶胀。

由于 PA11 耐油性优异、耐蚀性强、耐磨性好，可耐 -40℃低温，所以广泛用于制造汽车油管、离合器软管、压力管、螺旋管、过滤器、制动把手、燃油箱衬套、加速器操纵带套管，在机械行业用于制造齿轮、轴承等零部件。

（4）PA12　PA12 的密度是聚酰胺中最小的，吸水率低，尺寸稳定性好。PA12 的力学强度和刚性低于 PA6、PA66，拉伸强度、弯曲强度和弯曲模量随温度的升高而降低，吸水率影响小，摩擦因数低于 PA6、PA66，有优良的摩擦性能和耐磨性。PA12 的熔点为 178℃，明显低于 PA6、PA66，但耐低温性能优异，使用温度范围较宽，为 -55 ~90℃。PA12 电性能良好。PA12 对汽油和润滑油有优异的抵抗性，耐稀酸、碱和各种盐溶液，但在浓硫酸、甲酸、苯、甲苯、酚类化合物及高锰酸钾等氧化剂中溶解或溶胀。

PA12 广泛用于制造汽车软管和转向盘、排挡手柄、滑轮、操纵杆、油箱衬套、轴承、齿轮等汽车零部件，用于制造光导纤维护套，电线、电缆护套，以及轴承、齿轮、紧固件、垫圈等机械零件。

（5）PA610　PA610 的力学强度低于 PA6、PA66，高于 PA11、PA12，有良好的耐冲击性、低温耐冲击性、抗疲劳性和耐磨性。PA610 耐热性优良，属自熄性材料，电绝缘性良好，高频介电性能优于低频介电性能。对汽油和润滑油有良好的抵抗性，耐碱、稀无机酸及大部分盐溶液，但在酚类化合物及甲酸中溶解或溶胀，PA610 的吸水性较小，尺寸稳定性好。

PA610 的拉伸强度随温度升高明显降低，吸水率影响较小，冲击强度随温度升高和吸水率增加而增大，体积电阻率随温度升高和吸水率增加而降低。

PA610 在机械工业中用于制造齿轮、泵体叶轮、衬垫、滑轮、减速器轴瓦、滚动轴承保持架、车床导轨等，在汽车工业可用于制造燃油滤清器盖、制动储油槽、输油管、储油器等，在电器行业可用于制造电动工具罩、电动机罩、电器框架、集成电路板、电路开关、电度表外壳、干燥机外壳、高压安全开关罩壳等。

（6）PA612　PA612 性能与 PA610 相近，吸水性低于 PA610，尺寸稳定性优于PA610，拉伸强度、冲击强度、刚性和低温性能优于PA1010，耐稀酸、碱和汽油等溶剂。

（7）PA1010 PA1010是我国独创的聚酰胺品种，表面光亮，质轻且坚硬，力学强度和刚度较高，有优良的耐磨性、自润滑性及消声性，吸水率低，尺寸稳定性好，有良好的电绝缘性和化学稳定性，不溶于大部分极性溶剂，如烃、脂类、低级醇，但溶于苯酚、浓硫酸、甲酸等强极性溶剂。

PA1010可用于制造油管、滚动轴承保持架、齿轮、活塞环、密封垫片，以及螺栓、螺母等紧固件。

（8）PA46 PA46具有高熔点和高结晶度，熔点为295℃，耐热性优异，即使在高温下也能维持较高的力学强度和刚性，抗蠕变性和抗疲劳性优异，耐摩擦磨损性优异，对化学药品的抵抗性优良。

PA46可用于制造齿轮、轴承保持器、导轮等零部件，以及线圈绕线管、插接器、接线柱、继电器等电器零件。

2.1.2 聚酰胺的成型加工

1. 聚酰胺的加工特性

聚酰胺加工成型方法有注射成型、挤出成型、吹塑成型和浇注成型。注射成型可生产各种不同结构的制件；挤出成型可生产管、棒及薄膜；吹塑成型可生产包装容器；浇注成型是用单体活化后在模具中反应成型，适应大型制件的生产。作为工程塑料制件的生产主要是注射成型，其次是挤出成型。

由于聚酰胺大分子链中存在酰胺基团，使得聚合物具有突出的特性。这些特性对加工成型有积极的一面，也有不利的方面。充分了解聚酰胺的加工特性，对于制造高品质的制品是十分重要的。

（1）聚酰胺的吸湿性对产品质量的影响 聚酰胺是一类吸湿性较强的高聚物。研究表明，PA6、PA66在大气中的吸湿性随空气中湿度增加及放置时间的延长而增加。在PA系列产品中，大分子链结构的不同，其吸湿性也不同，其中吸湿性较大的是PA6、PA66。PA6的饱和吸水率为3.5%，PA66的饱和吸水率为2.5%，PA610的饱和吸水率为1.5%，PA1010的饱和吸水率为0.8%。

聚酰胺含水量对其力学性能有较大的影响。在熔融状态下，水分的存在，会引起聚酰胺的水解而导致相对分子质量下降，从而使制品力学性能下降；成型过程中，水分的存在还会使制品表面出现气泡、银丝和斑纹等缺陷。因此，成型前必须充分干燥。

（2）聚酰胺的熔融流动特性 聚酰胺的熔点较高，但其熔体流动性很好，很容易充模成型。聚酰胺的流变特性是剪切速率增加时，其表观黏度下降幅度不大，但熔体表观黏度随温度的变化较明显，下降幅度较大，特别是PA66比PA6

更为突出。聚酰胺的这种流变特性，对于复杂薄壁制品的成型是非常有利的，但也带来操作上的麻烦。由于熔体流动性大，在注射或挤出时，都有可能出现螺杆螺槽内熔料的逆流和螺纹端面与机筒内壁间的漏流增大，从而降低有效注射压力和供料量，甚至导致螺杆打滑，进料不畅。因此，一般在机筒前端加装止回圈，以防止倒流。

（3）聚酰胺的熔点与加工温度　聚酰胺的熔点都较高，但有明显的熔点，小部分聚酰胺的熔点与分解温度很接近，如PA46的熔点为290°，在300℃时开始分解，约330℃时，会产生严重的裂解。聚酰胺的分解温度一般在300℃以上，几种聚酰胺的熔点列于表2-6。聚酰胺的加工温度比较明显，一般在其熔点至分解温度之间选择均可，PA6的加工温度范围较宽。PA610、PA1010、PA11、PA12等品种也较易把握，但PA66、PA46的加工温度范围很窄，大约在3～10℃之间调节，靠近熔点时物料塑化不好，偏离熔点太多时则引起降解。PA46虽不像PA66那么难以控制，但由于其熔点很接近分解温度，所以其加工温度只能在一个很小范围内调节。

表2-6　聚酰胺的熔点

聚酰胺的种类	熔点 T_m/℃	聚酰胺的种类	熔点 T_m/℃
PA6	215	PA66	255
PA11	185	PA610	215
PA12	175	PA612	210
PA46	290		

（4）聚酰胺的热稳定性对加工及制品性能的影响　聚酰胺在熔融状态时的热稳定性较差。加工温度过高，或受热时间太长，将导致聚合物的热降解，使制件出现气泡，强度下降，特别是PA66很易受热裂解，产品发脆。因此，加工时应尽可能避免热降解。使用适当的抗氧剂，选择合适的加工温度对于保证产品质量是十分重要的。

（5）聚酰胺的成型收缩性　聚酰胺是结晶性聚合物，而且大部分聚酰胺的结晶度较高，PA46属于高结晶性聚合物，由于结晶的存在，聚合物从熔融状态冷却时，因温度变化引起体积收缩，熔融与固化及结晶化之间存在较大的比体积变化。熔融状态的比体积与常温下的比体积之差就是体积收缩。结晶化程度越高，成型收缩率越大。成型收缩率与结晶度有关，也与制品厚度、模具温度有关。成型收缩率对制品性能有一定影响，主要影响制件的尺寸与加工精度，特别是一些薄壁制品，因收缩而产生变形现象。通过对聚酰胺的改性与成型工艺的控制可以适当调整成型收缩率。因此，对不同要求的制品，应采用不同的控制方法，以达到提高制品尺寸稳定的目的。

2. 注射成型技术

聚酰胺用量最大的是注射成型制品。聚酰胺注射成型过程包括原料烘干、注射成型和后处理。

（1）聚酰胺的干燥　聚酰胺是吸湿性强的聚合物，其吸湿性给聚酰胺的加工及产品性能带来不良影响。因此，在成型前必须进行干燥，以保证其含水量在0.1%（质量分数）以下。干燥方法有常压鼓风加热干燥和真空加热干燥。

常压鼓风干燥适用于物料含水量很少，要求不高的情况。鼓风干燥温度一般为（100±5)℃，干燥时间一般为6～8h。干燥温度太高，会引起聚酰胺的氧化裂解。干燥时间太长，会使聚酰胺氧化变黄。干燥时间太短，达不到干燥除水的目的。用一般烘箱干燥时，干燥物料的厚度不宜太厚，并需要每隔一段时间翻动物料。为了避免局部过热现象，最好采用斗式干燥机。

对于要求含水量很低，以避免物料氧化变色者，最好采用真空干燥。聚酰胺树脂中的水分包括表面水和结晶水，表面水较易除去，而结晶水脱除的速度很慢，用常压干燥很难除去这一部分水分。采用真空干燥，树脂中的结晶水在真空条件下较易向表面扩散，加快脱水的速度。真空干燥可采用低温干燥除水（一般为80～90℃），并无热空气进入料仓，因而可避免树脂热氧化变色问题；干燥时间为3～5h即可。

（2）注射成型工艺　成型工艺通常包括注射温度、注射压力和注射时间三大要素。

1）注射成型温度。注射成型温度包括机筒温度、喷嘴温度、模具温度。

机筒温度设定的基本原则是分段加热，即从料斗处向喷嘴方向逐步升高，一般分为前、中、后三段控制。聚酰胺熔体的热稳定性较差，机筒温度不宜过高，一般略高于原料熔点。对于不同的原料，机筒温度应有所不同，如增强聚酰胺的加工温度应比纯聚酰胺树脂高，以增加物料的流动性，保证制品表面质量；加工阻燃类聚酰胺时，则应比纯树脂稍低些，以免阻燃剂等低分子物分解而降低阻燃效果与制品性能。

喷嘴温度单独控制，喷嘴装设加热器，这是聚酰胺加工中必须具备的条件之一。喷嘴无加热器，物料很容易冷却而堵塞喷嘴。一般喷嘴温度略低于机筒后段温度，当然也不能太低，否则将导致物料在喷嘴中冷凝而堵塞喷孔，或虽能进入模腔，但会造成冷料痕。判断料温是否得当的方法是，在低压低速下对空注射观察，适宜的料温使喷出的料刚劲有力、不带泡、不卷曲、光亮、连续。

模具温度是一个对制品质量有很大影响的工艺参数。聚酰胺是结晶性高聚物，熔体在模腔中冷却时伴随着结晶，并产生较大的收缩。模具温度低时，结晶度低，伸长率大，韧性好；模具温度高时，结晶度高，制品的硬度大，耐磨性好，弹性模量大，吸水率低，但收缩率略有增大。模具温度的确定，应根据制品形状、壁厚来决定。对于厚壁或形状复杂的制品，应选择较高的模具温度，以防止厚壁制品产生凹陷、气泡等缺陷；对于薄壁制品，提高模具温度有利于熔体充满模腔，防止熔体过早凝固。

2）注射压力。在注射过程中，压力急剧上升，最终达到一个峰值，这个峰值通常称为注射压力。通常在设定注射压力时，应以不出现粘模及飞边为限度。注射压力对于不同制品、不同原料是不同的。其基本原则是：对于薄壁、大面积、长流程、形状复杂的制品，宜选择较高的注射压力；对于厚壁制品，以低的注射压力为宜。

对于聚酰胺制品，选择较低的注射压力和较高的注射速率，有利于减小制品的内应力。

3）注射时间。注射时间也称保压时间，所谓保压时间是指熔体充满模腔后，对模腔施压的时间，保压时间一般按6mm厚保压1min来估算。对于聚酰胺制品，由于熔体温度较高，保压时间太长可能引起脱模困难；相反，保压时间太短，则出现熔体退流或膨胀而导致收缩大。因此，应在试验基础上确定保压时间。

聚酰胺系列品种中，用于注射成型制品的主要品种有PA6、PA66、PA1010、PA46，其他品种相对用量较少。表2-7和表2-8分别列出了PA6和PA66的注射成型工艺。

表2-7 PA6注射工艺

制品厚度/mm		<3		3~6		>6
浇口直径/mm		1.0		1.0~3.0		3.0~4.5
浇口长度/mm		≤1		≤1.5		浇口直径的1/2
注射机类型		柱塞式	螺杆式	柱塞式	螺杆式	螺杆式
机筒温度/℃	后部	240~260	210~220	240~260	210~220	230~260
	中部	230~250	210~240	220~250	210~230	240~260
	前部	230~250	210~240	220~250	210~230	240~260
	喷嘴	220~240	210~230	210~230	210~225	210~230
模具温度/℃		20~80	20~80	20~80	20~80	25~85
注射压力/MPa		90~200	60~120	80~200	60~120	85~160
成型周期/s		5~20	5~20	10~40	10~40	20~60
注射总周期/s		20~50	20~50	25~70	25~70	40~120
螺杆转速/(r/min)			50~120		50~120	

表 2-8 PA66 注射工艺

制品厚度/mm		<3		3~6		>6
注射机类型		柱塞式	螺杆式	柱塞式	螺杆式	螺杆式
浇口直径/mm		0.75~制品厚度/2		0.75~3.0		3.0~4.5
浇口长度/mm		0.75		0.75~3.0		3.0~4.5
机筒温度/℃	后部	270~280	240~280	270~280	240~280	270~290
	中部	260~270	240~270	260~280	240~280	270~280
	前部	255~270	240~270	260~280	240~280	260~280
	喷嘴	250~260	230~260	250~260	230~260	260~280
模具温度/℃		20~90	20~90	20~90	20~90	82~94
注射压力/MPa		80~200	60~150	80~200	60~150	105~210
成型周期/s		10~20	10~20	15~30	14~40	46
成型总周期/s		25~50	25~50	30~70	30~70	60
螺杆转速/(r/min)			50~120		50~120	

（3）制品后处理　制品的后处理是对制品进行热处理和调湿处理，其目的是稳定制品尺寸、去除制品的内应力。冷却过快和熔体的不良流动使聚酰胺制品脱模后存在内应力。消除内应力较简便的方法是将制品浸入适当的液体中进行处理。热处理方法有油浴和水浴，热处理温度应高于制品使用温度 10~20℃。热处理时间随制品厚薄而定：厚度在 3mm 以下为 10~15min；厚度 3~6mm 为 15~30min；对厚的制品，处理时间应为 6~24h。处理好的制品从热处理槽中取出时应避免风吹，让其缓慢冷却，否则，制品表面将因冷却不均匀产生新的应力。

在湿度大的环境或水中使用的聚酰胺制品应进行调湿处理。所谓调湿处理就是将制品在相对湿度为 65% 的条件下放置一段时间，使之达到所要求的平衡吸湿量的过程。常用的加热介质为热水或醋酸钾水溶液，温度为 80~100℃，处理时间一般为 8~16h。

3. 挤出成型技术

聚酰胺挤出成型的主要产品有单丝、板、管材（包括软管与硬管）、棒材、薄膜、纤维等，其中产量最大的是纤维。挤出成型过程包括配料、挤出、冷却、定型拉伸、切割、卷绕、包装等工序。

聚酰胺挤出成型所采用的螺杆以快速压缩（突变型）为好。其特征是加料段的螺槽深度相同，长度约为螺杆全长的 50%，计量段（又称均化段）占 25%，中间的压缩段非常短，约为螺杆的 25%。

（1）螺杆挤出机各工作区的温度设置　进料段温度略低于原料熔点。为保证物料稳定进入螺杆，并沿螺杆轴向方向输送，进料段温度设定应适当偏低，使 PA 呈半熔融状态。

压缩段温度高于熔点，一般高10～15℃。在这一段区，PA受到螺杆剪切混炼作用，会产生较大的剪切与摩擦热。PA到达该区末端时，应完全熔融。

计量段温度与压缩段接近或略低于压缩段温度。在该区内，PA熔体受热均匀，实现稳定流动，使挤出量保持恒定。

模头温度较计量段略低，基本接近熔点温度，以避免熔体破裂而造成制品厚薄不均，甚至成为废品。

模头温度分布对薄而宽的片材，特别是薄膜的挤出影响甚大。一般来讲，为保持片材厚度均匀，模头温度应以中心点为基点向两边逐渐提高，形成一定的温度梯度，以便熔体充满模腔。

（2）冷却定型　物料从模口挤出时，呈熔体状态，必须适当的冷却，固化成型。对于片板材，通过光辊内冷却介质使挤出物表面逐渐冷却，冷却的程度应根据片板材表面光泽程度来确定。对于薄膜，主要靠空气冷却，必要时可采用介质冷却。对于管材，在冷却的同时，还应通过定型装置定型，保证管材厚薄均匀。

（3）牵伸工艺　牵伸速度应根据挤出量，或产品规格来调整。对于薄膜的拉伸，其拉伸温度应控制在玻璃化转变温度与熔点之间，拉伸速度与薄膜厚度、挤出量有关。

聚酰胺的挤出成型工艺条件必须按照聚酰胺的品种和挤出制品的类型等合理地加以确定。表2-9列出了PA66和PA1010棒材的挤出成型工艺条件。表2-10列出了PA6各种制品的挤出成型工艺条件。

表2-9　PA66和PA1010棒材的挤出成型工艺条件（棒材规格：ϕ60mm）

工艺条件		PA66	PA1010
螺杆类型		突变型	突变型
挤出机规格尺寸/mm		ϕ65	ϕ65
机筒温度/℃	后部	295～300	265～275
	中部	300～315	275～285
	前部	295～305	270～280
机头温度/℃	过滤板处	290～300	260～270
	机头Ⅰ	290～295	250～255
	机头Ⅱ	280～290	210～220
	口模处	280～290	200～210
冷却定型模温度/℃		85～95	70～80
螺杆转速/(r/min)		6.5～8.0	10.5
棒材挤出速度/(mm/s)		4～5	7～8
冷却定型模孔径/mm		ϕ69.5	ϕ67
棒材实际直径/mm		ϕ65	ϕ63
成型收缩率(%)		6.4	5.0
生产能力/(kg/h)		5.0～5.5	9.0～9.5

表 2-10 PA6 各种制品的挤出成型工艺条件

工艺条件		薄板	电线包覆	管材
螺杆直径/mm	供料量 22.5kg/h	57.15	57.15	57.15
	供料量 67.5kg/h	82.55	82.55	82.55
	供料量 225kg/h	133.35	133.35	133.35
螺杆转速/(r/min)		60	60	60
长径比		20	20	20
压缩比		3.5	3.5	3.5
加料段深度/mm		2.5	2.5	2.5
机筒温度/℃	后部	238	252	238
	中部	246	257	246
	前部	246	257	246
挤出温度/℃		238	252	238
挤出压力/MPa		35	35	35
牵引比		1.5～4.0	1.5～4.0	1.5～4.0

2.1.3 聚酰胺主要商品的性能

表 2-11 和表 2-12 分别列出了黑龙江尼龙厂生产的 PA6、PA66 的主要性能。PA6 树脂为乳白色至淡黄色，不含机械杂质和表面水分的均匀颗粒，粒度大于 40 粒/g。PA6 的韧性好，抗振，耐油，适用于机械、纺织、仪表、汽车等行业，用于制造轴承、齿轮、泵叶轮、密封垫圈、鼓风机叶片、盖罩、箱体等。PA66 树脂为乳白色至淡黄色，不含机械杂质和表面水分的均匀颗粒，粒度大于 40 粒/g，相对分子质量为 15000～20000。PA66 的电绝缘性、化学稳定性、耐磨性、减摩性和自润滑性良好，熔点高，脆化温度低（－35℃），适用于机械、电子、化工、纺织等行业，用于制造耐磨零件、高强度电气绝缘件。

表 2-11 PA6 的性能

性能	O型	Ⅰ型	Ⅱ型
密度/(g/cm^3)	1.13～1.15	1.13～1.15	1.13～1.15
熔点/℃	215～225	215～225	215～225
相对黏度	2.2～2.39	2.4～3.00	3.00
水分(质量分数,%)	≤3	≤3	≤3
拉伸强度/MPa	58.8	63.7	68.6
断裂伸长率(%)	30	30	30
静弯曲强度/MPa	78.4(只弯不断)	88.2(只弯不断)	98
缺口冲击强度/(kJ/m^2)	7.84	9.8	11.76
带黑点树脂含量(质量分数,%)	2	2	2

表2-12 PA66的性能

性　能	O型	Ⅰ型	Ⅱ型
密度/(g/cm^3)	1.10～1.15	1.10～1.15	1.10～1.15
熔点/℃	234～248	238～248	238～248
相对黏度	2.20～2.39	2.4～3.00	3.00
拉伸强度/MPa	58.8	63.7	68.6
静弯曲强度/MPa	88.2(只弯不断)	98(只弯不断)	98(只弯不断)
缺口冲击强度/(kJ/m^2)	5.88	7.84	9.8
带黑点树脂含量(质量分数,%)	3	3	3

表2-13列出了日本旭化成工业有限公司生产的部分Leona聚酰胺的性能。表2-14列出了美国杜邦公司生产的Zytel PA66的性能。表2-15列出了德国巴斯夫公司生产的PA6的性能。表2-16列出了德国巴斯夫公司生产的PA66的性能。

表2-13 日本旭化成工业有限公司生产的部分Leona聚酰胺的性能

性　能		试验方法 ASTM	13G43 14G43	1200	1200S	1300G 1402G	1300S 1402S	1500	4300	FG101
密度/(g/cm^3)		D792	1.5	1.14	1.14	1.39	1.14	1.14	1.08	1.43
吸水率(24h,%)		D570	1.0	2.5	2.5	1.3	2.5	2.5		0.9
拉伸强度/MPa		D638	230	85	81	190	83	84	60	120
断裂伸长率(%)		D638	6	100	60	60	60	80	80	7
悬臂梁缺口冲击强度/(J/m)		D256	150	55	42	42	45	50	120	45
洛氏硬度	M	D785	103			97	80	80		90
	R			120	120	120	120	120	110	
熔点/℃		DSG		265	265	265	265	265		265
热变形温度/℃	0.46MPa	D684	250			250	70	70		230
	1.86MPa		255			255	230	230		255

表2-14 美国杜邦公司生产的Zytel PA66的性能

性　能	试验方法 ASTM	PA66				
		42	101 101L	105BK-10A	133L	408 408HS 408L
密度/(g/cm^3)	D792	1.14	1.14	1.15	1.14	1.09
吸水率(24h,%)	D570	1.2	1.2	1.2		1.2

（续）

性能		试验方法 ASTM	PA66				
			42	101 101L	105BK-10A	133L	408 408HS 408L
拉伸强度/MPa	23℃	D638	85.5	82.7	90.3	97.9	62.1
	121℃	D638	43.4	42.7	47.6		31.7
	−40℃	D638	117.2	113.8	128.9		104.1
断裂伸长率（%）	23℃	D638	99	60	30	25	80
	121℃	D638	200	≥300	≥300		≥300
	−40℃	D638	15	15	10		
弯曲模量（23℃）/MPa		D790	2827	2827	2964	3020	2827
悬臂梁缺口冲击强度/（J/m）	23℃	D256	64	53	43	37	230
	−40℃	D256	32	32	32		69
熔点/℃		D789	255	255	255	256	255
体积电阻率/Ω·cm		D257	10^{15}	10^{15}	10^{14}		10^{15}
阻燃性 UL94		UL94	94V-2	94V-2	94V-2	94V-2	94V-2

表 2-15 德国巴斯夫公司生产的 PA6 的性能

性能		B3、B3K	B3EG5	B35G3	B3EG6	B3EG7	B3EG10
		B35、B35W	B3G5		B3G6	B3G7	B3G10
		B4、B4K	B3G5SH		B3G6HS	B3G7HS	B3WG10
		B5、B5W	B3WG5		B3WG6	B3WG7	
密度/（g/cm³）		1.12～1.15	1.3	1.25	1.35	1.4	1.5
吸水率（%）		9.5±0.5	7.1±0.3	8.0±0.3	6.6±0.3	6.2±0.3	4.8±0.3
冲击强度/（kJ/m²）	23℃	不断	60/45/45	40	65/55/55	65/55/55	55
	−40℃	不断	30	35	35	40	
拉伸屈服强度/MPa		80	170	110	180	190	220
断裂伸长率（%）		50～100	5	6	5	4	2
熔点/℃		220	220	220	220	220	220
线胀系数/（10^{-5}/K）		7～10	3	2～3	3～4	2～3	1.5
介电强度/（kV/mm）		100～150	60	85	60	60	100～150
体积比电阻率/Ω·m		10^{15}	10^{15}	10^{15}	10^{15}	10^{15}	10^{15}
阻燃性 UL94		94V-2	94HB	94HB	94HB	94HB	94HB

表 2-16 德国巴斯夫公司生产的 PA66 的性能

性能		A25 A3	A3G5 A3EG6 A3HG5 A3WG5	A3G6 A3EG6 A3WG6	A3G7 A3EG7 A3WG7	A3G10 A3EG10 A3WG10	A3K A3KN A3W
密度/(g/cm³)		1.12~1.14	1.3	1.35	1.4	1.55	1.12~1.14
吸水率(%)		2.8±0.3	1.9±0.2	1.7±0.2	1.6±0.2	1.2±0.2	2.8±0.3
冲击强度/(kJ/m²)	23℃	不断	30	40	45	50	不断
	-40℃	不断	25	35	40	45	不断
拉伸屈服强度/MPa		80	160	180	200	230	85
断裂伸长率(%)		35/50	4	4	3	2	45
熔点/℃		255	255	255	255	255	255
线胀系数/(10^{-5}/K)		7~10	2~3	2~3	2~3	1.5	7~10
介电强度/(kV/mm)		100~150	85	85	85	85	100~150
体积比电阻率/Ω·m		10^{15}	10^{15}	10^{15}	10^{15}	10^{15}	10^{15}
阻燃性 UL94		94V-2	94HB	94HB	94HB	94HB	94V-2

2.2 热塑性聚酯

聚酯主要是以二元或多元醇和羧酸为原料，经过缩聚反应而成的，通常可分为不饱和聚酯和饱和聚酯两大类。不饱和聚酯分子结构中含有非芳烃的不饱和键，它们可以被引发交联生成具有网状（体型）结构的热固性高聚物材料，其主导制品是聚酯玻璃钢增强塑料；饱和聚酯分子结构中不含非芳烃的不饱和键，是一种线型热塑性高聚物材料。目前使用最广泛的是聚对苯二甲酸乙二醇酯（PET）和聚对苯二甲酸丁二醇酯（PBT），它们的熔体由于有优良的成纤性，被广泛地应用于纤维行业，其产量已超越了腈纶和锦纶，成为纤维业的老大。PET 和 PBT 作为工程塑料使用时，须进行改性处理。

2.2.1 聚对苯二甲酸乙二醇酯

1. PET 的性能

未经增强或填充的 PET 纯树脂的力学性能不好，作为工程塑料使用的 PET 商品均是经过玻璃纤维或矿物质填充改性的。经过改性的 PET 工程塑料具有高强度、高刚性，优良的电绝缘性、耐热性、耐化学药品性能、抗蠕变性、抗疲劳性、耐磨性。表2-17列出了杜邦公司PET产品的性能特点及其应用。表2-18列出了杜邦公司RYNITE系列产品的性能。表2-19列出了上海涤纶厂生产的BNN-3030 PET的性能。

表2-17 杜邦公司PET产品的性能特点及其应用

级别	牌号	性能特点	应用
一般用途级	RYNITE 530（30%玻璃纤维增强）	优良的强度、刚性和韧性，优异的电性能，良好的外观	点火元件、线圈盖、继电器座、齿轮、各种泵壳、真空清洁器部件、贮藏设备部件、螺管插座
	RYNITE545（45%玻璃纤维增强）	更好的强度和刚性，优异的尺寸稳定性和抗蠕变性	螺管壳、压缩机罩、燃料空气和温度传感器罩、骨架、阳极线轴、点火线圈传递元件、医疗器械
	RYNITE555（55%玻璃纤维增强）	最高的刚性、尺寸稳定性、耐热性和杰出的抗蠕变性	结构支撑座、夹具、结构罩壳和盖、传递元件、螺旋桨
低翘曲级	RYNITE 935（35%云母、玻璃纤维增强）	低翘曲，优异的电性能，高刚性，耐热温度高	外壳部件、结构罩壳、骨架、水利灌溉部件、电器元件
韧性级	RYNITE 430（30%玻璃纤维增强）	改善了冲击性能，优异的强度、刚性、耐热性	水泵壳、结构罩壳、支架、压缩空气挡板
	RYNITE SST35（35%玻璃纤维增强）	优异的韧性、断裂伸长率、刚性、耐热性，良好的成型性和外观	汽车部件、轮子、罩、运动器械、工具罩壳、家具、皮箱部件
阻燃级	RYNITE FR530（30%玻璃纤维增强）	阻燃等级为UL94V-0级，优异的综合性能和流动性	电子电器插接器、要求阻燃特性的元件，使用于高温条件下的点火线圈
	RYNITE FR945（45%矿物、玻璃纤维增强）	阻燃级，成本比FR530低，翘曲小	类似于FR530，用于要求低翘曲、成本低的产品

表2-18 杜邦公司RYNHE系列产品的性能

性能	试验方法ASTM	RYNITE 530	RYNITE 545	RYNITE 555	RYNITE 935
拉伸强度/MPa	D638	158	193	196	96.5
断裂伸长率(%)	D638	2.7	2.1	1.6	2.2
弯曲强度/MPa	D790	231	283	310	148
弯曲弹性模量/MPa	D790	8960	13780	17915	9645
悬臂梁缺口冲击强度/(J/m)	D256	101	128	123	64.1
熔点/℃	D789	254	254	255	252

（续）

性　能	试验方法 ASTM	RYNITE 530	RYNITE 545	RYNITE 555	RYNITE 935
热变形温度(1.8MPa)/℃	D648	224	226	229	215
体积电阻率/Ω·cm	D257	1×10^{13}	1×10^{13}	1×10^{13}	1×10^{13}
表面电阻率/Ω	D257	1×10^{14}	1×10^{14}	1×10^{14}	1×10^{14}
耐电弧性/s	D495	72	126		123
阻燃性	UL94	HB	HB		HB
氧指数(%)	D2863	20	20		
密度/(g/cm^3)	D792	1.56	1.69	1.8	1.58
洛氏硬度(R)	D785	120	120		

表2-19　上海涤纶厂生产的BNN-3030 PET的性能

性　能	数　值	性　能	数　值
玻璃纤维含量（质量分数,%）	25	布氏硬度	170
密度/(g/cm^3)	1.63	热变形温度/℃	240
拉伸强度/MPa	125	体积电阻率/Ω·cm	3.67×10^{16}
弯曲强度/MPa	180	介电强度/（kV/mm）	>24
弯曲弹性模量/GPa	9.1	介电常数（1MHz）	3.7
缺口冲击强度/(kJ/m^2)	5.3		

PET是通过增强提高性能最有成效的工程塑料之一。玻璃纤维是最常用的增强材料，随着玻璃纤维含量的增加，PET的强度明显增加，增强PET的拉伸强度是热塑性增强材料中最高的。增强PET的弹性模量高，在应力作用下的变形小，长时间载荷作用下的蠕变性能优异；耐冲击性、抗疲劳性好，具有良好的耐磨性。

PET的结晶度高，通常工业生产中将其与玻璃纤维混合，玻璃纤维能牢固地凝固在PET的结晶上，因此耐热性很好。在1.82MPa载荷下，热变形温度高达220℃以上。在180℃时，其力学性能甚至超过了酚醛层压板，是热塑性工程塑料中耐热性较高的品种之一，可以在130～155℃长期使用。100℃时，增强PET的弯曲强度和弯曲模量仍能保持较高水平。-50℃低温时，冲击强度与室温相比仅有少量下降。玻璃纤维增强PET还具有优异的耐热老化性能。

PET具有优良的电器绝缘性能，在高温和高湿环境下仍能保持良好的电绝缘性能。

PET含有酯键，在强酸、强碱或水蒸气的作用下会发生分解，但它对有机溶剂及油类则具有良好的化学稳定性。表2-20列举了玻璃纤维增强PET的耐化学药品性。

表 2-20 玻璃纤维增强 PET 的耐化学药品性

化学药品名称	质量变化率(%)	弯曲强度保持率(%)	化学药品名称	质量变化率(%)	弯曲强度保持率(%)
汽轮机油	+0.1	100	苯	+2.5	92
全损耗系统用油	+0.2	99	甲苯	+2.0	94
润滑油	+0.1	99	甲醇	+0.9	98
汽油	+0.2	99	丙酮	+2.0	96
橄榄油	0	100	醋酸乙酯	+1.1	98
5%(质量分数)硫酸	+0.1	100	正庚烷	0	100
5%(质量分数)盐酸	+0.1	99	三氯乙烯	+0.2	97

另外，玻璃纤维增强 PET 还具有优良的耐候性，即使放在室外 6 年，其力学性能也不发生很大变化，且拉伸强度和弯曲强度仍能保持初期值的 80% 左右。

2. PET 的成型加工

增强 PET 主要采用螺杆式注射机注射成型，螺杆一般均须进行硬化处理，以免在长期使用后发生磨损。注射机喷嘴孔的长度应尽可能短，其直径应控制在 ϕ3mm 左右。玻璃纤维增强 PET 的熔点高达 260℃，为防止喷嘴堵塞，应安装功率较大的加热器。

增强 PET 在注射成型时，如果含水量超过 0.03%（质量分数），加热熔融时将发生分解，引起制品性能的下降。因此，增强 PET 物料在成型前必须进行预干燥，通常在 130℃ 温度下经过 5h 或 150℃ 温度下经过 4h 干燥后，含水量即可下降到 0.03%（质量分数）以下。

表 2-21 列出了杜邦公司玻璃纤维增强 PET 的注射成型工艺条件。

表 2-21 杜邦公司玻璃纤维增强 PET 的注射成型工艺条件

工艺参数	数值	工艺参数	数值
料筒后部温度/℃	265 ~ 293	喷嘴温度/℃	260 ~ 300
料筒中部温度/℃	265 ~ 300	模具温度/℃	85 ~ 120
料筒前部温度/℃	265 ~ 300	注射压力/MPa	56 ~ 80

玻璃纤维增强 PET 在注射成型时，机筒温度应严格控制在 300℃ 以下，当温度高于 304℃ 时，将会引起树脂的热分解。此外，为避免树脂的热分解，停留时间应尽可能短一些。

由于玻璃纤维增强 PET 在其熔点以上的温度下具有良好的流动性，因而可在较低的注射压力下成型，其注射压力一般为其他玻璃纤维增强塑料注射压力的 1/2 左右。

模具温度的准确控制是保证玻璃纤维增强 PET 制品质量的重要因素。表面光泽要求高的外装零件制品，成型时的模具温度为100～120℃；而当模具温度在50～65℃时，可制得翘曲变形极小的制品，但因结晶速度太慢，必须加入合适的结晶促进剂。当模具温度为65～85℃时，由于制品表面光泽差，脱模性也差，因此一般不予采用。

2.2.2 聚对苯二甲酸丁二醇酯

1. PBT的性能

PBT在未改性时与其他工程塑料相比，并无优越性可言，其力学性能大都不如其他一些工程塑料。但是用玻璃纤维增强后，其力学性能得到了成倍的增长。表2-22列出了30%玻璃纤维增强的PBT与其他一些玻璃纤维增强工程塑料性能的比较。由该表可知，用30%玻璃纤维增强的PBT的力学性能已全面超过同样用30%玻璃纤维增强的改性PPO，其长期使用温度已超过用30%玻璃纤维增强的聚酰胺6、聚碳酸酯和聚甲醛。

表2-22 30%玻璃纤维增强的PBT与其他一些玻璃纤维增强工程塑料性能的比较

项目	PBT	改性PPO	聚碳酸酯	聚甲醛	聚酰胺6
密度/(g/cm³)	1.54	1.36	1.42	1.63	1.38
拉伸强度/MPa	120	119	127	127	158
拉伸弹性模量/GPa	9.8	8.4	10.5	8.4	9.1
弯曲强度/MPa	169	141	197	204	210
弯曲弹性模量/GPa	8.4	8.1	7.7	9.8	9.1
悬臂梁缺口冲击强度/(J/m)	98	82	202	76	109
长期使用温度/℃	138	120	127	96	116
吸水率(23℃,24h,%)	0.06	0.06	0.18	0.25	0.90

目前作为工程塑料使用的PBT中80%以上是用玻璃纤维增强的，使PBT的刚性和强度明显增强。表2-23列出了上海涤纶厂生产的PBT的牌号、性能特点及应用领域，表2-24列出了其性能。表2-25列出了北京市化工研究院生产的PBT的性能，表2-26和表2-27分别列出了东丽株式会社和GE公司Valox系列PBT的性能。

表2-23 上海涤纶厂生产的PB7的牌号、性能特点及应用领域

级别	牌号	性能特点	应用
注射级	SD200（无填充增强）	具有很好的耐冲击性、电性能、耐化学腐蚀性能和力学性能，易成型，周期快，产量高	用于电气、机械、仪表、轻工、纺织、汽车等工业领域的制品

（续）

<table>
<tr><th>级　别</th><th>牌　号</th><th>性能特点</th><th>应　用</th></tr>
<tr><td rowspan="3">增强注射级</td><td>SD201（10%玻璃纤维）</td><td>易成型，周期快，产量高</td><td>用于电气、仪表、轻工、纺织、机械、汽车、航空、造船等工业领域的制品，如电源变压器骨架、高压包接插件、电容器外壳、电子零部件、齿轮、挡板、开关、彩电插座、家用电器零件等</td></tr>
<tr><td>SD202（20%玻璃纤维）</td><td>强度、刚性和尺寸稳定性良好，易成型，周期快，产量高</td><td rowspan="2">用于电气、仪表、轻工、纺织、机械、汽车、航空、造船等工业领域的制品，如电容器外壳、开关、电源变压器骨架、彩电插座、高压包接插件及其他电器零部件等</td></tr>
<tr><td>SD203（30%玻璃纤维）</td><td>强度、刚性和尺寸稳定性良好，易成型，周期快，产量高</td></tr>
<tr><td>注射级，阻燃型（UL94V-0）</td><td>SD210</td><td>具防火性，加入阻燃剂不影响其固有的特性和成型性，易成型，周期快，产量高</td><td rowspan="3">用于电气、仪表、轻工、纺织、机械、汽车、航空、造船、矿山等工业领域的制品的阻燃制品，如变压器骨架、高压包接插件、外壳、开关、插座等</td></tr>
<tr><td>增强注射级，阻燃型（UL94V-0）</td><td>SD211（10%玻璃纤维）
SD212（20%玻璃纤维）
SD213（30%玻璃纤维）</td><td>具防火性，强度和刚性好，蠕变小，尺寸稳定性良好，易成型，周期快，产量高</td></tr>
<tr><td>高流动性玻璃纤维增强，阻燃型</td><td>SD213L/SD212L</td><td>强度和刚性好，具防火性，蠕变小，尺寸稳定性良好，易成型，周期快，产量高</td></tr>
</table>

表 2-24　上海涤纶厂生产的 PBT 的性能

性　能	SD202 ~ SD203	SD212/SD212L	SD213	SD205
玻璃纤维含量(质量分数,%)	(20 ~ 30) ± 2	20 ± 3	20 ± 3	15 ± 3
拉伸断裂强度/MPa	80 ~ 120	110	115 ~ 145	90
静弯曲强度/MPa	150 ~ 200	170	180 ~ 220	130
压缩强度/MPa	110 ~ 130			
简支梁冲击强度(缺口)/(kJ/m²)	6 ~ 15	8	7 ~ 12	5

（续）

性　　能	SD202～SD203	SD212/SD212L	SD213	SD205
简支梁冲击强度（无缺口）/(kJ/m^2)	35～60	36	35～45	
热变形温度/℃	200	200	>200	180
介电强度/(kV/mm)	20	20	≥23	19
体积电阻率/Ω·cm	2×10^{14}	10^{15}	10^{15}	1×10^{15}
介电常数(10^6Hz)	3.2	3.8	2.8～3.8	3.5
燃烧性		V-0	V-0	

表2-25　北京市化工研究院生产的PBT的性能

性　　能		301G10	301G20	301G30
玻璃纤维含量（质量分数,%）		10±2	20±3	30±3
密度/(g/cm^3)		1.45～1.60	1.50～1.65	1.58～1.69
吸水率（%）		0.05～0.09	0.04～0.09	0.03～0.08
拉伸强度/MPa		70～90	90～110	110～130
弯曲强度/MPa		110～130	150～170	170～200
简支梁冲击强度/(kJ/m^2)	缺口	≥6	≥7	≥10
	无缺口	≥20	≥25	≥35
热变形温度(1.82MPa)/℃		180～200	200～210	205～218
体积电阻率/Ω·cm		5×10^{15}～5×10^{16}	5×10^{15}～5×10^{16}	5×10^{15}～5×10^{16}
介质损耗角正切(10^6Hz)		≤2×10^{-2}	≤2×10^{-2}	≤2×10^{-2}
介电常数(10^6Hz)		3.2～4.0	3.4～4.0	≤4.2
介电强度/(kV/mm)		19～25	19～27	20～30
阻燃性(UL94)		V-0	V-0	V-0
成型收缩率（%）		0.7～1.5	0.3～1.0	0.2～0.8
水分（质量分数,%）		≤0.3	0.3	≤0.3

表2-26　日本东丽株式会社的PBT性能

性　　能	试验方法 ASTM	1401（非增强）	1404（阻燃，非增强）	110G-30（玻璃纤维增强）	1104-30（阻燃，玻璃纤维增强）
密度/(g/cm^3)	D792	1.31	1.43	1.52	1.68
模塑收缩率/(10^{-3}cm/am)		17～23	17～23	2～8	2～8

（续）

性　能		试验方法 ASTM	1401（非增强）	1404（阻燃，非增强）	110G-30（玻璃纤维增强）	1104-30（阻燃，玻璃纤维增强）
拉伸强度(23℃)/MPa		D638	56	63	140	130
断裂伸长率(23℃)(%)		D638	300	150	4	4
弯曲模量(23℃)/GPa		D790	2.5	3.0	9.0	9.6
压缩强度(23℃)/MPa		D695	90	90	120	120
洛氏硬度(23℃)(M)/(R)		D785	75/11.8	82/120	91/121	90/121
悬臂梁缺口冲击强度(12.7mm,23℃)/(J/m)		D256	50	43	80	70
热变形温度(1.82MPa)/℃		D348	58	60	212	213
成型温度/℃			230~260	230~260	230~260	230~260
介电常数(10^6Hz)		D150	3.3	3.4	4.2	4.2
体积电阻率/Ω·cm		D257	4×10^{16}	3.5×10^{16}	2.5×10^{16}	2.5×10^{16}
耐电弧性/s		D495	190	123	150	122
摩擦因数	对钢	D1894	0.13	0.15	0.15	0.15
	对PBT树脂	D1894	0.17	0.18	0.19	0.20

表2-27　GE公司Valox系列PBT性能

性　能		Valox210HP（未增强）	Valox310SEO（未增强，阻燃）	Valox412（玻璃纤维增强）
密度/(g/cm³)		1.31	1.41	1.45
吸水率(23°C,24h,%)		0.08	0.08	0.06
成型收缩率(%)			1.1~1.8	0.4~0.8
拉伸强度/MPa		51	60	100
断裂伸长率(%)		300	80	3
弯曲强度/MPa		82	100	155
弯曲弹性模量/GPa		2.34	2.60	6.80
悬臂梁缺口冲击强度/(J/m)		53	45	70
热变形温度/℃	0.45MPa	154	163	210
	1.82MPa	54	70	200
热导率/[W/(m·℃)]			0.17	0.19
线胀系数/(10^{-5}/℃)				3.4
体积电阻率/Ω·cm		4×10^{16}	3.4×10^{16}	3.2×10^{16}

（续）

性　能	Valox210HP （未增强）	Valox310SEO （未增强，阻燃）	Valox412 （玻璃纤维增强）
介电常数（10^6Hz）	3.10	3.10	3.50
介质损耗角正切（10^6Hz）	0.02	0.02	0.02
介电强度/（kV/mm）		18.0	18.0
耐电弧性/s		80	130
阻燃性（UL94）		V-0	HB

从 PBT 的性能看出，PBT 经玻璃纤维增强后力学性能优良，力学强度高，在长时间高载荷作用下变形小。耐热性优良，长期使用温度为 130℃，短时使用温度为 200℃，未增强 PBT 在 1.82MPa 载荷下，其热变形温度很低，仅 60℃左右。当用玻璃纤维增强后，其热变形温度有明显的提高。例如，当玻璃纤维的质量分数为 5% 时，在 1.82MPa 载荷下，其热变形温度可达 150～160℃；当玻璃纤维的质量分数提高到 30% 时，其热变形温度则提高到 212℃，远高于用 30% 玻璃纤维增强的聚甲醛和聚碳酸酯。玻璃纤维增强 PBT 在高温下显示了很高的强度保持率。增强 PBT 的弯曲强度、拉伸强度和冲击强度在 180℃这样高的温度下仍具有相当高的强度保持率。增强 PBT 在较高温度下仍具有良好的尺寸稳定性。

PBT 具有优良的电绝缘性能，其体积电阻率 $10^{16}\Omega\cdot cm$。它与聚酰胺等工程塑料不同，即使在温度、湿度变化范围很广的情况下，其体积电阻率等电性能仍能基本保持不变。因此，即使在十分苛刻的工作条件下，也不会发生漏电情况。

由于玻璃纤维增强 PBT 的吸水率低，所以在高湿度下其电性能的变化也很小。表 2-28 列出了玻璃纤维增强 PBT 在绝对干燥和高湿度环境下的电性能。

表 2-28　玻璃纤维增强 PBT 在绝对干燥和高湿度环境下的电性能

电　性　能	绝对干燥（23℃）	95% RH（40℃，96h）
表面电阻率/Ω	5×10^{15}	5×10^{14}
体积电阻率/Ω·cm	1.2×10^{16}	6.5×10^{15}
介电常数（10^6Hz）	3.6	3.5
介质损耗角正切（10^6Hz）	0.017	0.020

PBT 对于有机溶剂具有很强的抵抗力，但由于其属于聚酯类高分子化合物，因此不耐强酸、强碱及苯酚类等化学药品。另外，在 50℃以下的温水中，其性能基本不受影响，但在热水中，力学强度将明显下降。

2. PBT 的成型加工

（1）成型特性 PBT具有良好的成型流动性，因此可制得厚度较薄的制品。料温为250～270℃时，物料充满型腔所需的注射压力并不很大，显示了PBT优良的流动性。

用玻璃纤维增强的PBT在成型时，由于玻璃纤维在一定方向上的取向，成型收缩率存在着各向异性的趋势。另外，增强PBT虽然已经具有较高的结晶度，但在较高的温度下，其结晶化程度还会进一步提高。因此，对于在高温下使用的PBT制品，必须考虑到这一因素，而将加热成型收缩率与标准条件下的成型收缩率进行叠加。

PBT是整个工程塑料中吸水率最低的品种之一，在23℃时的吸水率仅0.3%。PBT因吸水而导致制品尺寸的变化也极小，玻璃纤维增强PBT在成型时，对其制品因吸水而引起的尺寸变化情况，基本可忽略不计。

（2）注射成型 目前PBT的成型大多采用注射成型法。由于PBT的二次转移温度（冻结温度）处于室温附近，这样，它的结晶化就能充分快速地进行，注射成型时模具温度可以较低，成型周期也可以缩短，而且被加热的物料在型腔内的流动性也非常好。

PBT的注射成型可采用柱塞式或螺杆式注射机。但对于小型PBT制品，柱塞式注射机也可满足要求。采用单螺杆注射机时，螺杆行程为（0.8～1.0）D（D为注射机螺杆的直径）。一般采用三段式螺杆，以确保PBT物料的熔融塑化。螺杆的有效长度为（16～20）D。

为了避免塑化时PBT熔融物料溢出喷嘴，应采用密闭式喷嘴和回流阻止器，以便有效地达到缓冲长时间加压的作用，机筒和回流阻止器之间的间隙应不大于0.6mm。由于PBT结晶速度快，成型周期短，为了能够通过物料塑化时的压力来抵消冷却时出现的体积收缩，在设计模具时，应避免将浇口分流道尺寸和浇口尺寸计算得太小。模具采用自隔热浇口分流道对PBT的注射成型是适宜的，但分流道截面直径不能小于ϕ15mm。为了在发生故障时或开机前浇口分流道脱模迅速，应有快速关闭装置。

PBT注射成型的成型工艺如下：

1）干燥。注射成型前，PBT物料一般不需预干燥，长期在潮湿环境中贮存的物料则需进行干燥。干燥条件是空气中为120℃，3～6h或150℃，1～3h；真空中为80℃，6～8h。

2）机筒温度。PBT的熔融温度为220～225℃，适宜的机筒温度为230～270℃。温度低于230℃，物料不能充分熔融，缺乏流动性；高于270℃，则容易使物料发生热老化。机筒的温度控制分为5段：第1段230℃，第2段235℃，第3段240℃，第4段245℃，第5段250℃。喷嘴温度控制在255℃左右。机筒温度越高，停留时间越长，则拉伸强度的下降幅度就越大。此外，在注射成型阻燃级 PBT 制品时，料筒温度应比通常低 20℃左右。

3）模具温度。PBT 的结晶化在 30℃时即能充分进行，因此，PBT 在注射成型时的模具温度一般均可控制得较低：未增强 PBT 为 60℃左右，增强 PBT 为 80℃左右。如果成型精密制品，模具温度的波动幅度应不大于 4℃。

表 2-29 列出了 PBT 典型制品的注射成型工艺条件。

表 2-29　PBT 典型制品的注射成型工艺条件

项　目		线圈绕线管	回压扫描器	汽车零件	照相机零件	外壳
一次成型数量/个		4	1	2	4	1
制品总重量/g		30	40	40	10	300
机筒温度/℃	前部	180	180	200	235	215
	中部	210	210	230		235
	后部	235	230	250	250	255
喷嘴温度/℃		230	235	240	255	240
一次注射压力/MPa		80	95	140	170	100
二次注射压力/MPa		40		80	40	70
螺杆转速/(r/min)		70	60	100	200	50
模具温度/℃		50	65	60	70	55
注射时间/s		8	3	10	10	30
冷却时间/s		15	20	30	10	40

（3）挤出成型　PBT 一般仅在成型片材和薄膜时，才采用挤出成型法。挤出成型的工艺条件与注射成型基本相似，仅机筒温度略高些。原料在 120℃下预干燥 3~4h，机筒温度控制在 274~293℃，通常采用压缩比为 3.0~3.9 的聚丙烯用挤出螺杆。

2.3　聚碳酸酯

2.3.1　聚碳酸酯的性能

聚碳酸酯（PC）是一种线型碳酸聚酯，分子中碳酸基团与另一些基团交替排列，这些基团可以是芳香族，可以是脂肪族，也可以两者皆有。双酚 A 型 PC 是最重要的工业产品。双酚 A 型 PC 是一种无定形的工程塑料，具有良好的韧性、透明性和耐热性。碳酸酯基团赋予韧性和耐用性，双酚 A 基团赋予高的耐热性，而 PC 的一些主要应用至少同时要求这两种性能。

1. 通用级聚碳酸酯的性能（见表2-30）

表2-30 通用级聚碳酸酯的性能

性能		数值	性能	数值
拉伸强度/MPa		60~70	玻璃化转变温度/℃	150
伸长率(%)		60~130	熔融温度/℃	220~230
弯曲强度/MPa		100~120	比热容/[J/(g·℃)]	1.17
弯曲弹性模量/GPa		2.0~2.5	热导率/[W/(m·℃)]	0.24
压缩强度/MPa		80~90	线胀系数/(10^{-5}/℃)	5~7
简支梁冲击强度(缺口)/(kJ/m^2)		50~70	热变形温度(1.82MPa)/℃	130~140
布氏硬度		150~160	热分解温度/℃	≥340
疲劳强度/MPa	10^6 周期	10.5	脆化温度/℃	-100
	10^7 周期	7.5		

2. 力学性能

聚碳酸酯的缺点是疲劳强度较低，耐磨性较差，摩擦因数大。聚碳酸酯制品容易产生应力开裂，内应力产生的原因主要是由于强迫取向的大分子间相互作用造成的。如果将聚碳酸酯的弯曲试样进行挠曲并放置一定时间，当超过其极限应力时便会发生微观撕裂。在一定应变下发生微观撕裂时间与应力之间的关系依赖于聚碳酸酯的平均相对分子质量。如果聚碳酸酯制品在成型加工过程中因温度过高等原因发生分解老化，或者制品本身存在缺口或熔接缝，以及制品在化学气体中使用，那么，发生微观撕裂的时间将会大大缩短，其极限应力值也将大幅度下降。

3. 热性能

聚碳酸酯的耐热性较好，未填充聚碳酸酯的热变形温度大约为130℃，玻璃纤维增强后可使这个数值再增加10℃。长期使用温度可达120℃，同时又具有优良的耐寒性，脆化温度为-100℃。低于100℃时，在负载下的蠕变率很低。聚碳酸酯没有明显的熔点，在220~230℃呈熔融状态。由于其分子链刚性大，所以它的熔体黏度较高。

4. 电性能

聚碳酸酯由于极性小，玻璃化转变温度高，吸水率低，因此具有优良的电性能。表2-31列出了通用级聚碳酸酯的电性能。

表2-31 通用级聚碳酸酯的电性能

电性能		20℃	125℃
体积电阻率/Ω·cm		4.0×10^{16}	2.0×10^{14}
介电强度/(kV/mm)	薄膜	≥100	
	2mm厚圆片	20~22	

（续）

电 性 能		20℃	125℃
介电常数	50Hz	3.1	3.1
	10^3Hz	3.1	3.0
介质损耗角正切	50Hz	$(6\sim7)\times10^{-4}$	7×10^{-4}
	10^3Hz	$\leqslant2\times10^{-3}$	$\leqslant2\times10^{-2}$

5. 耐化学药品性能

聚碳酸酯对酸性及油类介质稳定，但不耐碱，溶于氯代烃。PC有较好的耐水解性，但长期浸入沸水中易引起水解和开裂，不能应用于重复经受高压蒸汽的制品。PC易受某些有机溶剂的侵蚀，虽然它可以耐弱酸、脂肪烃、醇的水溶液，但可以溶解在含氯的有机溶剂中。遇到丙酮等酮类溶剂时会发生应力开裂现象。

6. 应用

聚碳酸酯具有良好的电性能，可用作电气绝缘材料。聚碳酸酯具有良好的阻燃性、低烟性，以及低的腐蚀气体排放性，因此，它可应用于电话、打印机、复印机、商用设备、实验室分析仪器等电子设备中。聚碳酸酯还具有透明性、耐候性，以及良好的耐冲击性，使它能够用于制作防弹窗、机器防护罩、照明设备，以及用在其他一些需要防护的场合，还可用于诸如温室、光学镜头防护罩、太阳能收集器、汽车车灯等一些需要透明材料的场合。聚碳酸酯是美国食品及药品管理局（FDA）批准的能够应用在食品领域的材料。因为聚碳酸酯具有透明性和耐高温性，所以在食品行业中可用于制造杯子、餐具、水壶、婴儿奶瓶和冷水瓶乃至微波炉容器等。聚碳酸酯在建筑行业上的应用仅次于PVC而处在第二位。此外，聚碳酸酯还用于其他一些产品，如医疗器械、眼镜、储物柜、玩具、便携式工具、照相器材和运动装备，特别是在低温条件下，要求冲击强度比较高的场合更是聚碳酸酯大显身手的领域。

2.3.2 聚碳酸酯的成型加工

1. 成型特性

聚碳酸酯的成型加工性能优良。在黏流态时，它可用注射、挤出等方法成型加工。在玻璃化转变温度与熔融温度之间，聚碳酸酯呈高弹态，在170～220℃之间，可采用吹塑和辊压等方法成型加工。而在室温下，聚碳酸酯具有相当大的强迫高弹形变能力和很高的冲击强度，因此，可进行冷压、冷拉、冷辊压等冷成型加工。

（1）流变性　与其他热塑性塑料一样，聚碳酸酯的熔体黏度随相对分子质量的增大而增大，但在成型温度较低时，熔体黏度增大很快，在成型温度较高时，却增大得较为缓慢。

聚碳酸酯的熔体黏度很高，黏度随温度的升高而明显减小。温度下降时，熔体黏度迅速增大，因此，成型时的冷却、凝固和定型时间较短。

聚碳酸酯在高剪切速率下，熔体黏度随剪切速率的增加而有所下降。但下降的幅度与其他热塑性树脂相比较小。而在低剪切速率下，熔体黏度随剪切速率的变化更小，已接近牛顿流体的性质。因此，在聚碳酸酯成型时，通过调节温度改善其流动状态，往往要比改变剪切速率更加有效。

（2）吸水性　聚碳酸酯分子中的极性基团及表面吸附作用是引起吸水的主要原因。含有水分的聚碳酸酯在受热时，分子主链上的酯键容易发生水解反应使分子链断裂，出现相对分子质量降低以及力学性能（尤其是冲击强度）的劣化，制品的抗开裂能力明显下降。另外，汽化的水分使制品的外观质量也受到很大影响。因此，在成型过程中必须密切注意聚碳酸酯的含水量。

（3）成型收缩率　聚碳酸酯的成型收缩率一般为0.4%～0.8%。它反映了聚碳酸酯在成型时的热收缩、弹性回复导致的膨胀、定向分子松弛引起的收缩，以及体积随温度发生变化等因素产生的综合效应。聚碳酸酯成型时的熔融温度、模具温度、注射速度、保压压力等对成型收缩率都具有一定影响。

聚碳酸酯制品厚度对成型收缩率也有一定影响。当厚度为4.2mm时，成型收缩率最小；当厚度大于4.2mm时，成型收缩率随厚度的增大而增大；当厚度小于4.2mm时，成型收缩率随厚度的减小而急剧增大（见图2-1）。

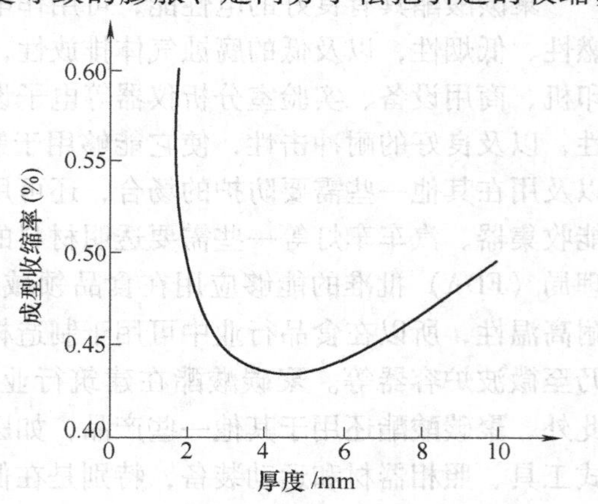

图2-1　聚碳酸酯制品厚度与成型收缩率的关系

另外，为了减小聚碳酸酯在成型过程中的残余形变和残余应力，把成型收缩率控制在最小范围，一般应将制品在120℃进行后处理1～2h。

2. 注射成型

聚碳酸酯注射成型主要适用于制备尺寸不大，但较精密，能承受冲击载荷的中小型制品。聚碳酸酯注射成型大多采用螺杆式注射机，通常采用单头全螺纹、等螺距、压缩渐变型螺杆。为了减少注射时的逆流现象，可使用锥形尖头或头部带止逆结构的螺杆。

聚碳酸酯的熔体黏度高，注射机除用大通道结构的密闭式喷嘴外，通常使用延长型的开式喷嘴。这种喷嘴在开模时，可以带走喷嘴口前端的低温物料，从而提高制品品质。

干燥合格的聚碳酸酯，在室温下的空气中放置15min以上就会失去干燥效果。因此，注射机料斗应有保温装置，使聚碳酸酯物料的温度不低于100℃，并且料斗内的存料在0.5~1h内用完为好。

适宜于注射成型的聚碳酸酯，平均相对分子质量通常为$(2.7 \sim 3.4) \times 10^4$。物料在成型前必须干燥，含水量应控制在0.03%（质量分数）以下。表2-32列出了聚碳酸酯注射成型工艺条件。

表2-32 聚碳酸酯注射成型工艺条件

项目		数值	项目		数值
机筒温度/℃	后部	240~280	注射压力/MPa		70~140
	中部	270~300	螺杆转速/(r/min)		30~120
	前部	270~300	成型周期/s	注射	2~25
喷嘴温度/℃		270~300		冷却	5~40
模具温度/℃		70~120			

聚碳酸酯的注射成型温度应调节在塑化良好，不致引起过热分解，顺利实现注射过程的范围内，即高于流动温度（240℃），低于分解温度（340℃）。

聚碳酸酯成型压力高、注射速度快时，熔体的剪切效应增大，制品内应力也随之增加。但注射速度过慢时，又容易引起制品的熔接痕和波流纹。注射速度对聚碳酸酯的力学强度也有一定影响，聚碳酸酯的冲击强度随着注射速度的提高，在12g/s时最高，以后又有所下降。因此，在制备要求高冲击强度的制品时，应注意选择适宜的注射速度。

聚碳酸酯制品在模具内冷却定型温度的上限，应由其玻璃化转变温度（130℃）确定。模温随制品形状、厚度不同而有所不同。适当提高模温，不仅有利于脱模，而且可调节制品的冷却速度，使之均匀一致，有利于聚碳酸酯定向分子的松弛作用。在通常情况下，制品的内应力与冷却时的模温成反比关系。制品内应力通常用偏振光法及溶剂浸渍法来测定。

3. 挤出成型

挤出成型可制造聚碳酸酯板、管、棒等型材和薄膜。挤出成型所采用的聚碳酸酯相对分子质量较高，一般均在3.4×10^4以上。聚碳酸酯的挤出成型通常采用单螺杆式挤出机。为适应聚碳酸酯物料随温度升高黏度逐渐变小的特性，螺杆螺槽深度也应逐渐变化。表2-33列出了聚碳酸酯挤出成型用螺杆的参考尺寸。

表2-33 聚碳酸酯挤出成型用螺杆的参考尺寸

项目	数值	项目	数值
直径 d/mm	63	计量段长 M	$5d$
螺杆全长 L	$18d$	螺距 s	d
加料段长 J	$7d$	计量段螺槽深 H_1/mm	1.7
压缩段长 C	$6d$	计量段螺槽深 H_2/mm	9.5

聚碳酸酯挤出成型螺杆长径比一般取18～20，长径比增大虽可加强物料的塑化，但容易发生降解。聚碳酸酯挤出成型温度比注射成型低，螺杆前段温度比后段高，前后段温差一般在10～20℃为宜。

由于剪切速度对聚碳酸酯熔体黏度影响不大，所以，螺杆转速可随需要在较宽范围内变化，一般控制在100r/min以内。但在长径比较小时，为使物料充分塑化，宜采用较低的转速。表2-34列出了聚碳酸酯管材挤出成型工艺条件。

表2-34 聚碳酸酯管材挤出成型工艺条件

项目	数值	项目	数值
机筒温度(后部)/℃	250	模芯外径/mm	26
机筒温度(前部)/℃	250	长径比	24
机头温度(后部)/℃	230	管材内径/mm	25.5
机头温度(前部)/℃	220	管材外径/mm	32.5
口模温度/℃	210	真空定径器内径/mm	33
螺杆转速/(r/min)	10.5	定径器与口模间隙/mm	20
模芯内径/mm	33	冷却水温度/℃	80

2.3.3 聚碳酸酯主要商品的性能

表2-35列出了南京聚隆化学实业有限公司生产的聚碳酸酯的性能。表2-36列出了宁波浙铁大风化工有限公司生产的PC01-10的主要性能。表2-37列出了德国拜耳公司部分聚碳酸酯的牌号和主要特征。表2-38列出了美国GE公司生产的Lexan聚碳酸酯的性能。

表2-35 南京聚隆化学实业有限公司生产的聚碳酸酯的性能

性能	测试标准	CEA	CG4	CR0	CSA	CSR0
密度/(g/cm³)	ISO 1183	1.17	1.32	1.21	1.44	1.14
拉伸强度/MPa	ISO 527	60	100	55	55	50
断裂伸长率(%)	ISO 527	40	3	20	20	20
弯曲强度/MPa	ISO 178	70	170	75	80	85
简支梁缺口冲击强度/(kJ/m²)	ISO 180	55	10	55	50	40

（续）

性　能	测试标准	CEA	CG4	CR0	CSA	CSR0
洛氏硬度（R）	ISO 2039/2			116		
热变形温度（0.45MPa）/℃	ISO 75	118	145	130	125	100
阻燃性	UL94			V-0		V-0
表面电阻/Ω	ISO 167			10^{17}		
模塑收缩率（%）		0.5~0.7		0.5~0.7	0.5~0.7	
吸水率（23℃，24h，%）	ISO 62			0.15		
应用		电动工具壳，头盔，纺织纱管、梭子等	电动工具外壳，摄像机等外观部件	电器配件、插头插座、开关、骨架、灯具、绕线架	汽车仪表板、挡泥板，电动工具、手机、计算机外壳，大型薄壁制件	计算机机架，手机外壳，打印机、复印机外壳
特征		PC/PE合金，耐溶剂、耐沸水	20%玻璃纤维增强，耐热，产品外观光滑，精度高	通用，无卤阻燃级	PC/ABS合金，高流动	PC/ABS合金、无卤阻燃级

表2-36　宁波浙铁大风化工有限公司生产的PC01-10的主要性能

性　能	数　值	性　能	数　值
密度/（g/cm³）	1.198	弯曲强度/MPa	96.0
熔体质量流动速率/（g/10min）	8.96	弯曲弹性模量/GPa	2.34
拉伸屈服强度/MPa	61.2	悬臂梁缺口冲击强度/（kJ/m²）	62
断裂伸长率（%）	84		

表2-37　德国拜耳公司部分聚碳酸酯的牌号和主要特征

类　型	牌　号	特　征
注射级	PC2205	低黏度，易脱模，注射时熔体温度为280~320℃
	PC2207	低黏度，紫外线稳定，脱模性好，注射时熔体温度为280~320℃
	PC2405	低黏度，脱模性良好，注射时熔体温度为280~320℃
	PC2407	低黏度，紫外线稳定，易脱模，注射时熔体温度为280~320℃

（续）

类　型	牌　号	特　征
阻燃无溴级	PC2865	中等黏度，良好的脱模性
阻燃级	PC6485	中等黏度，良好的脱模性
	PC6487	紫外线稳定，良好的脱模性
20%玻璃纤维增强	PC8025	高黏度，不透明
30%玻璃纤维增强	PC8035	高黏度，不透明
35%玻璃纤维增强	PC8025	高黏度，不透明

表2-38　美国GE公司Lexan聚碳酸酯的性能（1）

性能	HF1110	141L	141	161	101	181	HP1	HP2
密度/(g/cm^3)	1.2	1.2	1.2	1.2	1.2	1.2	1.2	1.2
熔体流动速率/(g/10min)	25	12.5	10.5	8.5	7	25	25	17.5
PDA批准状态	未批准	未批准	未批准	未批准	未批准	未批准	批准	批准
最低推荐熔融温度/℃	260	282	288	302	316	260	260	277
最高推荐熔融温度/℃	282	304	316	329	343	282	282	293
收缩率(%)	0.007	0.007	0.007	0.007	0.007	0.007	0.007	0.007
短时间吸水率(%)		0.15	0.15	0.15	0.15	0.15	0.15	0.15
长时间吸水率(%)		0.35	0.35	0.35	0.35	0.35	0.35	0.35
拉伸屈服强度/MPa	62	62	62	62	62	62	62	62
拉伸断裂强度/MPa	65.5	68.9	68.9	68.9	68.9	65.5	65.5	68.9
屈服伸长率(%)		7	7	7		6	6	7
断裂伸长率(%)	120	130	130	135	135	120	120	125
压缩强度/MPa		86	86	86	86	86	86	86
拉伸模量/MPa		2378	2378	2378	2378	2378	2378	2378
弯曲模量/MPa	2309	2344	2344	2344	2344	2344	2309	2137
弯曲屈服强度/MPa	141	128	110	93	97	97	98	98
压缩模量/MPa		2378	2378	2378	2378	2378	2378	2378
洛氏硬度(R)		118	118	118	118	118	118	
悬臂梁缺口冲击强度(3.18mm)/(J/m)	641	747	801	907	907	907	641	694
热变形温度(455kPa)/℃		138	138	138	138	138	138	138
热变形温度(1.82MPa)/℃	127	132	132	132	132	132	127	129
玻璃化转变温度/℃		154	154	154	154	154		

（续）

性能	HF1110	141L	141	161	101	181	HP1	HP2
氧指数(%)		25	25		25			
阻燃性(UL级)	3	1	1	1	1	1	3	3
介电常数(60Hz)		3.17	3.17	3.17	3.17	3.17		3.17
介电常数(1MHz)		2.96	2.96	2.96	2.96	2.96		2.96
损耗因数(60Hz)		0.0009	0.0009	0.0009	0.0009	0.0009		0.0009
损耗因数(1MHz)		0.01	0.01	0.01	0.01	0.01		0.01
耐电弧性/s		120	120	120	120	120		
雾度(%)	1	1	1	1	1	1	1	1
折射指数		1.586	1.586	1.586	1.586	1.586	1.568	1.586
加工方式	注射	注射	注射	注射	注射	挤出、注射	注射	注射
应用	通用型医用牌号	通用型	通用型	通用型	通用型	通用型	医用牌号	医用牌号
特征	尺寸稳定性好,内脱模性好,高流动性,透明	抗冲,高回弹性和韧性,高流动性,透明	抗冲,高回弹性和韧性,中等流动性,透明	中等流动性,透明	抗冲,高回弹性和韧性,黏度高,透明	抗冲,高回弹性和韧性,黏度高,透明	符合美国药典法要求,透明,内脱模性好	符合美国药典法要求,透明,内脱模性好

表2-38 美国GE公司Lexan聚碳酸酯的性能（2）

性能	HP3	HP4	HP5	HW1210	940	3412	3413	4311
密度/(g/cm³)	1.2	1.2	1.2	1.2	1.21	1.35	1.43	1.2
熔体流动速率/(g/10min)	12.5	10.5	8.5	16	10			
PDA批准状态	批准	批准	批准	未批准	未批准	未批准	未批准	未批准
最低推荐熔融温度/℃	288	288	302	260	288	316	316	
最高推荐熔融温度/℃	316	316	329	282	316	338	349	
收缩率(%)	0.007	0.007	0.007	0.007	0.007	0.003	0.003	0.002
短时间吸水率(%)	0.15	0.15	0.15		0.15	0.16	0.14	0.12
长时间吸水率(%)	0.35	0.35	0.35		0.35	0.29	0.26	0.23
拉伸屈服强度/MPa	62	62	62	59	62			

（续）

性能	HP3	HP4	HP5	HW1210	940	3412	3413	4311
拉伸断裂强度/MPa	68.9	68.9	68.9	62.0	55.8	110.3	131.0	158.6
屈服伸长率(%)	7	7	7		7			
断裂伸长率(%)	130	130	130	90	90	5	3	
压缩强度/MPa	86	86	86		86	110	124	145
拉伸模量/MPa	2378	2378	2378		2241	5929	8618	11582
弯曲模量/MPa	2344	2344	2344	2206	2241	5515	7583	9652
弯曲屈服强度/MPa	98	93	97	97	97	97	88	91
压缩模量/MPa	2378	2378	2378		2241	5239	7790	10341
洛氏硬度(R)		118	118		118	122	121	121
悬臂梁缺口冲击强度(3.18mm)/(J/m)	747	801	907	427	641	107	107	133
热变形温度(455kPa)/℃	138	138	138		138	149	152	154
热变形温度(1.82MPa)/℃	132	132	132	113	132	146	146	146
玻璃化转变温度/℃					152	166	166	166
氧指数(%)					35	30.5	30	30
阻燃性(UL级)	3	3	3	3	1	9	1	1
介电常数(60Hz)	3.17	3.17	3.17		3.01	3.17	3.35	3.53
介电常数(1MHz)	2.96	2.96	2.96		2.96	3.13	3.31	3.48
损耗因数(60Hz)	0.0009	0.0009	0.0009		0.0009	0.0009	0.0011	0.0013
损耗因数(1MHz)	0.01	0.01	0.01		0.01	0.0073	0.007	0.0067
耐电弧性/s					120	120	120	120
雾度(%)	1	1	1		2			
折射指数	1.586	1.586	1.586		1.59			
加工方式	注射	注射	注射	注射	注射	注射	注射	注射
应用	医用牌号	医用牌号	医用牌号	医用牌号	通用型	通用型	通用型	通用型
特征	符合美国药典Ⅵ要求，透明，内脱模性好	符合美国药典Ⅵ要求，透明，内脱模性好	符合美国药典Ⅵ要求，透明，内脱模性好	有色，耐化学品	黏度高，中等流动性，阻燃，透明	抗蠕变，低收缩配方，尺寸稳定性好，拉伸强度高	抗蠕变，拉伸强度高，低收缩配方，尺寸稳定性好	抗蠕变，拉伸强度高，低收缩配方，尺寸稳定性好

2.4 聚甲醛

2.4.1 聚甲醛的性能

聚甲醛是没有侧链的高熔点、高密度、结晶性、分子主链中含有$\left[CH_2—O \right]$链节的线型聚合物，外观乳白色或淡黄色。它可分为两大类：一类是三聚甲醛与少量二氧戊环的共聚体，称为共聚甲醛；另一类是甲醛或三聚甲醛的均聚体，称为均聚甲醛。两种聚甲醛结构上虽有差异，但是共聚甲醛分子链中C—C键所占比例很小（3% ~5%），因此，两种聚甲醛的性能基本上还是相近的，它们具有相似的特性。

1. 聚甲醛的性能数据

聚甲醛具有良好的综合性能，如有很高的刚性和硬度，优良的抗疲劳性和耐磨性，较小的抗蠕变性和吸水性，化学稳定性和电气绝缘性也较好。缺点是密度较大，耐强酸性、耐候性和阻燃性较差。表2-39列出了聚甲醛的性能数据。

表2-39 聚甲醛的性能数据

性能		均聚甲醛(Delrin)	共聚甲醛(Celcon)
密度/(g/cm³)		1.42	1.41
拉伸强度/MPa		68.9	60.6
伸长率(%)		40	60
拉伸弹性模量/GPa		3.10	2.83
弯曲强度/MPa		97.1	89.6
弯曲弹性模量/GPa		2.83	2.58
剪切强度/MPa		65	53
悬臂梁缺口冲击强度/(J/m)		76	65
洛氏硬度(M)		94	80
动摩擦因数	对磨材料钢	0.1 ~0.3	0.15
	对磨材料聚甲醛		0.35
热变形温度/℃	1.82MPa	124	110
	0.45MPa	170	158
熔点/℃		175	165
冻结温度/℃		-50	
维卡软化点/℃		154	148 ~153
线胀系数/(10^{-5}/℃)	-40 ~30℃	7.5	8.5
	30 ~60℃	9.0	8.5 ~11.4
	60 ~105℃	9.9	

（续）

性能	均聚甲醛(Delrin)	共聚甲醛(Celcon)
熔体流动温度/℃	184	174
热导率/[W/(m·℃)]	0.23	0.23
比热容/[kJ/(kg·℃)]	1.47	1.47
体积电阻率/Ω·cm	1×10^{15}	1×10^{14}
介电常数(10^6Hz)	3.8	3.7
介质损耗角正切(10^6Hz)	0.005	0.006
介电强度(2.29mm片)/(kV/mm)	20	20
表面电阻率/Ω	3×10^{13}	3×10^{15}
击穿电压强度/(kV/mm)	18	17
耐电弧性/s	220	240

2. 力学性能

聚甲醛是一种高结晶性的聚合物，具有较高的弹性模量，很高的硬度与刚度，具有较好的韧性，能耐多次重复冲击，在反复的冲击载荷下能保持较高的冲击强度，且强度值受温度变化的影响较小，可以在-40~100℃长期使用。

聚甲醛结晶度达70%以上，因而具有优异的抗疲劳性。聚甲醛是热塑性材料中抗疲劳性最为优越的品种，特别适用于受外力反复作用的齿轮类制品和持续振动下的部件。

聚甲醛的抗蠕变性与聚酰胺等工程塑料相似，且其蠕变值随温度的变化较小，即使在较高的温度下抗蠕变性仍较好。在23℃、21MPa载荷下，经过3000h蠕变值仅为2.3%。

聚甲醛键能大，分子的内聚能高，所以耐磨性好。聚甲醛的摩擦因数和磨损量均很小，而极限*PV*值又较大，所以适用于长期经受滑动摩擦的部位。而且其自润滑特性更为无油环境或容易发生早期断油的工作环境下摩擦副材料的选择，提供了独特的价值，聚甲醛作为摩擦副材料的一种较新的选择进入了各个领域。

3. 热学性能

聚甲醛具有较高的热变形温度，均聚甲醛为124℃，共聚甲醛为110℃。均聚甲醛的热变形温度高于共聚甲醛，但均聚甲醛的热稳定性比共聚甲醛低。一般聚甲醛的长期使用温度为100℃左右。聚甲醛的主要热性能数据如表2-39所示。聚甲醛在热水中会产生一定程度的湿热老化，它在热水中的使用寿命比在热空气中要低。

4. 电学性能

聚甲醛具有良好的电性能，介质损耗小，击穿电压高，绝缘电阻也不低，而且介电常数受吸水率的影响不大，在频率为10^2~10^5Hz以及20~100℃温度范围内，聚甲醛的介电常数保持在3.1～3.9的水平。介质损耗角正切也有同样的情况：当吸水率从0.2%增至0.8%时，其介质损耗角正切值仅增加0.003左右。聚甲醛的电性能见表2-39。聚甲醛的高频电性能不是很好。随着温度的增高，介质常数及介质损耗角正切急剧增大。因此，在高频电子工业，特别是超高频电子工业方面使用时应予以注意。

聚甲醛的击穿电压是比较高的，其对于电弧的耐漏电性能非常优越。对干燥电弧及尘雾试验，不产生漏电痕迹及炭化。

5. 耐化学药品性能

聚甲醛树脂的耐化学药品性见表2-40。聚甲醛的基本结构决定了它没有常温溶剂。在树脂熔点以下或附近，也几乎找不到任何溶剂，仅有个别物质如全氟丙酮，能够形成极稀的溶液。因此，在所有工程塑料中聚甲醛耐有机溶剂和耐油性十分突出。特别是在高温条件下有相当好的耐侵蚀性，且尺寸和力学强度变化不大。

聚甲醛树脂对于稀酸有较好的抵抗性，但对于强酸，特别是硫酸、盐酸、硝酸、亚硫酸、亚硝酸等，则会发生应力开裂。

由于经酯化封端的均聚甲醛遇碱会水解脱下酸端基，接着发生甲醛链的顺序脱落，所以共聚甲醛的耐碱性要明显优于均聚甲醛。一般均聚甲醛仅在pH值10以下的碱溶液中使用是安全的。

工程塑料对水的吸收能力常能导致制品的尺寸变动，而聚甲醛由于水的吸收产生的尺寸变动是极小的，不会给实际应用带来问题。

表2-40 聚甲醛树脂的耐化学药品性

化学药品名称	试验条件		变化(%)			
			拉伸强度		质量	
	时间/月	温度/℃	均聚甲醛	共聚甲醛	均聚甲醛	共聚甲醛
氨水(质量分数为10%)	3	23	U①		U①	
	6	23		NC②		0.88
盐酸(质量分数为10%)	3	23	U①		U①	
	6	23		U①		U①
氢氧化钠(质量分数为10%)	12	23	U①	−2	U①	0.73
醋酸(质量分数为5%)	12	23	NC②	0.6	0.8	1.13
丙酮	12	23	−5	−17	4.9	3.7
苯	9	60	−11		4	
	6	49		−17		3.9

（续）

化学药品名称	试验条件		变化（%）			
	时间/月	温度/℃	拉伸强度		质量	
			均聚甲醛	共聚甲醛	均聚甲醛	共聚甲醛
四氯化碳	12	23	-3	2	1.3	1.4
醋酸乙酯	12	23	-7	-17	2.7	4.2
乙醇	12	23	-5	-6[3]	2.2	2.2[3]
制动油（super 9）	10	70	-6		1.6	
	12	23		3		0.53
电动机油（10W30）	12	70	3		-0.2	
	12	23		5		0.04
无铅汽油	8	23		-2		0.33
	8	40		-2		0.69

① U为不满意。

② NC为无变化。

③ 质量分数为95%乙醇。

5. 应用

聚甲醛在机械行业大量用于制造齿轮、滚轮、凸轮、轴承、弹簧、螺栓、螺母，以及各种泵体、壳体、叶轮等，聚甲醛制造的齿轮、联轴器作为通用的动力传递功能结构件得到普遍应用。改性聚甲醛用于制造轴套、齿轮、滑块等耐磨零件，对金属的磨耗小，减少了润滑油用量，增强了部件的使用寿命，因此可以广泛替代铜、锌等金属生产轴承、齿轮、拉杆等。改性聚甲醛的摩擦因数很小，刚性很强，非常适合制造汽车用的汽车泵、化油器部件、输油管、动力阀、万向联轴器轴承、曲柄、把手、仪表板、汽车窗升降机装置、电开关、安全带扣等。聚甲醛在电子电器中用于制造各种电动工具的零部件，如电扳手外壳、开关手柄等，以及家用电器中的零部件；在建筑领域用于制造窗框、盥洗盆、水箱、门窗滑轮等。

2.4.2 聚甲醛的成型加工

1. 加工特性

（1）流变性　POM在熔融状态下呈非牛顿型流体。温度对POM的熔体黏度影响不大，所以要增加POM的流动性不是提高机筒温度，而是增大注射压力，改进模具结构，提高模具温度等。剪切速率对POM熔体黏度的影响较大。对于挤出和吹塑加工，共聚厂商提供三元共聚的树脂，其流变行为因一定数量交联点的存在而有所改变，使高低剪切速率下黏度差异加大，便于吹塑和挤出工艺的实施。

（2）结晶性　POM的结晶度一般为75%～85%。由熔融无定形体变为结晶形体，体积收缩较大，约1%。因此，注射时必须有足够的保压时间，以补偿固化的体积变化。否则，收缩率就相当大。这种保压当浇口处固化后就变得没有意义。因此，最短保压时间对一般制品，可以用浇口封闭时间的测定来决定：通过不同保压时间所得制品的称重，可以确定浇口封闭时间（即增加保压时间不再能使制品质量继续增加的初始时间），这就可作为最小保压时间。

（3）热稳定性　聚甲醛的热稳定性较差。在成型过程中，当物料超过正常温度的上限，或在允许温度下停留时间较长，往往会引起热分解，逸出强烈刺激眼膜的甲醛气体，轻则引起物料变色，产品有气泡，重则引起爆炸。因此，必须严格控制成型温度和停留时间，在保证物料流动性的前提下，加工温度要尽量低，受热时间要尽量短。

（4）吸湿性　聚甲醛的吸湿性不大，一般为0.2%～0.25%，制品成型后的尺寸稳定性好。

（5）收缩率　聚甲醛收缩率较大，一般为1.5%～3.5%。对于注射成型的聚甲醛制品，影响成型收缩率的主要因素有制品厚度、浇口尺寸、注射压力、模具温度及螺杆推进速度等。在通常情况下，成型收缩率与壁厚成正比，与浇口面积成反比。增大螺杆推进速度，将减小成型收缩率。提高注射压力和模具温度，也将有利于减小成型收缩率。

（6）其他　聚甲醛的熔融温度范围较窄，具有明显的熔点。当成型温度低于熔点时，即使长时间加热也不会熔融；而一旦温度达到熔点，便会立即发生相变，从固态变为熔融状态。因此，聚甲醛在成型时应选用突变压缩型螺杆。由于其凝固速度极快，加上其固体表面硬度和刚性均很高，收缩大，摩擦因数小，故制品可以快速脱模。

2. 注射成型技术

（1）注射成型机　聚甲醛通常采用螺杆式注射成型机，制品的注射量不应超过成型机最大注射量的75%。一般选用带有标准型螺杆头的单头、全螺纹、突变压缩型螺杆最为理想。螺杆长径比为18左右，压缩比为2～3，计量段长度为（4～5）D。表2-41列出了聚甲醛用螺杆的主要尺寸。为了防止机筒内部产生过量的摩擦热，螺杆转速不宜过高，一般为50～60r/min，并且应尽量减小背压，通常控制在0.6MPa左右。

表2-41　聚甲醛用螺杆的主要尺寸

螺杆直径/mm	加料段槽深 h_1/mm	计量段槽深 h_2/mm
38	7.4～7.6	1.7～2.2
51	7.6～8.4	1.9～2.4
64	8.1～8.9	2.2～2.7
89	8.9～10.2	2.7～3.2

注射机所用喷嘴的孔径不可太小，以免物料与模具接触时发生固化堵塞通道。宜选用流动阻力小，剪切作用较小的喷嘴。采用逆向倒锥角的直通型喷嘴能防止产生流延现象，并能减少制品的变形。为了便于控制喷嘴温度，应在喷嘴上安装100~150W的电热圈，并用调压变压器单独控制其温度。喷嘴最小孔径应根据聚甲醛注射制品质量来定，如图2-2所示。

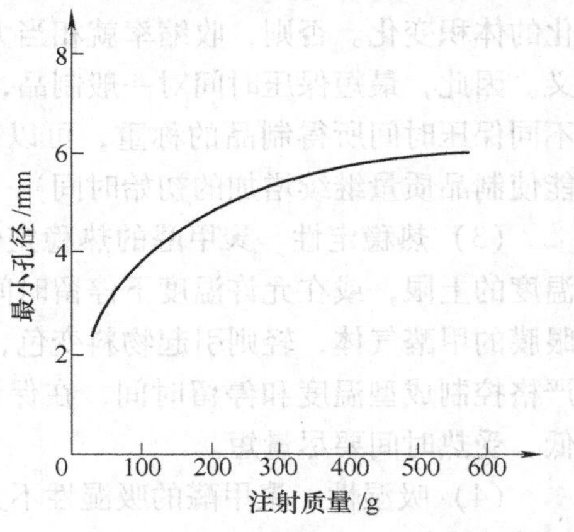

图2-2 聚甲醛注射制品质量与喷嘴最小孔径的关系

（2）注射成型工艺

1）预干燥。聚甲醛的吸湿性很低，而且对成型的影响很小，因此，一般情况下不需要干燥即可加工。但是如果采用浸水冷却的粒料，或者树脂包装不好，又储存在阴暗潮湿的仓库里，或者为了成型精密零件或大面积薄壁制件，树脂就要预先干燥，以改善制件表面光泽，还可以减少制件的白芯和气泡，提高其力学性能。

2）注射温度。共聚甲醛熔点在165℃左右，均聚甲醛熔点在175℃左右，因此，注射机机筒温度必须高于此温度。但温度过高又会导致物料变色分解，因此，共聚物的注射温度一般为170~190℃，均聚物的注射温度一般为180~200℃。先从温度下限开始试验。如制品有缺陷，改变其他工艺条件（如注射压力）。一般采用柱塞式注射机时温度比采用螺杆式注射机要稍高些。

3）注射压力。注射压力的选择要视物料的流动性、浇口流道的尺寸、制品的厚度及流程、模具温度及注射机类型而定，可在40~130MPa的范围内进行选择。一般来说，采用柱塞式注射机或加工薄壁制品时，注射压力要高些；采用螺杆式注射机或加工厚壁制品时，注射压力要低些。物料的熔体流动速率小，浇口流道尺寸小，模具温度低，流程阻力大的情况下，注射压力应选得大些。

4）注射速度。注射速度的选择要视制品的厚度而定。对薄壁制品，为了避免熔体过早冷却产生制品缺陷，采取快速注射的办法（40~80cm^3/s）；对厚壁制品，采用快速注射会引起制品内部混入气泡或制品外观难看，一般选用慢速注射（20~40cm^3/s）。

5）模具温度。模具温度对制品质量有决定性的影响。一般模具温度不低于75℃，对于大面积厚壁制品，可高达120℃。模具温度应尽量均匀一致，以免制品翘曲。由于聚甲醛的凝固速度较快，制品硬度和刚性较大，收缩率也大，且摩擦因数小，故高温下脱模不困难，不必延长冷却时间。

6）成型周期。注射时，一般薄壁制品用高压，厚壁制品不用高压，高压时间不超过5s。保压时间随制品厚度而加长，有时可达5min。

7）成型收缩率。制品厚度、浇口尺寸、注射压力、模具温度、材料温度、注射时间、退火温度及时间等对成型收缩率皆有影响。制品厚度在2mm以下时，成型收缩率随制品厚度的增加而减小，超过2mm时，则随制品厚度的增大而增大。

8）成品退火。由于制品内外冷却速度不同，或带金属嵌件的制品，塑料和金属的膨胀系数不同，使制品内部存在残余应力，在高温使用时产生变形，受力下易产生开裂。为了减小此应力须对制品进行后处理。处理的时间和温度应视制品的厚度而定。通常壁厚在6mm以下的制品，处理温度为100℃，时间为0.25～1h；壁厚在6mm以上的制品，温度为120～130℃，时间为4～6h。

表2-42列出了共聚甲醛注射成型工艺条件，可供参考。

表2-42 共聚甲醛注射成型工艺条件

制品壁厚		6mm以下		6mm以上	
注射机类型		柱塞式	螺杆式	柱塞式	螺杆式
机筒温度/℃	后	160～175	155～165	160～170	155～165
	中		165～175		160～170
	前	175～180	175～185	170～185	170～180
模具温度/℃		75～80	75～80	80～120	80～120
注射压力/MPa		80～100	60～130	60～120	40～100
注射时间/s		10～50	10～60	45～300	45～300
保压时间/s		0～5	0～5		
冷却时间/s		10～30	10～30	30～120	30～120
总周期/s		30～100	30～100	90～460	90～400

3. 挤出成型

聚甲醛的挤出成型时采用等螺距、直径相同的计量螺杆，长径比为20～24，计量部分约为螺杆全长的1/4，压缩比以3～4为宜。与熔融料接触的口模等部分要避免使用铜或其他导致热分解的合金材料。对不同品种螺杆的结构也应略做改变，如挤出速度慢或高黏度聚甲醛物料，宜采用深槽螺杆；挤出速度快或中黏度聚甲醛物料，宜采用浅槽螺杆。表2-43列出了聚甲醛挤出成型的工艺条件。

表 2-43 聚甲醛挤出成型的工艺条件

项 目	管 材	板 材	电线包覆
长径比	20	20	20
压缩比	3.0	3.0	3.0
口模温度/℃	205	205	205
口模入口压力/MPa	7.5~15	3.5~10	10~55
口模内物料温度/℃	200~210	200~210	200~210
机筒温度/℃	205	205	205
冷却水温度/℃	21	不冷却	21
冷却水离口模距离/cm	2~8	—	10~20
冷却时间/s	3	—	1
牵引比	4~8	—	2~4

2.4.3 聚甲醛主要商品的性能

表 2-44 列出了吉林石井沟联合化工厂的共聚甲醛树脂的性能。表 2-45 列出了日本三菱瓦斯化学公司 Lupital POM 的性能。表 2-46 列出了美国杜邦公司 Delrin POM 的性能。表 2-47 列出了德国巴斯夫公司 Ultraform POM 的性能。

表 2-44 吉林石井沟联合化工厂的共聚甲醛树脂的性能

性 能	M25	M60	M90	M120	M160	M200	M270
熔体指数/(g/10min)	1.5~3.5	3.5~7.5	7.5~10.5	10.5~14.0	14.0~18.0	18.0~21.0	
拉伸强度/MPa	60.0	60.0	60.0	60.0	60.0	60.0	60.0
伸长率(%)	30	30	30	30	30	30	30
弯曲强度/MPa	130	130	130	130	130	130	130
压缩强度/MPa	82	82	82	82	82	82	82
冲击强度/(kJ/m²)	90	90	90	90	80	80	70
悬臂梁缺口冲击强度/(J/m)	150	150	150	150	150	150	150
熔点/℃	157	157	157	177	157	157	155
马丁耐热温度/℃	53	53	53	53	53	53	53
线胀系数/(10^{-5}/℃)	10.9	10.9	10.9	10.9	10.9	10.9	10.9
体积电阻率/$10^4\Omega\cdot cm$	3	3	3	3	3	3	3
介电常数(10^6Hz)	3.5	3.5	3.5	3.5	3.5	3.5	3.5
介电强度/(kV/mm)	27	27	27	27	27	27	27
热失重(222℃,20min,%)	≤1.0	≤1.0	≤1.0	≤1.0	≤1.0	≤1.0	≤1.0
外观	乳白色(允许微黄色)均匀颗粒,带小黑点颗粒的量不大于5%						

表2-45　日本三菱瓦斯化学公司 Lupital POM 的性能

性　能	试验方法 ASTM	F10-01	F20-01	F30-01
密度/(g/cm^3)	D729	1.141	1.141	1.141
吸水性(24h,%)	D570	0.22	0.22	0.22
线胀系数/(10^{-5}/℃)	D696	9	9	9
燃烧性	D194	HB	HB	HB
拉伸强度/MPa	D638	61.5	62.5	63.5
伸长率(%)	D638	65	60	50
剪切强度/MPa	D732	56	56	56
悬臂梁缺口冲击强度/(J/m)	D256	75	65	55
洛氏硬度(M)	D785	78	80	80
介电常数(10^2Hz)	D150	3.7	3.7	3.7
表面电阻率/Ω	D257	1×10^{16}	1×10^{16}	1×10^{16}
体积电阻率/Ω·cm	D257	1×10^{14}	1×10^{14}	1×10^{14}
熔体指数/(g/10min)	D1238	0.5	9.0	27.0

表2-46　美国杜邦公司 Delrin POM 的性能

性　能	试验方法 ASTM	100P	500P	900P	1700P
拉伸强度(23℃)/MPa	D638	69	69	69	70
破裂点拉伸变形量(23℃,%)	D638	65	35	25	15
弹性模量(23℃)/MPa	D638	3220	3360	3640	
弯曲模量(23℃)/MPa	D790	2840	3090	3220	3230
弯曲强度(23℃)/MPa	D790	98	97	97	103
剪切强度(23℃)/MPa	D732	66	66	66	58
负载变形量(14MPa,50℃,%)	D621	0.5	0.5	0.5	0.9
拉伸冲击强度(长试片,23℃)/(kJ/m^2)	D1822	525	420	250	
熔点/℃	D2133	175	175	175	
热导率/[W/(m·K)]		0.37	0.37	0.37	
线胀系数(-40~20℃)/(10^{-5}/℃)	D696	10.4	10.4	10.4	
介电常数(50%RH,23℃,10^2~10^6Hz)	D150	3.7	3.7	3.7	
密度/(g/cm^3)	D792	1.42	1.42	1.42	
洛氏硬度(M)	D785	94	94	94	89
洛氏硬度(R)	D785	120	120	120	107
吸水量(24h浸渍,%)	D570	0.25	0.25	0.25	

表 2-47 德国巴斯夫公司 Ultraform POM 的性能

性 能		试验方法 DIN	H2200G5	H2320	N2320	S2320	W2320
拉伸屈服强度/MPa		53455	140	70	70	68	68
断裂伸长率(%)		53455	2~4	40	25	20	15~20
拉伸模量/GPa		53457	9.1	3.2	3.2	3.1	3.1
Charpy 冲击强度(缺口)/(kJ/m^2)		53453	—	8~9	6~7	5~6	4~6
球压痕硬度(H358/30)/MPa		53456	185	155	160	160	160
熔点/℃			164~168	164~168	164~168	164~168	164~168
比热容/[J/(kg·K)]			—	1.5	1.5	1.5	1.5
最高使用温度/℃	短期		150~160	140~150	140~150	140~152	140~150
	长期		110~120	100	100	100	100
热变形温度/℃	方法 A	53461	162	110	110	110	110
	方法 B		164	160	160	160	160
介电强度/(kV/mm)		53481	50	>55	>55	>55	>55
体积电阻率/Ω·cm		53482	10^{14}	10^{15}	10^{15}	10^{15}	10^{15}
介电常数(10^6Hz)		53483	4.0	3.8	3.8	3.8	3.8
介质损耗角正切(10^6Hz)		53483	20 ($\times10^{-4}$)	25 ($\times10^{-4}$)	25 ($\times10^{-4}$)	25 ($\times10^{-4}$)	25 ($\times10^{-4}$)
熔体指数(190/2.16)/(g/10min)		53735	5	2.5	9	13	23
密度/(g/cm^3)		53479	1.58	1.41	1.41	1.41	1.41
吸水率(23°C,饱和,%)		53495	1	0.8	0.8	0.8	0.8

2.5 聚苯醚

2.5.1 聚苯醚的性能

聚苯醚（PPO），又名聚二亚苯基醚。它是一种热塑性树脂，密度小，仅为 $1.06g/cm^3$，综合性能优良，吸湿性低，电性能、耐水蒸气性及尺寸稳定性优异。但熔融流动性差，成型困难，现在工程中应用的是各种改性聚苯醚。

1. 力学性能

PPO 具有优良的力学性能（见表 2-48），其拉伸强度为 80MPa（23℃），超过聚碳酸酯、聚甲醛和 ABS 等工程塑料。PPO 的强度和刚性随温度的上升仅有缓慢的下降。在沸水中经 7200h 蒸煮后，其拉伸强度、伸长率及冲击强度等都没有明显下降。PPO 的蠕变值很小，在 23℃、14MPa 载荷下，经过 300h 后的蠕变值仅为0.5%；而且随温度的升高，其蠕变值的变化也很小。可在 -160 ~ -150℃的温度范围内连续使用。

表2-48 聚苯醚的性能

性能		-179℃	23℃	93℃
密度/(g/cm³)			1.06	
拉伸强度/MPa			80	55
断裂伸长率(%)			20 ~ 40	30 ~ 70
拉伸弹性模量/GPa			2.69	2.48
弯曲强度/MPa		134	114	87
弯曲弹性模量/GPa		2.65	2.59	2.48
蠕变值(300h,14MPa,%)			0.5	
悬臂梁缺口冲击强度/(J/m)		53(-40℃)	64	91
洛氏硬度(M)			78	
疲劳持久极限(2×10^6 次循环)/MPa			8	
吸水率(%)	空气中,24h,50%RH		0.03	
	长期浸水		0.10	

改性聚苯醚的力学性能与聚碳酸酯较接近，拉伸强度、弯曲强度和冲击强度较高，刚性大，抗蠕变性优良，在较宽的温度范围内均能保持较高的强度，湿度对冲击强度的影响很小。表2-49和2-50列出了部分改性聚苯醚的性能。

表2-49 上海市合成树脂研究所改性聚苯醚（MPPO）部分品级的性能

性能	M85	M115	M120	M130	M140	M120GF20	GF20
密度/(g/cm³)	1.10	1.10	1.10			1.25	
拉伸强度/MPa	45	70	65	70	70	95	95
弯曲强度/MPa	70	100	100	90	95	120	120
悬臂梁缺口冲击强度/(J/m)	350	110	125	80	80	45	55
热变形温度(1.82MPa)/℃	85	115	120	130	140	135	145
体积电阻率/Ω·cm	10^{16}	10^{16}	10^{16}	10^{16}	10^{16}	10^{16}	10^{16}
介电常数	2.8	2.8	2.8			3.0	2.8
介质损耗角正切	10^{-3}	10^{-3}	10^{-3}	10^{-3}		10^{-3}	10^{-3}
阻燃性(UL94)	V-0	V-0	V-1		HB	V-1	HB

表 2-50 GE 公司改性聚苯醚 Noryl 部分品级的性能

性能	N190（通用型）	SE100（高流动）	PX9406（高流动耐热）	SE1（耐热阻燃）	731（耐热）	N300（耐高热）	SE1-GFN2（20%玻璃纤维）	SE1-GFN3（30%玻璃纤维）
密度/(g/cm³)	1.08	1.10	1.09	1.06	1.06	1.06	1.30	1.36
吸水率(23℃,24h,%)	0.07	0.07	0.07	0.07	0.06	0.06	0.06	0.06
成型收缩率(%)	0.5~0.7	0.5~0.7	0.5~0.7	0.5~0.7	0.5~0.7	0.5~0.7	0.2~0.4	0.1~0.3
拉伸强度/MPa	48.0	53.9	66.0	65.7	65.7	75.5	100	117.6
断裂伸长率(%)		50	60	60	60		4~6	4~6
弯曲强度/MPa	56.8	88.2	66.1	93.1	93.1	103.9	120.5	137.2
弯曲弹性模量/GPa	2.23	2.48	2.45	2.48	2.48	2.41	5.17	7.57
悬臂梁缺口冲击强度/(J/m)	294.0	274.4	225.4	274.4	274.4	441.0	98.0	98.0
洛氏硬度	R115	R115		R119	R119	R119	L106	L108
热变形温度(1.82MPa)/℃	88	100	125	129	129	148	132	135
热导率/[W/(m·℃)]		0.16		0.22	0.22		0.17	0.16
线胀系数/(10⁻⁵/℃)	7.2	6.8		5.9	5.9	5.4	3.6	2.5
阻燃性 UL94	V-0	V-1	V-0	V-1	HB	V-0	V-1	V-1
介电常数(60Hz)	2.78	2.65	2.80	2.69	2.69	2.69	2.98	3.15
介质损耗角正切(60Hz)	0.0046	0.0007	0.0020	0.0007	0.0004	0.0030	0.0016	0.0020
体积电阻率/Ω·cm	10^{15}	10^{16}	10^{16}	10^{17}	10^{17}		10^{16}	10^{16}
介电强度/(kV/mm)	16	16	16	20	22	20	24	21
耐电弧性/s	70	75	75	75	75		70	100

2. 热性能

聚苯醚有较高的耐热性，熔点高于300℃，分解温度在350℃以上，脆化温度为-170℃，马丁耐热温度为160℃，长期使用温度为120℃，玻璃化转变温度达205℃，热导率为0.192W/(m·℃)，成型收缩率为0.7%~0.9%。其热变形温度在1.82MPa荷载下为174℃，优于聚碳酸酯、聚甲醛、聚酰胺和ABS等热塑性工程塑料，而与酚醛、不饱和聚酯等热固性塑料相接近。

聚苯醚的熔融温度范围较宽，达到最大值的熔融温度为267℃，熔体冷却后，呈现完全的无定型。聚苯醚的线胀系数较小，为5.2×10^{-5}/℃，与其他塑料相比更接近金属的线胀系数。聚苯醚的热变形温度高，其熔融物的流变特性近乎牛顿型流体，即在剪切速度增加时，熔体黏度并不会下降，这种塑料黏度大，流动性差，必须采用很高的加工温度（315℃），致使加工困难或能耗过大。聚苯醚阻燃性良好，具有自熄性，在150℃空气中经过150h不发生化学变化。改性聚苯醚的热性能略低于聚苯醚，有较宽的热变形温度范围。

3. 电性能

聚苯醚的分子结构中无极性高的基团，不产生偶极分极，因此，电性能十分稳定，在较宽的温度及频率范围内保持优异的性能（见表2-51）。聚苯醚的电阻率高达10^{15}数量级，并基本上不受湿度的影响。介电常数和介质损耗角正切在整个工程塑料中是最小的，而且几乎不受温度和频率的影响。改性聚苯醚仍具有优异的电性能。

表2-51 聚苯醚的电性能

性能		数值
介电常数	23℃,50%RH,60Hz	2.58
	23℃,50%RH,10^6Hz	2.58
介质损耗角正切	23℃,50%RH,60Hz	0.35×10^{-3}
	23℃,50%RH,10^6Hz	0.9×10^{-3}
表面电阻率(23℃,50%RH)/Ω		1.0×10^{17}
体积电阻率(23℃,干燥)/Ω·cm		8.4×10^{17}
体积电阻率/Ω·cm	23℃,50%RH	7.9×10^{17}
	55℃,干燥	9.4×10^{16}
	121℃,干燥	9.6×10^{15}
	183℃,干燥	4.2×10^{15}
介电强度/(kV/mm)		16.0~20.5
耐电弧性/s		75

4. 耐化学药品性

聚苯醚具有优异的耐水性，对于以水为介质的化学药品，如酸、碱、盐溶液和洗涤剂等，不管是在室温下还是在受热情况下，一般均不受影响。但耐溶剂性差，卤代脂肪烃和芳香烃等会使聚苯醚发生溶胀或溶解。在受力状态下，不耐芳香烃、卤代烃、油类、酮类及酯类，易溶胀或应力开裂，在85℃浓硫酸中，12MPa载荷下会产生应力开裂。抗氧性不好。聚苯醚的耐化学药品性见表2-52。

表2-52 聚苯醚的耐化学药品性

化学药品(质量分数)	质量变化率(%)	化学药品(质量分数)	质量变化率(%)
3%硫酸	0.10	无水乙醇	0.45
30%硫酸	0.08	50%乙醇	0.34
10%盐酸	0.10	2%碳酸钠	0.11
38%盐酸	0.93	3%过氧化氢	0.12
醋酸	0.13	二氯乙烷	溶解
1%氢氧化钠	0.11	甲苯	溶解
10%氢氧化钠	0.09	庚烷	0.39
10%氨水	0.15	48%氢氟酸	2.08
10%氯化钠溶液	0.09		

5. 应用

聚苯醚适宜应用于潮湿而有载荷，还要求具有优良电绝缘性、力学性能和尺寸稳定性的场合。在机电工业中，可用作在较高温度下工作的齿轮、轴承、凸轮、运输机械零件、泵叶轮、鼓风机叶片、水泵零件、化工用管道、阀门以及市政上水工程零件，还可代替不锈钢用来制造各种化工设备及零部件；由于聚苯醚抗蠕变性及应力松弛性好，强度高，还适合于制作螺钉、紧固件及连接件；其次聚苯醚优越的电性能，可作为电机绕线芯子、转子、机壳等，以及电子设备零件和高频印制电路板。电气级的聚苯醚用于超高频上，可制作电视机调谐片、微波绝缘、线圈芯、变压器屏蔽套、线圈架、管座、电视偏转系统元件等；因聚苯醚能进行蒸汽消毒，可以代替不锈钢用于外科手术器械。此外，聚苯醚薄膜，因其耐热性高和力学强度好，在电气、机电、电子、航空、航天等工业领域有广阔的应用前景。

现在被广泛使用改性聚苯醚的商品都是用高抗冲聚苯乙烯共混制成的。改性聚苯醚成型加工性优良，成型收缩率小，尺寸稳定性好，吸水率低，并具有良好的电性能及耐热性能，通热水不易分解，抗酸碱，密度低，易使用非卤素阻燃剂达到 UL 阻燃级标准。改性聚苯醚作为一种重要的工程塑料，广泛应用于电视机、电子电器零件、汽车、办公机械及家用电器等领域。

2.5.2 聚苯醚的成型加工

PPO 与 POM、PA 等结晶性塑料不同，而与 PC 一样，尺寸稳定性好。PPO 在成型时无结晶过程，残余内应力会造成应力开裂，在选定成型条件时应认真考虑。

1. 成型加工特性

聚苯醚的熔点高，其晶体部分的熔融温度高达 262～267℃，而且，在 300℃ 以下其熔体黏度很高，给聚苯醚的成型加工带来困难。聚苯醚和改性聚苯醚的熔融体属非牛顿型流体，熔体的黏度与温度的关系很大，随着温度的提高黏度直线下降。这种黏度大、流动性差的特性致使加工时必须采用很高的温度，因此，加工困难，能耗过大。

聚苯醚与改性聚苯醚的成型收缩率很低，在不同的成型条件下基本保持不变，对成型精密制品十分有利的，且很少发生脱模问题。

聚苯醚的吸湿性低，通常物料不经干燥就能进行成型加工。但如果物料的熔融造粒是采用浸水冷却工艺的，或物料包装不好，那么因其密度较小，表面积较大，暴露在空气中的表面会吸附微量水分，特别是粉状 PPO 树脂，更易吸收微量水分。如不进行干燥，成型加工时会引起制品表面形成银丝和产生气泡。另外，干燥本身也起预热作用。特别是成型加工大面积薄壁制品，它有改善制品表面光泽的效果。干燥只需在烘箱之类简单设备中进行，物料厚度为50mm时，一般在107℃左右干燥2h即可。

2. 注射成型

柱塞式或螺杆式注射机都能加工聚苯醚，一般采用螺杆式注射机为好。要求螺杆长径比应大于15，压缩比为1.7~4.0（一般采用2.5~3.5）。螺杆形式以采用渐变形为好。喷嘴形式以直通式为宜，它比自动启闭式喷嘴的压力损耗小，而且不易造成物料滞留。模具应装有加热装置，模具与注射机模板之间要有绝热板。

聚苯醚的注射成型温度较高，根据制品大小及不同形状，机筒温度一般控制在280~340℃。当一次注射量为机筒容量的20%~50%时，机筒温度可高达330℃也不会降解。但不能超过340℃，超过340℃，会使物料发生降解而降低性能；低于280℃，则物料黏度过大而不易加工。喷嘴温度通常总是比机筒熔融区域温度稍低10~20℃，以避免喷嘴漏料。

模具温度应根据制品厚度、机筒温度等因素而定，一般为100~150℃，能使应力减至最小，有利于降低表面粗糙度和充满薄壁部分。超过150℃，容易引起气泡并延长成型周期；低于100℃，会产生较高的残余应力，以及使制品产生充模不足和分层胶皮等缺点。

聚苯醚的熔融物料不应长时间保持在高温下，如果物料在机筒内连续停留2h以上，会出现变色分解现象，这时机筒应及时清洗。聚苯醚注射成型的废料可反复使用，一般重复3次，其力学性能没有明显的下降。

表2-53列出了Noryl部分品级聚苯醚的注射成型工艺条件。

表2-53　Noryl部分品级聚苯醚的注射成型工艺条件

项　　目		SE1、731	SE100	SE1-GFN2
机筒温度/℃	前部	280	270	290
	中部	280	265	290
	后部	260	240	275
喷嘴温度/℃		280	270	290
模具温度/℃		90	80	100
注射压力/MPa		123.5	123.5	137.2
螺杆转速/（r/min）		73	73	73
成型周期/s		30~60	30~60	30~60

3. 模压成型

模压成型法可将聚苯醚制成各种厚度的板材，使用的设备为液压机。在压制较厚的板材时，应在比使用温度低10℃左右的温度下处理24h，以消除内应力。

成型时应注意脱模温度要高一些，以免板材开裂。另外，板材在脱离压机后立即进行脱模会产生粘模现象，骤然冷却又会导致破裂，因此，应缓慢冷却至一定温度后进行脱模。

聚苯醚玻璃布层压板的具体压制工艺如下：

（1）胶液配制　将聚苯醚树脂溶于苯溶剂中，配成质量分数为10%～18%的溶液，在60℃温度下边搅拌边加热，使树脂全部溶解，成为透明液体。

（2）上胶　将厚度为0.1mm的玻璃布经H151偶联剂处理，然后在浸胶机上浸渍和干燥。干燥温度为上层100～110℃，中层90～100℃，下层70～80℃。上胶速度为0.5m/min，含胶量为30%～40%（质量分数）。

（3）成型　将胶布剪切层叠至厚度约为4～10mm，在压机上加热加压成型。在室温上模，升温至250℃，保温5min，一次升压至6MPa；继续升温至300℃，保持1h；然后冷至180℃，再通水冷却至室温脱模即可。

4. 挤出成型

挤出成型可将聚苯醚加工成棒材、管材、片材和电线包覆等。挤出机一般采用排气式挤出机，螺杆长径比通常为20～24，螺杆压缩比为2.5～3.5，螺杆多采用等距不等深形式，计量段有适当的深度。挤出机应有较长的口模平直部分，挤出牵引时应充分考虑到聚苯醚物料冷凝温度较高的特点。挤出成型时，机筒温度稍低于注射成型的机筒温度。

2.5.3 聚苯醚主要商品的性能

表2-54列出了日本旭化成工业株式会社改性聚苯醚的性能。表2-55列出了日本三菱瓦斯化学株式会社改性聚苯醚的性能。

表2-54 日本旭化成工业株式会社改性聚苯醚的性能

性能	试验方法 ASTM	G010H	G703H	500Z	300Z	100Z
密度/(g/cm³)	D792	1.32	1.30	1.08	1.08	1.08
吸水率(50%RH,24h,%)	D570	0.30	0.06	0.10	0.10	0.10
拉伸屈服应力/MPa	D638	127	118	56.9	45.1	36.9
相对伸长率(%)	D638	3	5～7	50	50	40
弯曲强度/MPa	D790	186	147	88.3	69.6	58.8
弯曲模量/GPa	D790	7.35	6.67	2.35	2.37	2.26
悬臂梁缺口冲击强度/(J/m)	D256	69	78	196	206	284

（续）

性　　能	试验方法 ASTM	G010H	G703H	500Z	300Z	100Z
洛氏硬度(R)	D785	112(L)	126	116	111	110
热变形温度(1.82MPa)/℃	D648	180	140	120	100	85
线胀系数/(10^{-5}/℃)	D696	3.5	2.8	7.5	7.5	7.5
燃烧性	UL94	HB	HB	V-0	V-0	V-0
体积电阻/Ω·cm	D257	10^{15}	10^{17}	10^{17}	10^{16}	10^{16}
介电常数(23℃ 50% RH,60Hz)	D150	3.6	2.9	2.7	2.7	2.7
介电常数(23℃,50% RH,10^6Hz)	D150	3.2	2.9	2.7	2.7	2.7
介质损耗角正切(23℃,50% RH,60Hz)	D150	0.004	0.0008	0.0006	0.0006	0.001
介质损耗角正切(23℃,50% RH,10^6Hz)	D150	0.01	0.0012	0.001	0.0018	0.0015
模具温度/℃	—	60~100	80~120	70~100	50~80	40~70
成型收缩率(%)	D955	0.3~0.6	0.2~0.3	0.5~0.7	0.5~0.7	0.5~0.7
牌号特征		30%玻璃纤维增强	30%玻璃纤维增强	非增强、耐热、难燃	非增强、耐热、难燃	非增强、易流动、难燃

表2-55　日本三菱瓦斯化学株式会社改性聚苯酸的性能

性　　能	试验方法 ASTM	AV20	AN60	GV30	X8018	MGX1020
密度/(g/cm³)	D792	1.08	1.09	1.30	1.15	1.33
吸水率(23℃,24h,%)	D570	0.07	0.07	0.10	0.07	0.07
拉伸屈服应力/MPa	D638	41.2	63.7	118	61.8	95.1
相对伸长率(%)	D638	40	40	4~7	5	5
弯曲强度/MPa	D790	66.7	93.2	147	93.2	127
弯曲模量/GPa	D790	2.45	2.55	7.06	4.02	6.96
悬臂梁缺口冲击强度/(J/m)	D256	196	216	98	108	59
洛氏硬度(R)	D785	118	124	125	125	125
热变形温度(0.45MPa)/℃	D648	95	130	143	105	110

（续）

性　　能	试验方法 ASTM	AV20	AN60	GV30	X8018	MGX1020
热变形温度(1.82MPa)/℃	D648	85	120	140	100	105
线胀系数/(10^{-5}/℃)	D696	6.5	5.3	2.5		
燃烧性	UL94	V-1	V-0	V-1	V-0	V-0
体积电阻/Ω·cm	D257	3×10^{17}	3.8×10^{17}	$\geqslant10^{17}$		
介电常数(10^6Hz)	D150	2.66	2.75	3.05		
介质损耗角正切(10^6Hz)	D150	4×10^{-3}	5.4×10^{-3}	1.8×10^{-3}		
成型收缩率(%)	D955	0.5～0.7	0.5～0.7	0.1～0.3	0.3～0.4	0.2～0.3
牌号特征		通用	通用	30%玻纤增强	高刚性，良好外观，10%玻纤	高刚性，良好外观，含玻纤及无机填料5%

2.6 超高分子量聚乙烯

2.6.1 超高分子量聚乙烯的性能

超高分子量聚乙烯（UHMWPE）一般是指相对分子质量在 150×10^4 以上的聚乙烯，是一种新型工程塑料。平均相对分子质量为 200×10^4 的 UHMWPE，其密度仅为 0.935g/cm³，比其他所有工程塑料都低，一般比 PTFE 低 50%以上，比聚甲醛低 30%以上，因此其制品具有轻量化的特点。超高分子量聚乙烯具有多种优良的力学性能、物理性能、化学性能，非常耐磨损，耐腐蚀，耐冲击，自润滑、摩擦因数小，吸水率低，不易黏附异物，卫生无毒，可回收利用以及耐低温等，特别是其耐磨性尤为突出。其不足是耐热性能差、硬度低、拉伸强度低、阻燃性能差。

1. 超高分子量聚乙烯的性能数据（见表2-56）

表2-56 超高分子量聚乙烯的性能

性　　能	北京助剂二厂	日本三井石油化学工业公司	
		240M	340M
相对分子质量($\times10^4$)	180～230	200	300
密度/(g/cm³)	0.935～0.945	0.935	0.930
表观密度/(g/cm³)	0.35～0.40	0.450	0.450

（续）

性能	北京助剂二厂	日本三井石油化学工业公司	
		240M	340M
灰分（质量分数，%）	≤0.15		
水分（质量分数，%）	≤0.15		
拉伸强度/MPa	30~40	39.2	49.0
伸长率（%）	300~400	400	250
悬臂梁缺口冲击强度/(J/m)		不断	不断
简支梁冲击强度（缺口）/(kJ/m²)	≥150		
摆式冲击强度（MPC法）/(J/m)		1079	872
邵氏硬度（D）		66	66
磨耗量（砂磨）/mg		20	15
熔点/℃	137	136	136
维卡软化点/℃	132	134	134
热变形温度（0.45MPa）/℃		85	85
线胀系数/(10^{-5}/℃)		0.15	0.15
脆化温度/℃	≤-70		
体积电阻率/Ω·cm	≥10^{17}	10^{17}~10^{18}	10^{17}~10^{18}
介电强度/(kV/mm)	≥35	50	50
介电常数（10^6Hz）	≤2.35	2.30	2.30
介质损耗角正切（10^6Hz）	≤5×10^{-4}	(2~3)×10^{-4}	(2~3)×10^{-4}

2. 力学性能

（1）耐冲击性 UHMWPE的冲击强度在整个工程塑料中名列前茅。即使在低温下也能保持优异的耐冲击性，甚至在液氮中（-196℃）也具有良好的冲击强度，这一特性是其他塑料所不具备的。其冲击强度开始随相对分子质量的增大而提高，在相对分子质量为150×10^4左右达到最大值，其后随相对分子质量的升高而逐渐下降。UHMWPE的冲击强度约为聚碳酸酯的2倍，ABS的5倍，PA、聚甲醛和PBT的10余倍。

（2）耐磨性 超高分子量聚乙烯的耐磨性居塑料之首，比碳钢、黄铜高数倍，并且随着相对分子质量的增大其耐磨性还能进一步提高。图2-3所示为超高分子量聚乙烯与其他材料的耐磨性比较，试验条件为：砂浆由2质量份水、3质量份砂组成；试件的转速900r/min；运转时间7h。

（3）自润滑性 UHMWPE自润滑性优异，动摩擦因数很低，可以和聚四氟乙烯媲美。表2-57列举了UHMWPE与其他工程塑料动摩擦因数的比较。可以看出，UHMWPE的动摩擦因数在水润滑条件下是PA66和POM的1/2，在无润滑条件下仅次于塑料中自润滑性最好的PTFE。当它以滑动或转动形式工作时，比钢和黄铜添加润滑油后的滑动性能还要好。而且UHMWPE的价格又较低，因此，在摩擦学领域，被誉为成本性能比非常理想的摩擦材料。

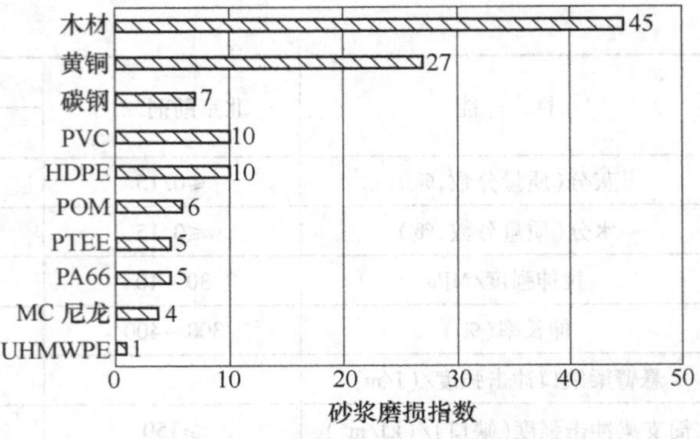

图2-3　UHMWPE与其他材料的耐磨性比较

表2-57　UHMWPE与其他工程塑料动摩擦因数的比较

材　料	动摩擦因数		
	无 润 滑	水 润 滑	油 润 滑
UHMWPE	0.10～0.22	0.05～0.10	0.05～0.08
PTFE	0.04～0.25	0.04～0.08	0.04～0.05
PA66	0.15～0.40	0.14～0.19	0.06～0.11
POM	0.15～0.35	0.10～0.20	0.05～0.10

（4）拉伸强度　UHMWPE的拉伸屈服强度与相对分子质量及密度有关，随着相对分子质量的增大和密度的下降，拉伸屈服强度也随之下降；但当密度为0.94g/cm^{3}或相对分子质量超过150×10^4时，拉伸屈服强度的变化较小，基本上趋于一个定值。而拉伸断裂强度仅与相对分子质量有关，密度对其影响基本上可以忽略不计。与拉伸屈服强度相反，随着相对分子质量的增大，拉伸断裂强度则相应有所提高。

2. 热性能

UHMWPE的耐热性不高，使用温度一般在100℃以下。但由于它的相对分子质量极大，因而它的热变形温度和维卡软化点都高于普通高密度聚乙烯。UHMWPE的熔点（136℃）与普通高密度聚乙烯大体相同，然而超高分子量聚乙烯具有非常优良的耐低温性能，在所有塑料中是最佳的，脆化温度在－70℃以下，即使在液态氦温度（－269℃）下仍具有一定的冲击强度和耐磨性。工作温度范围为－265～100℃，低温到－195℃时，仍能保持很好的韧性和强度，不致脆裂，可以用于低温部件、管道，以及核工业等极低温情况。

3. 电性能

与普通聚乙烯相同，UHMWPE的分子链仅由碳、氢元素组成，UHMWPE的各项电性能与相对分子质量的大小无关，所以具有优异的电绝缘性能。它的体积

电阻率高达 $10^{16} \sim 10^{18} \Omega \cdot cm$，介质损耗角正切为（2～3）$\times 10^{-4}$。

4. 耐化学药品性

超高分子量聚乙烯具有优良的耐化学药品性能。除萘溶剂外，它几乎不溶于任何有机溶剂。UHMWPE 在20℃和80℃的温度下，能在甲醇、乙醇、丁醇、丙酮、苯、甲苯、二甲苯、二氯甲烷、四氯化碳、醋酸乙酯、醋酸丁醋、四氢呋喃、三氯乙烯、二氯乙烷、异丙醇、溴乙烷、四氯乙烯、乙醚、乙二醇单甲醚、甲乙酮、醋酸丙酯、醋酸异丙酯、二噁烷、乙二醇、汽油、庚烷、正己烷、环己烷、二硫化碳、异戊醇、乙酯、甲基异丁基酮、苯甲醇等80余种有机溶剂的任何一种溶剂中浸渍30d，外表无任何反常现象，各种性能也几乎没有变化。这是由于超高分子量聚乙烯在分子结构上没有官能团，而且几乎没有支链和双键以及结晶度高等因素。但它在浓硫酸、浓盐酸、浓硝酸、卤代烃以及芳香烃等溶剂中不稳定，并且随着温度升高氧化速度加快。

5. 吸水率

超高分子量聚乙烯的吸水率在工程塑料中是最小的（见表2-58），这是由于超高分子量聚乙烯的分子链仅由碳、氢元素组成，分子中无极性基团，所以吸水率极低。因此，制品即使是在潮湿环境中也不会因吸水而使尺寸发生变化，同时也不会影响制品的精度和耐磨性等力学性能，并且在成型加工前原料不需要干燥处理。

表2-58 几种常见工程塑料的吸水率

材料名称	UHMPWE	PA66	聚碳酸酯	聚甲醛	ABS	聚四氟乙烯
吸水率(%)	<0.01	1.5	0.15	0.25	0.20～0.45	<0.02

6. 应用

超高分子量聚乙烯综合性能最佳，已被广泛用于机械、电器、包装容器、化工设备、交通运输、材料储运、输送管道、医疗和体育器材等领域。主要制品有：板材类、管材类、棒材和成品，其中成品包括齿轮、轴承、轴套、滚轮、导轨、滑块、衬块等。从制品的加工工艺上又可分为模压成型、机械加工、挤出成型、注射成型、冲压成型、吹塑成型、辊压成型、热塑性加工成型和拉丝成型等。

2.6.2 超高分子量聚乙烯的成型加工

1. 成型特性

虽然超高分子量聚乙烯是热塑性塑料，具有许多优良性能，但由于其相对分子质量极高，熔体特性和一般热塑性塑料截然不同，给成型加工带来很大困难。其主要成型特性如下所述。

1）物料熔融时黏度极高，不成黏流态而是处于高黏弹态。普通聚乙烯的流动性能，一般可用熔体流动速率（MFR）表示。它是在温度为190℃，载荷为21.2N下测定的，一般热塑性塑料熔体流动速率为0.003～3g/min，而超高分子量聚乙烯由于熔体黏度非常高，在上述条件下根本测不出结果，即使把载荷加大10倍（即212N），熔体也很难从仪器喷嘴流出。UHMWPE加工时的熔融黏度高达10^8Pa·s，流动性极差，其熔体流动指数几乎为零，所以很难直接进行挤出或注射成型。

2）临界剪切速率低，熔体易破裂。通常把熔体刚出现破裂时的剪切速率称为临界剪切速率。实践证明它随聚乙烯的相对分子质量增大而减小。对于相对分子质量极高的UHMWPE来说，在剪切速率很低时，就可能产生熔体破裂，在较低剪切速率下，就会产生滑流或喷流现象。因此，在超高分子量聚乙烯挤出加工时，会遇到由于容易破裂而产生裂纹现象；在超高分子量聚乙烯注射时，会出现喷流而致使制品出现多孔状或脱层现象。这是热塑性方法加工超高分子量聚乙烯的难题。

3）UHMWPE的摩擦因数极低，使粉料在进料过程中极易打滑，不易进料。

4）成型温度范围窄，易氧化降解。

2. 模压成型技术

超高分子量聚乙烯模压成型的特点主要是成本低，设备简单，投资少，不受相对分子质量高低影响；但生产率低，劳动强度大，产品质量不稳定。

模压成型是将粉状的超高分子量聚乙烯制成棒、板、轮、轴套等半成品或成品。由于超高分子量聚乙烯的相对分子质量很高，在成型过程中，分子之间互相缠绕和相互在分子空间渗入比其他工程塑料严重，又加之压制烧结法生产是手工操作随机性强，以及成品的尺寸与烧结温度、烧结时间、添加剂的品种及比例、偶联剂的品种、加压大小、开模温度等有关，因此，很难直接压制成成品。模压成型加工超高分子量聚乙烯制品时，可根据具体工艺的差别分为不同方法。

（1）自由烧结法　自由烧结法也叫压制-烧结-压制法，它是把超高分子量聚乙烯粉料放入模具中先高压压制成毛坯，然后把毛坯放入加热炉中加热，加热一定时间后取出制品再放到另一个模具中加压冷却，然后取出制品，从而完成一个制品的加工过程。

具体加工工艺为：首先称取超高分子量聚乙烯配好的粉料装入毛坯成型模具，加高压成型，压力一般为42MPa，保压30～90s；取出制品放入惰性气体保护加热炉中，在173℃下加热，加热时间根据制品的厚度按3～4min/mm确定；压制模上先涂脱模剂，再把加热好的毛坯放入压制成型模具中，加压到28MPa，然后保压冷却到制品温度为65～85℃时，取出制品。

（2）烧结压制法　烧结压制法与自由烧结法基本相同，区别在于烧结压制法是给模具装料加压后，把模具和原料一起放到加热炉中加热；原料装到模具后虽然加压，但所施加的压力要低得多，并且施加压力的目的也完全不同，自由烧结法加压是为了让粉料成型，而烧结压制法只是排除模具里面粉料中的空气，使原料密实增加料的热导率等，因此所施加的压力相对要低得多。此方法适合了中小型超高分子量聚乙烯制品的批量生产。这种成型工艺虽然生产率低，但方法简单，成本低，模具数量少，并且不需带有惰性气体保护的加热炉。

具体加工工艺为：称取配好的超高分子量聚乙烯粉料，放入涂有脱模剂的模具中，加压5MPa左右，因为不是为了成型，仅仅是为了排除原料中的空气，使原料密实，增加热导率，减少烧结时间，所以压力不用太大；把模具放入加热炉中进行加热，加热温度为195℃左右，加热时间 t（min）根据制品厚度 H（mm）由以下公式计算：

$$t = 40\left[\frac{H}{10}\right]^{\frac{4}{3}}$$

取出模具放到压力机上，边加压（8～12MPa，压力的大小根据不同的情况有所不同）边冷却，冷却到65～75℃；开模取出制品，修整飞边，多数制品需要定型工具进行定型，这样就完成了一个制品（或称毛坯）的加工过程。

此外，还有在模具上边加热边加压的压制加压同时进行法、快速加热压制法及传递模法。

3. 挤出成型技术

UHMWPE的挤出成型可采用单螺杆挤出机、双螺杆挤出机和柱塞挤出机，其中以双螺杆挤出机为最常用。

（1）单螺杆挤出　单螺杆挤出机挤出UHMWPE管材技术是通过螺杆的塑化和推进作用，真正实现UHMWPE管材的连续挤出，效率显著提高，使UHMWPE的成型加工技术跃上一个新的台阶。

其工艺如下：使用高速混合机，将UHMWPE树脂、加工助剂等物料通过高速搅拌混合到均匀分散，并通过摩擦生热除去原料中部分所含的水分；混合完毕的物料从料斗进入挤出机，经加料、压缩、熔融、均化等过程，在外机筒加热和内螺杆剪切作用下，由粉状团体逐步变为高黏弹性体，并连续经机头挤出；在适宜的设定温度下，从挤出机挤出来的UHMWPE熔体通过过滤板由旋转运动变为直线运动，进入管材模具，经过分流筋后逐步在成型段融合为管状型坯；从模具挤出的热管坯进入冷却定径阶段后，物料的温度逐渐下降，这时管坯在始终保证外形的情况下固化定型；已成型的管材在牵引装置的作用下均匀地向前移动。在光电信号的控制下，通过旋转飞刀式切割机（或锯片式切割机）来完成管材的定长切断，并保证断面平整。

（2）柱塞挤出　柱塞推压成型是一种往复间歇性的挤出方法。其过程是将粉料加入加料室和模具中，由施加高压使压缩粉料移动、连续烧结和冷却定型三个步骤实现半连续挤出成型。该方法的优点在于，成型过程中不出现剪切，相对分子质量降解少，制品的质量好，此外该方法成型时不受相对分子质量高低的限制，即使是超高分子量聚乙烯相对分子质量高达 1000×10^4，也能够实现挤出加工。

具体加工工艺为：超高分子量聚乙烯树脂计量后置于高速混合机中，通过混合产生摩擦热从而蒸发树脂中水分，搅拌时间为15~20min，物料温度不能超过120℃；经去水后的UHMWPE加入各种加工助剂和必要的填充剂，进行混合，使助剂在UHMWPE树脂中分散均匀，混合时间为5~6min，放出的物料温度不得超过120℃；物料在电磁振动器（或其他装置）和送料器的作用下均匀流入机筒的加料段中，不能断流；推压塞端部不能有刃和毛刺，并与模具端部平行，防止擦伤模具；烧结时物料为半粉状半固体状的弹性体，此时温度太高就会使物料局部黏附，出现黏附后，制品表面形成沟痕和不均匀现象，管子倾斜变弯，造成推压困难，其温度应根据配方而定；烧结后的物料进入定型段，温度要逐渐下降，不能出现温度剧变，其温度不能低于130℃，太低就会使物料收缩到芯棒上以至推进困难，定型温度太高会使物料黏附到模具上，也会造成推进的困难，产生变形等；从定型段端部推出的管子，温度较高，很容易造成变形，为此，定型段端部接冷却水套进行冷却，挤出速度低时也可采用风冷；根据所需长度，用圆盘锯进行切割。

（3）双螺杆挤出　双螺杆挤出机的两根螺杆是啮合推进在一起的，能将物料强制推进，在塑化段将物料压实成为熔体，继续啮合，在计量段将物料输送进模具，从而实现连续进料。双螺杆挤出机挤出超高分子量聚乙烯时，由于两螺杆啮合在一起具有自洁功能，将物料强制推进，具有轴向输送物料作用。为了减少物料的剪切，确保材料相对分子质量不降低，最好使用同向旋转的双螺杆挤出机。此外，为了避免超高分子量聚乙烯的降解，保证物料稳定流动及保证产品质量，螺杆的转速不宜太高（一般为10r/min）。由于超高分子量聚乙烯具有其特殊性，最好采用专用挤出机或经过改造的挤出机进行加工。由于流动性差，黏度高挤出压力大，所以要采用高强度推力轴承，此外螺杆的螺槽要深些。

4. 注射成型技术

UHMWPE的注射成型是20世纪80年代开发成功并不断得到发展的新技术。基本上采用普通的单螺杆注射机，但在螺杆和模具设计上需经过特殊的改进，以保证物料在机筒内均匀移动，并装备压力储存器用来加速注入。UHMWPE在注射成型时，高压下的喷射流动有利于充模，制品尺寸稳定性也好，因此，注射压力一般控制在120MPa以上。螺杆转速以40~60r/min为宜，转速过高，导致摩擦加大，物料温度升高，容易发生热降解，使相对分子质量下降，影响制品性能。为防止由于热氧化降解而发生相对分子质量下降的情况，可用氮气等惰性气体置换机筒中的空气。这对于UHMWPE的注射成型是十分重要的。

5. 吹塑成型技术

UHMWPE因熔体黏度高，给成型加工带来不少困难，但它的熔体具有较大的熔融张力，型坯下垂现象较小，这为中空容器吹塑成型，尤其是大型容器的吹塑成型，创造了十分有利的条件。超高分子量聚乙烯大型容器的吹塑成型，不能采用现有的用于普通聚乙烯的吹塑成型机。这是因为超高分子量聚乙烯熔体黏度大，挤出量比普通聚乙烯降低30%左右，且超高分子量聚乙烯在机筒内自发热较大，容易引起降解老化。经过改进的中空容器吹塑机采用低压缩比螺杆、开槽机筒、铸铝加热器和水冷夹套等特殊工艺，可以较好地实现吹塑成型。大型吹塑模具一般都用铝合金制造，铝合金的导热性好，冷却效率高，可大大缩短冷却周期，并且模具重量轻，易进行修整加工以及不生锈。超高分子量聚乙烯的吹塑成型主要用于大型中空制品，可以制成高强度制品，如汽车的燃油箱、筒类等。

2.6.3 超高分子量聚乙烯主要商品的性能

表2-59列出了美国Hoechst Celanese Co.（日本公司）UHMWPE树脂的性能。表2-60列出了日本昭和电工公司UHMWPE树脂的性能。

表2-59 美国Hoechst Celanese Co.（日本公司）UHMWPE树脂的性能

性能	试验方法	GUR412	GUR212	GUR413	GUR415
密度/(g/cm^3)	DIN 53479	0.935	0.935	0.935	0.935
相对伸长率(23℃,50%RH,%)	ASTM D638	>350	>350	>350	>350
维卡软化点/℃	DIN 53460	74	74	74	74
比热容/[J/(g·K)]		7.70	7.70	7.70	7.70
线胀系数/(10^{-5}/℃)	ASTM D696	20	20	20	20
体积电阻/Ω·cm	DIN 53482	$>5\times10^{16}$	$>5\times10^{15}$	$>5\times10^{15}$	$>5\times10^{16}$
耐电弧性/s	DIN 53484	L4	L4	L4	L4
介电常数(2×10^6Hz)	DIN 53483	2.3	2.3	2.3	2.3
介质损耗角正切(60Hz)	DIN 53483	1.9×10^{-4}	1.9×10^{-4}	1.9×10^{-4}	1.9×10^{-4}
介质损耗角正切(10^6Hz)	DIN 53483	0.5×10^{-4}	0.5×10^{-4}	0.5×10^{-4}	0.5×10^{-4}

表 2-60　日本昭和电工公司 UHMWPE 树脂的性能

性　能	试验方法	5551Z	4551Z
密度/(g/cm^3)	JIS K6760	0.955	0.945
拉伸屈服应力/MPa	JIS K6760	31.9	27.0
相对伸长率(%)	JIS K6760	1000	1000
弯曲模量/GPa	JIS K6760	1.52	1.18
悬臂梁缺口冲击强度/(J/m)	JIS K7110	690	590
硬度(HoD)	JIS K6760	69	67
维卡软化点/℃	JIS K6760	130	127
牌号特征		耐冲击,耐应力开裂,强度大	耐应力开裂,耐冲击

2.7　ABS 树脂

2.7.1　ABS 的性能

ABS 类树脂是指由丙烯腈（A）、丁二烯（B）、苯乙烯（S）组成的三元共聚物及其改性树脂。以 ABS 类树脂为基材制得的塑料称为 ABS 塑料。ABS 具有聚丙烯腈的刚性、耐药品性和耐热性，聚苯乙烯的成型性能和外观，以及聚丁二烯的耐冲击性和耐寒性。ABS 为浅黄色粒状或粉状不透明树脂，无毒，无味，质轻，密度为 1.04～1.07g/cm^3，具有优异的耐冲击性，良好的低温性能和耐化学药品性，尺寸稳定性好，表面光泽性好，易涂装和着色等。缺点是可燃，热变形温度较低，耐候性较差。

1. ABS 树脂的分类与典型性能

ABS 的组成和结构可根据性能要求在较宽的范围内设计，其分类见表 2-61，表 2-62 列出了不同品级 ABS 树脂的典型性能。

表 2-61　ABS 树脂的分类

类　别	型　号	调节方法
通用牌号	超高冲击型 高冲击型 中冲击型 高刚性型	调节橡胶含量
高流动牌号	高冲击型 高刚性型	调整树脂相对分子质量与橡胶含量
耐热牌号	准耐热型 耐热型 超耐热型	引入第 4 组分：α-甲基苯乙烯、耐热性随 4 组分含量而定

（续）

类　别	型　号	调节方法
可电镀牌号		橡胶粒径、橡胶相对分子质量、接枝率、树脂相对分子质量均须适当
透明牌号	高冲击型 高刚性型	橡胶相与树脂相的折射率须适合，引入第4组分：甲基丙烯酸甲酯
自熄牌号	PVC共混型 添加型	PVC/ABS合金 添加溴系阻燃剂
特种牌号	外观高性能型 玻纤增强型 特殊功能型	高光泽化、亚光化 玻纤复合 赋予滑动性、耐损伤性等
耐候性	AES AAS	用乙丙橡胶代替聚丁二烯橡胶 用丙烯酸类橡胶代替聚丁二烯橡胶

表2-62　ABS树脂的典型性能

性　能	通用型	中抗冲型	高抗冲型	耐热型	电镀型
密度/(g/cm^3)	1.02～1.06	1.04～1.05	1.02～1.04	1.04～1.06	1.04～1.06
拉伸强度/MPa	33～52	41～47	33～44	41～52	38～44
伸长率(%)	10～20	15～50	15～70	5～20	10～30
弯曲强度/MPa	68～87	68～80	55～68	68～90	69～80
弯曲弹性模量/GPa	2.0～2.6	2.2～2.5	1.8～2.2	2.1～2.8	2.3～2.7
悬臂梁缺口冲击强度(23℃)/(J/m)	105～215	215～375	375～440	120～320	265～375
洛氏硬度(R)	100～110	95～105	88～100	100～112	103～110
热变形温度(1.82MPa)/℃	87～96	89～96	91～100	105～121	95～100
线胀系数/(10^{-5}/℃)	7.0～8.8	7.8～8.8	9.5～11	6.4～9.3	6.5～7.0

2. 力学性能

不同级别的ABS拉伸强度差异较大，一般为33～52MPa。ABS树脂有极好的冲击强度，高抗冲击型ABS树脂在室温下的悬臂梁冲击强度可达400J/m左右，即使在-40℃低温下，其数值也大于120J/m。ABS树脂是非均相体系，为两相结构，树脂是连续相，橡胶是分散相。橡胶颗粒分散于树脂中，橡胶粒子吸收外界的冲击能而抑制了制品的开裂，使ABS具有优异的冲击性能。ABS树脂的冲击性能与树脂中的橡胶含量、接枝率和粒子大小等因素有关。随着橡胶含量的增加，ABS树脂的冲击强度迅速提高，但橡胶含量不能过大，否则其他力学性能，如拉伸强度、弹性模量等则明显降低。通常 ABS 树脂中的橡胶质量分数以 25%～40%为宜。

ABS 具有优良的抗蠕变性，ABS 管材试样在室温下的蠕变试验结果表明，在承受 7.2MPa 载荷时，即使经过长达两年半的时间，尺寸也无明显的变化。

ABS 树脂耐磨性较好，虽不能用作自润滑材料，但由于有良好的尺寸稳定性，故可用作中等载荷的轴承。

3. 电学性能

ABS 树脂在宽广的频率范围内有良好的电绝缘性能，且很少受温度或湿度的影响。ABS 树脂的电性能见表 2-63。

表 2-63　ABS 树脂的电性能

性　能	60Hz	10^3Hz	10^6Hz
介电常数（23℃）	3.73～4.01	2.75～2.96	2.44～2.85
介质损耗角正切（23℃）	0.004～0.007	0.006～0.008	0.008～0.010
体积电阻率/Ω·cm	（1.05～3.60）$\times 10^{16}$	（1.05～3.60）$\times 10^{16}$	（1.05～3.60）$\times 10^{16}$
耐电弧性/s	66～82	66～82	66～82
介电强度/（kV/mm）	14～15	14～15	14～15

4. 热学性能

ABS 树脂的热变形温度在载荷为 1.82MPa 时约为 93℃，随着加工过程中退火的处理，可增加 6～10℃。由于 ABS 树脂的无定形结构特点，它具有平稳的应力-温度效应，因此当载荷由 1.82MPa 降至 0.45MPa 时，其热变形温度仅提高 4～8℃。耐热型 ABS 树脂的热变形温度可达 115℃左右。ABS 树脂的脆化温度为 -7℃，通常在 -40℃时仍有相当的强度。ABS 制品的使用温度为 -4～100℃。ABS 树脂各等级的线胀系数从 6.4×10^{-5}/℃到 11.0×10^{-5}/℃，在热塑性塑料中是线胀系数较小的一种。ABS 树脂的热稳定性在工程塑料中偏低，在 260℃时即能分解产生有毒的挥发性物质。ABS 树脂易燃，无自熄性。

5. 化学性能

ABS 树脂耐化学药品性能较好，由于其分子结构中有腈基的存在，使它几乎不受稀酸、稀碱及盐类的影响，但能溶于酮、醛、酯和氯代烃中；不溶于乙醇等大部分醇类，但在甲醇中则经数小时就软化；虽不溶于烃类溶剂，但与烃类溶剂长期接触会溶胀。与大多数塑料一样，ABS 树脂在应力作用下，其表面受醋酸、植物油等化学试剂的侵蚀会产生应力开裂。表 2-64 所示为 ABS 树脂在部分化学药品中，经长期浸渍后质量及外观的变化。

表 2-64 ABS 树脂的耐化学药品性

化学药品(质量分数)	质量变化率(%)		外观变化
	30d	365d	
环己烷	+0.03	+0.51	稍许膨润
精制松节油	+0.19	+0.31	
10%柠檬酸	+0.62	+0.74	
6%铬酸	+0.58	+0.71	呈褐色
2.5%氯化钙	+0.61	+0.77	
2.5%硝酸银	+0.67	+0.84	
4%氟化钠	+0.53	+0.59	
10%硝酸钠	+0.50	+0.57	
10%碳酸钠	−0.56	+0.65	
3%溴化钾	+0.64	+0.78	
饱和氯化铵	+0.35	+0.39	
10%硝酸铜	−0.64	+0.76	
乙二醇	+0.03	+0.15	
3%过氧化氢溶液	+0.69	+1.03	颜色变黄
饱和亚硫酸溶液	+10.95	+6.70	呈琥珀色
甲醇	+4.50(2d)	+26 ~ +28	溶胀,白化
12%醋酸	+0.69	+0.75	溶胀,白化

2.7.2 改性 ABS 塑料

ABS 树脂虽具有许多优良性能，但作为工程塑料使用，有不足之处，如强度和热变形温度不够高，耐候性较差，不具有自熄性，不透明等。因而有许多改性品种，如增强 ABS、阻燃 ABS、透明 ABS、ASA 树脂、ACS 树脂、MBS 树脂等。

1. 增强 ABS

ABS 可采用20% ~40% （质量分数）的玻璃纤维增强，表 2-65 列出了玻璃纤维增强 ABS 的性能。增强后 ABS 的拉伸强度、弯曲强度、弯曲模量有较大幅度提高，热变形温度显著提高，线胀系数降低，尺寸稳定性和精度有较大提高，但冲击强度随玻璃纤维含量的增加而降低。

表 2-65 玻璃纤维增强ABS的性能

性 能	通用 ABS	玻璃增强 ABS
玻璃纤维含量(质量分数,%)	0	20~40
密度/(g/cm³)	1.02~1.06	1.20~1.38
拉伸强度/MPa	33~52	90~110
伸长率(%)	10~20	2~4
弯曲强度/MPa	68~87	120~140
弯曲弹性模量/GPa	2.3~2.6	6.0~9.8
悬臂梁缺口冲击强度/(J/m)	105~215	69~80
热变形温度(1.82MPa)/℃	87~96	100~110
线胀系数/(10^{-5}/℃)	7.0~8.8	2.2~3.6

2. 阻燃 ABS

ABS 属易燃材料，在普通 ABS 中添加低分子的有机阻燃剂和阻燃增效剂可以生产阻燃型 ABS。阻燃 ABS 主要用于制造要求阻燃且具有良好力学强度的电子电器制品，如电视机外壳、雷达罩等。

3. 透明 ABS

ABS 树脂是一种不透明的树脂，如果在丙烯腈、丁二烯、苯乙烯三个组分中再加入甲基丙烯酸甲酯，经接枝共聚反应可制得透明 ABS 树脂。透明 ABS 的透明度高，耐溶剂性好，冲击强度高。

4. ASA 树脂

ASA 树脂是由丙烯腈和苯乙烯接枝于丙烯酸酯橡胶上而制得的三元共聚物，也称 AAS 树脂。ASA 树脂具有超群的耐候性，优良的耐冲击、热稳定性和耐化学药品性。表 2-66 列出了德国 BASF 公司 ASA 树脂的性能。ASA 用于制造汽车车身、点火器、燃油箱、散热器格栅、反射镜罩、配电盘和尾灯灯罩等。

表 2-66 德国 BASF 公司 ASA 树脂的性能

性 能	757R KR 3009	7765 KR 3040
密度/(g/cm³)	1.07	1.07
拉伸强度/MPa	52	44
拉伸弹性模量/GPa	2.6	2.3
伸长率(%)	15	20
弯曲强度/MPa	85	65
简支梁冲击强度(缺口)/(kJ/m²)	7.0	14.0
洛氏硬度(R)	108	102

（续）

性　能	757R KR 3009	7765 KR 3040
热变形温度(1.82MPa)/℃	88	82
维卡软化点(硅油中,载荷50N)/℃	96	92
介电强度/(kV/mm)	22	22
体积电阻率/Ω·cm	10^{14}	10^{14}
介电常数(10^6Hz)	3.4	3.5
介质损耗角正切(10^6Hz)	0.02	0.03

5. ACS树脂

ACS树脂是由丙烯腈和苯乙烯在氯化聚乙烯上接枝聚合而制得的三元共聚物。ACS树脂耐候性优异，具有阻燃性。表2-67列出了日本昭和电工公司ACS的性能。

表2-67　日本昭和电工公司ACS的性能

性　能	GW(通用级)			NF(阻燃级)			
	180	160	120	980	960	920	860
密度/(g/cm³)	1.07	1.07	1.07	1.16	1.16	1.16	1.16
拉伸强度/MPa	32	36	40	35	40	45	34
断裂伸长率(%)	40	40	40	50	50	50	30
悬臂梁缺口冲击强度/(J/m)	500	120	60	400	120	60	80
热变形温度(1.82MPa)/℃	86	87	88	77	78	80	89
成型收缩率(%)	0.4	0.4	0.4	0.4	0.4	0.4	0.4
介电常数(10^3Hz)	3.2	3.1	2.8	3.2	3.1	2.9	3.1
体积电阻率/Ω·cm	2×10^{15}	7×10^{15}	3×10^{16}	3×10^{15}	7×10^{15}	6×10^{16}	4×10^{15}
介电强度/(kV/mm)	26	26	26	25	25	25	25
耐电弧性/s	120	120	120	80	80	80	90
阻燃性(UL94)	HB	HB	HB	V-0	V-0	V-0	V-0

6. MBS树脂

MBS树脂系甲基丙烯酸甲酯、丁二烯和苯乙烯的接枝共聚物。由于单体丙烯腈被甲基丙烯酸甲酯替换，得到透明材料，透光率达90%；同时具有良好的冲击强度和耐寒性；在-40℃的低温仍有较好的韧性；耐无机酸、碱、盐溶液及油脂性能良好，但不耐酮类、芳烃、脂肪烃和氯代烃。表2-68列出了上海制笔化工厂MBS树脂的性能。

表 2-68 上海制笔化工厂 MBS 树脂的性能

性 能	数 值	性 能	数 值
密度/(g/cm^3)	1.10～1.14	简支梁冲击强度(缺口)/(kJ/m^2)	16
拉伸强度/MPa	40	布氏硬度/MPa	98
弯曲强度/MPa	40	马丁耐热温度/℃	60

2.7.3 ABS 塑料的成型加工

1. 加工特性

（1）ABS 的流动特性 ABS 的熔体流动速率（MFR）一般为 0.02～1g/min（200℃、5kg），个别的 MFR 超出此范围。MFR 越大，流动性越好。一般情况下，MFR 小于 0.1g/min 的 ABS 适合挤出成型，MFR 大于 0.1g/min 的 ABS 适合注射成型。

ABS 熔体属于假塑性流体，表现出“剪切变稀”的流变特性，可通过调整剪切速率来改变熔体黏度。但对加工过程来说，如果塑料熔体的黏度在很宽的剪切速率范围内都是可用的，则应选择在黏度对剪切速率较不敏感的剪切速率下操作，因为此时剪切速率的波动不会造成制品质量的显著差异，使产品质量的均匀性得到保证。

ABS 树脂熔体黏度适中，其流动性比聚酰胺稍差，比聚碳酸酯要好，熔体的冷却固化速度较快。

（2）ABS 的热物理特性 ABS 树脂属无定形聚合物，无明显熔点，玻璃化转变温度 T_g 一般在 115℃左右，所以成型温度应大于 115℃。ABS 的热稳定性较差，受热至 260℃以上开始出现分解，产生有毒挥发性物质，通常 ABS 的成型温度控制在 250℃以下。对于注射成型，加工温度一般为 160～230℃；对于挤出成型，加工温度一般为 160～195℃；对于吹塑成型，加工温度一般为 200～240℃；对于真空成型，加工温度一般为 140～180℃。塑料从黏流态温度到分解温度之间范围的大小对成型非常重要，它决定了成型的难易程度和成型温度的可选择范围。此温度区间越小、温度越高，成型越困难。ABS 熔融温度较低，一般为 160～190℃，温度较宽，因此易于加工。热稳定性不仅与加工温度有关，而且还与加工温度条件下的停留时间有关。加工温度越高，为使塑料不起化学反应，停留的时间应越短。为了提高塑料的热稳定性，常在塑料中加入热稳定剂，以便使加工温度区间变宽，延长允许停留时间。ABS 的热稳定性较差，应尽量减少停留时间，同时加工后应清理机筒。

（3）ABS 的干燥特性 由于 ABS 树脂含有氰基等强极性基团，所以吸水性较大。其吸水性大于聚苯乙烯，仅次于聚酰胺。ABS 的吸湿性小于1%，一般为 0.3%～0.8%。不管采用何种成型方法，在加工前应对 ABS 树脂进行预干燥。根据含水量的多少，在成型前应在80℃左右干燥2～4h，使其含水量降至0.1%以下。常用的干燥方法为循环鼓风干燥，温度控制在70～80℃，时间为4h以上；也可采用普通烘箱干燥，温度控制在80～100℃，时间为2h，粒层厚度小于50mm。

2. 注射成型

ABS树脂注射成型通常采用螺杆式注射机。螺杆类型以单头、等距、渐变、全螺纹、带止回环为宜，螺杆长径比为20，压缩比为2.0～2.5。喷嘴可选用敞开式或延伸式，避免采用自锁式喷嘴，以免降低注射流程或引起物料变色。

ABS树脂注射温度除耐热级、电镀级等品级要求稍高些，以改善其熔体充模或有利于电镀性能外，对于通用级、高抗冲击级则应低些，以防止发生分解或对力学性能带来不利的影响。

ABS树脂注射压力对薄壁、长流程、小浇口的制品或耐热、阻燃等品级，要求较高些；对厚壁、大浇口的制品则可低些。此外，为了获得内应力较小的制品，要求保压压力不宜过高。

ABS注射成型的温度为：通用型200～260℃，耐热型220～270℃，阻燃型190～240℃。模具温度一般为50℃，为了改善制品外观，避免合模线和陷坑等不良现象，减少制品变形，可将模温提高到70℃。表2-69列出了各种品级的ABS树脂注射成型工艺条件。

表2-69　ABS树脂注射成型工艺条件

项目		通用型	高抗冲型	耐热型	电镀型
螺杆转速/(r/min)		30～60	30～60	30～60	20～60
喷嘴温度/℃		180～190	190～200	190～200	190～210
机筒温度/℃	后部	180～200	180～200	190～200	200～210
	中部	210～230	210～230	220～240	230～250
	前部	200～210	200～210	200～220	210～230
模具温度/℃		50～70	50～80	60～85	40～80
注射压力/MPa		70～90	70～120	85～120	70～120
保压压力/MPa		50～70	50～70	50～80	50～70
注射时间/s		3～5	3～5	3～5	1～4
保压时间/s		15～30	15～30	15～30	20～50
冷却时间/s		15～30	15～30	15～30	15～30
总周期/s		40～70	40～70	40～70	40～90

3. 挤出成型

ABS 树脂的挤出成型可采用长径比为 18～20，压缩比为 2.5～3.0 的通用型单螺杆挤出机。压缩渐变型螺杆或压缩突变型螺杆均适用。ABS 树脂的熔体黏度适中，易于流动，因此，螺杆内无需冷却装置。采用挤出成型法，可以生产 ABS 管材、棒材和板材等型材。表 2-70 和表 2-71 分别列出了 ABS 管材和棒材的挤出成型工艺条件。

表 2-70 ABS 管材挤出成型工艺条件

项目		数值	项目	数值
管材外径/mm		32.5	螺杆转速/(r/min)	10.5
管材内径/mm		25.5	口模内径/mm	33
机筒温度/℃	加料段	160～165	芯模外径/mm	26
	压缩段	170～175	平直部分长度/mm	50
			拉伸比	1.02
	均化段	175～180	冷却定型套内径/mm	33
口模温度/℃		175～180	冷却套长度/mm	250
唇模温度/℃		190～195	真空冷却套与口模距离/mm	25

表 2-71 ABS 棒材挤出成型工艺条件

项目		数值	项目	数值
棒材外径/mm		90	口模温度/℃	150～160
机筒温度/℃	加料段	160～170	唇模温度/℃	170～180
			冷却定型温度/℃	55～60
	压缩段	170～175	螺杆转速/(r/min)	11～14
	均化段	175～180	挤出速度/(mm/min)	22～25

第3章 特种工程塑料

特种工程塑料通常应具有耐高温、使用温度范围宽、阻燃、尺寸稳定、优异的力学性能、良好的耐辐射性、化学稳定性、耐湿性等性能，其中尤以耐高温性能最重要。特种工程塑料的特点在于具有优异的耐热性，在美国常称之为高性能塑料（high performance plastics），在日本则称为超级工程塑料（super engineering plastics），约定俗成的标准是指热变形温度在200℃以上的聚合物。由于被用作为“工程塑料”，所以在使用温度下还应当具有一定的力学强度。

特种工程塑料都是耐高温的高强度高分子材料，在200℃以下其力学性能几乎不变，因而应用领域主要为要求高温下有足够力学性能的原子能、火箭、卫生、航天、航空、汽车、电子、电气、机械、化工、医疗机械和运动器材方面用的结构材料。它们除单独使用外，还与通用塑料、通用工程塑料共混改性制造塑料合金，还可用玻璃纤维、碳纤维、金属纤维等进行增强、复合，制备性能更理想的高级复合材料。常见特种工程塑料的品种及性能见表3-1。

表3-1 常见特种工程塑料的品种及性能

材料	拉伸强度/MPa	弯曲强度/MPa	弯曲模量/MPa	缺口冲击强度/(kJ/m²)	热变形温度/℃
聚砜(PSF)	72	108	2.74	7.1	174
30%玻璃纤维增强PSF	110	158	7.7	7.6	181
聚醚砜(PES)	86	132	2.6	8.7	203
30%玻璃纤维增强PES	143	194	8.6	8.3	216
聚酰亚胺(PI)	87	134	3.16	8.0	360
聚醚酰亚胺(PEI)	107	148	3.37	5.0	200
30%玻璃纤维增强PEI	163	235	8.47	10	210
聚苯硫醚(PPS)	135	200	11.7	7.0	>260
聚醚醚酮(PEEK)	99	145	3.8	9.0	152
30%玻璃纤维增强PEEK	176	176	10.1	10	>300

3.1 聚苯硫醚

3.1.1 聚苯硫醚的性能

聚苯硫醚（PPS）是以苯环和硫原子交替排列构成的线型高分子化合物，是继聚酰胺、聚甲醛、聚碳酸酯、热塑性聚酯、聚苯醚之后的第六大工程塑料，具有较好的耐热性、耐药品性、力学性能和电气特性及阻燃性。在特种工程塑料中，PPS 比聚芳酯、聚醚醚酮、聚醚砜、聚酰亚胺、氟塑料等发展速度快。

PPS 可通过挤出、注射等成型方法加工成型，也可通过双轴拉伸制成薄膜，通过纤维化制成纤维及织物，通过采用纤维及其他无机填料进行填充增强改性，使其许多优异性能获得进一步的发挥，是一种很有发展前景的工程塑料。

PPS 是以苯环在对位上连接硫原子而形成大分子刚性主链，聚合物结晶度较高。PPS 树脂通常为白色或近白色粉末状或珠状产品，密度为 1.34～1.36g/cm^3，熔点为 280℃。作为结晶性热塑性聚合物，线型 PPS 结晶度高达 70%，玻璃化转变温度为 92℃，分解温度大于 400℃。

PPS 分为直链型和交联型两种。直链型具有优良的韧性和延伸性；而交联型有其独特的性能：在氧气存在下发生交联而固化，超过 200℃ 热处理时，熔体流动速率急剧下降。交联型 PPS 耐热性及抗蠕变性好。为了改进交联型 PPS，又开发出半交联型 PPS。

由于 PPS 耐冲击性较差，需用增强纤维（如玻璃纤维、碳纤维、芳纶纤维等）填充改性，经增强后能大幅度地提高力学性能和耐热性能。

1. 力学性能

PPS 耐热性优良，可在宽的温度范围内使用，其拉伸强度、弯曲强度及弯曲弹性模量均列在工程塑料前列，PPS 在高温下强度保持率远远高于 PBT、PET、PC 及其他工程塑料。增强型 PPS 在耐冲击性、强度、硬度及绝大多数力学、物理性能上获得改进，因此，PPS 模塑料几乎都是玻璃纤维或矿物增强型。

直链型 PPS 树脂与交联型 PPS 树脂在结构上存在一定差别，因而其力学性能也存在着差别，表 3-2 是交联型 PPS 与直链型 PPS 性能表。

表 3-2 交联型 PPS（Ryton PPS）与直链型 PPS（FortronPPS）性能表

性能	交联型 PPS(Ryton PPS)			直链型 PPS(Fortron PPS)		
	R-6（纯 PPS）	R-4(40% GF 增强)	R-8(无机物填充增强)	0220A9（纯 PPS）	1140A1（40% GF 增强）	6165A4(玻璃纤维、无机物高填充)
密度/(g/cm^3)	1.3	1.67	1.8	1.35	1.66	1.98
拉伸强度/MPa	67	121	90	85	196	132
伸长率(%)	1.6	1.3	0.7	27	2.2	1.3
弯曲强度/MPa	98	179	102	142	255	206
弯曲模量/GPa	3.8	11.9	12.6	3.9	13.2	19.1
压缩强度/MPa	112	179	110		185	182

（续）

性能		交联型PPS(Ryton PPS)			直链型PPS(Fortron PPS)		
		R-6（纯PPS）	R-4(40% GF增强)	R-8(无机物填充增强)	0220A9（纯PPS）	1140A1（40% GF增强）	6165A4(玻璃纤维、无机物高填充)
悬臂梁缺口冲击强度/(J/m)		27	69	31	18	98	57
洛氏硬度(R)		123	123	121		100(M)	101(M)
吸水率(%)		<0.02	<0.05	<0.03	0.020	0.015	0.013
体积电阻率/Ω·cm		4.5×10^{16}	4.5×10^{16}	3×10^{16}	1.6×10^{16}	1.0×10^{16}	8.0×10^{15}
表面电阻率/Ω			$>1\times10^{12}$	$>1\times10^{12}$	6.9×10^{16}	8.0×10^{16}	9.0×10^{15}
介电强度/(kV/mm)			17.7	13.4	15	12	11
介电常数	25℃，10^3Hz	3.2	3.8	4.6	3.6	4.6	5.8
	25℃，10^6Hz	3.2	3.8	4.2	3.6	4.6	5.8
介质损耗角正切值	25℃，10^3Hz		0.0010	0.017	0.0004	0.0020	0.0020
	25℃，10^6Hz		0.0013	0.016	0.001	0.0020	0.0020
耐电弧性/s			34	185	115	120	162

2. 热性能

PPS属结晶性聚合物，最高结晶度可达65%，其结晶温度为127℃，熔点高达280~290℃，在空气中430~460℃以上才开始分解，热稳定性远远超出PA、PBT、POM及PTFE等工程塑料，经与玻璃纤维复合增强后，PPS的热变形温度可达260℃，长期使用温度在热塑性塑料中最高，可达220~240℃。此外，其耐焊锡热性能也远远高于其他工程塑料，使其适宜制作电子电气部件。PPS还具有良好的绝热性，但添加适当填料后，也可制得导热性良好的PPS复合材料。PPS的优良热稳定性还表现在高温环境下的强度保持率和高温热老化后的强度保持率上。

PPS树脂具有优异的阻燃性能，树脂原粉氧指数为46~53。在火焰上能燃烧，但不滴落，离火后自熄，发烟率低于卤化聚合物，不需添加阻燃剂即可达到UL94U-D级标准。

3. 尺寸稳定性

PPS具有优良的尺寸稳定性，成型收缩率为0.15%~0.3%，最低可达0.01%，吸水率仅为0.05%，因此，它具有较高的热稳定性。PPS在300℃以下不熔融，呈高弹状态，加热到400~500℃稳定而不分解。交联型PPS可耐600℃

以上的温度。PPS 在高湿状态下不变形。尽管熔融温度高，但熔体黏度低，流动性好。PPS 适于制作精密制件或薄壁制品。

4. 耐化学药品性

PPS 的耐蚀性与有“塑料王”之称的聚四氟乙烯相近，具有优异的耐蚀性。它能抵抗酸、碱、氯烃等各种化学药品侵蚀，在 200℃以下不溶于任何有机溶剂。除强氧化性酸和发烟硝酸、氯磺酸、氟酸外，几乎不受所有无机介质侵蚀。在 250℃以上仅溶于联苯、联苯醚和它们的卤代物。在高温下即使最好的溶剂氯化联苯也仅能溶解 10%。在沸腾的浓盐酸中，PPS 不发生任何变化。而 PPS 具有的良好加工性却远远优于聚四氟乙烯，使得 PPS 在石油、化工及汽车等需耐油、耐腐蚀等行业及部门具有更为广泛的用途。

PPS 还具有良好的耐候和耐辐射性，经 2000h 风蚀后，刚性基本不变，拉伸强度也仅是略有下降。PPS 经大剂量辐射后（10^6Gy），其性能也基本不变，不会发生发黏及分解现象。

5. 电性能

PPS 具有优良的电性能，介电常数为 3.9，电感应率小，介电强度（击穿电压强度）高达 19kV/mm，电阻率高达 $10^{16}\Omega\cdot cm$。与其他工程塑料相比，其介电常数较小，介质损耗角正切值低，耐电弧性可高达 185s，相当于甚至超过热固性塑料，可以取代热固性塑料而用于耐电弧性的高压绝缘部件。尤其可贵的是，在高温、高湿、变频等条件下，PPS 仍能保持优良的电绝缘性。PPS 与导电性填料复合，也可制得导电性 PPS 复合材料，用作防静电及电磁屏蔽材料。

6. 黏合性

PPS 具有极好的黏合性，对金属与非金属，只要在 350℃以上稳定不变的材料均能黏合。耐冲击性极好，黏合强度在 25MPa 以上。黏合玻璃，其黏合强度大于玻璃本身的内聚力。

3.1.2 聚苯硫醚的成型加工

1. 注射成型

注射模塑可以在带有加热段温度为 315 ~ 360℃的一般螺杆注射机上进行。典型的注射压力为 55.16 ~ 82.74MPa，随部件的设计和 PPS 组成的不同而异。由于 PPS 有良好的流动性，高度的流动速率，因此，PPS 可以注射成型长流程的薄壁制品。材料可以在一个脱湿的料斗干燥器中于 148℃下干燥 3 ~ 4h，或者如有必要，可以在一般的烘箱中，使用 50mm 深的盘子于 148 ~ 176℃干燥 2 ~ 4h。没有彻底干燥的 PPS 料，会在加工中引起问题，聚集在复合物中填充料上的水分会被传送到注射机机筒中，造成注射机喷嘴滴料。

PPS 制品要能得到高热尺寸稳定性的质量，必须精密地控制模具的温度，模具的温度应控制在133～162℃，使PPS能充分结晶。低于这个温度范围，制品件可能不能结晶，这样当制品在超过原先模具温度以上的温度下工作时，没有充分结晶的PPS制品就会产生结晶，引起收缩，尺寸精度就会发生变化。对在化学介质中工作的PPS制品来讲，即便工作环境的温度不高，但是注射过程中模具温度的控制也是十分必要的，因为较高的模具温度，使制品表面发生所谓“富树脂化”，表面光泽性提高，从而充分发挥了PPS树脂本质上的耐化学性，提高了PPS制品表面的耐化学性。相反，冷模具注射时，填料将在制品表面富集，结果制品的光泽性降低，耐化学性降低。

模具的剪切表面最好使用硬质钢材，这是因为PPS复合物中具有高的填料含量，会造成模具较大的磨损。

2. 模压成型

对于一些量小的特殊制品或大型制品，可用模压方法成型。用于模压成型的PPS树脂应具有低流动性。将配好的原料加入模具进行预成型冷压，压力为15～20MPa；然后加热至熔融温度以上，一般为300～370℃，再加7～40MPa的压力进行二次压缩，时间为3～5min；之后，以2℃/min的速度缓慢冷却至230℃，再稍快冷至150℃，即得成品。

成型中，加热时间、温度及冷却速度极为重要。加热时间短，温度低，物料内部不易达到平衡，其塑化就差，因而力学性能差；而加热时间长，温度高，可引起PPS部分交联和分解，也影响制品性能。较为适宜的温度为360℃，加热时间为15min。冷却速度不宜过快，否则会造成制品开裂或出现空隙。

3.1.3 聚苯硫醚的改性与应用

1. PPS的增强与共混

PPS的结构改性主要是在PPS主链或苯环上引入改性基团，其改性产品有聚苯硫醚酮（PPSK）、聚苯硫醚砜（PPSS）、聚苯硫醚酰胺（PPSA）等，这些改性产品使PPS的力学性能、电性能、耐蚀性等性能获得改善。

PPS的共混主要是以玻璃纤维、碳纤维与无机填料进行填充增强改性，以改善冲击强度及拉伸强度等，使产品成本得以大幅度下降。PPS BR-111新品级，含有68%的玻璃纤维和矿物填料（如超细碳酸钙等），具有优良的尺寸稳定性和高温强度保留率，其拉伸强度为164MPa，弯曲模量为18.5GPa。

PPS/PTFE合金兼有氟树脂优异的滑动性、耐热性和耐化学药品性及聚苯硫醚的力学特性和耐热性，使氟树脂用量大幅度减少，可降低成本15%。目前更高性能的合金，如PPS/PES（聚醚砜）、PPS/PSF（聚砜）、PPS/PAR（聚芳酯）、PPS/LCP（液晶聚合物）、PPS/有机硅等，也已开发出来。

2. 应用领域

PPS具有优异的综合性能，且价格较低，广泛应用于核能、火箭、卫星、兵器、航天、航空、汽车、电子、电气、汽车、机械、化工、运动器械、办公设施和医疗器械等领域。

在机械行业，PPS作为结构材料、绝缘材料、耐磨和密封材料，用于制造轴承、轴承保持架、泵体、泵轮、阀门、管接头、流量计、密封环、压缩机零件、齿轮、绝热板、喷雾器、指示计、滑轮等。

在电子电器方面，PPS的力学性能、电绝缘性能、耐热性、耐化学腐蚀性优良，吸湿性小，尺寸稳定，特别是200℃时仍具有良好的刚性和尺寸稳定性，具有高温、高频条件下的优良电性能，特别适宜于制作高温、高频条件下的电器元件。PPS在电动机上用于制造电刷、电刷托架、启动器线圈、屏蔽罩、叶片、转子绝缘部件。在电器中用于制作接插件、变压器、阻流器、继电器中的骨架，H级各种绕线架、线圈管，开关，插座，电视频道旋钮，固态继电器，电动机转筒，电容器护罩，刷柄，磁传感器感应头，微调电容器，电解电容器，熔线支持件，接触断路器等。

汽车上一些需耐热、耐温、耐油和轻量化高强度的部件，现已大量采用PPS。PPS被广泛用作引擎盖、排气处理装置零件、刷柄、点火零件、汽油泵、座阀、插接器、化油器、配油器零件、散热器零件、转动零件、复合接头、调节阀、车身外板等。

PPS可用于耐热防腐设备和零部件，如各类耐腐蚀泵、管、阀、容器、反应釜、废水废气过滤网，以及耐热、耐压、耐酸的石油钻井部件等。

3.2 聚砜类树脂

3.2.1 聚砜的性能

聚砜类树脂是一类在主链上含有砜基和芳核的高分子化合物。按其结构主要有三种类型：第一类是双酚A型聚砜，简称聚砜（PSF）；第二类为聚醚砜（PES）；第三类为聚芳砜（PAS）。聚砜类树脂具有优良的抗氧化性、热稳定性和高温熔融稳定性。此外，它们还具有优良的力学性能、电性能、透明性及食品卫生性。

聚砜为琥珀色透明固体材料，其密度为1.25~1.35g/cm^3，吸水率为0.2%~0.4%（聚醚砜比聚砜吸水率要高）。表3-3列出了双酚A型聚砜的性能。表3-4列出了聚醚砜的性能。

表3-3　双酚A型聚砜的性能

性　　能	UDEL R-1700（纯料）	UDEL GF-130（30%玻璃纤维）	Ultrason S2010（纯料）	Ultrason S2010G6（30%玻璃纤维）	S-100（纯料）
密度/(g/cm³)	1.24	1.49	1.24	1.49	1.21~1.27
平衡吸水率(23℃,%)	0.62		0.8	0.5	
拉伸强度/MPa	70	108	81	127	49
断裂伸长率(%)	50~100		40~70	1.8	
拉伸模量/GPa	2.5	7.4	2.7	10.2	
弯曲强度/MPa	106	155	123	165	118
弯曲模量/GPa	2.7	7.6	2.6	8.8	
悬臂梁缺口冲击强度/(J/m)	69	75	58	80	
悬臂梁无缺口冲击强度/(J/m)	不断		不断	318	360
T_g/℃	190				190
热变形温度(1.86MPa)/℃	174	181	169	185	150
线胀系数/(10^{-5}/℃)	3.1		3.1	1.1	
氧指数(%)	30		30	40	
体积电阻率/Ω·cm	5×10^{16}		$>10^{16}$	$>10^{16}$	1×10^{16}
表面电阻率/Ω	3×10^{16}		$>10^{14}$	$>10^{14}$	
介电强度/(kV/mm)	17	19			15

表3-4　聚醚砜的性能

性　　能	Ultrason E3010（纯料）	Ultrason E1010G6（30%玻璃纤维）	Ultrason KR4101（30%无机填料）	Victrex PES4800G（纯料）
密度/(g/cm³)	1.37	1.6	1.62	1.37
平衡吸水率(23℃,%)	2.1	1.5	1.5	2.3
拉伸强度/MPa	92	155	92	83
断裂伸长率(%)	15~40	2.1	4.1	40~80
拉伸模量/GPa	2.9	10.9	4.8	2.4
弯曲强度/MPa	130	201	148	129
弯曲模量/GPa	2.6	9.2	4.9	2.7
悬臂梁缺口冲击强度/(J/m)	78	90	21	83
悬臂梁无缺口冲击强度/(J/m)	不断	432	411	不断

（续）

性　能	Ultrason E3010（纯料）	Ultrason E1010G6（30%玻璃纤维）	Ultrason KR4101（30%无机填料）	Victrex PES4800G（纯料）
洛氏硬度（M）	85	97	84	88
T_g/℃	220			223
热变形温度（1.84MPa）/℃	195	215	206	203
线胀系数/（10^{-5}/℃）	3.1	1.2	1.7	5.5
氧指数（%）	38	46	44	38
体积电阻率/Ω·cm	$>\times10^{16}$	$>10^{16}$	$>10^{16}$	2×10^{16}
表面电阻率/Ω	$>10^{14}$	$>10^{14}$	$>10^{14}$	
介电常数（10^6Hz）	3.5	4.1	4.0	3.7
介质损耗角正切值	0.011	0.01	0.01	0.11

聚砜类塑料具有高强度、高模量、高硬度和低抗蠕变性，耐热、耐寒、耐老化。在高温下仍能在很大程度上保持其在室温下所具有的力学性能，这是一般工程塑料所不及的。如聚砜的拉伸弹性模量在100℃时为2.46GPa，而在190℃时仍能保持1.4GPa这样高的数值。它的拉伸强度在150℃下也能保持很高的数值，而聚甲醛、聚酰胺66等在相同温度下已失去使用价值。聚砜弯曲模量只有在高于150℃以后才有明显的下降，同时聚砜的蠕变性能明显优于聚碳酸酯、聚甲醛和耐热ABS。

聚砜能在-100~150℃内长期使用，它的玻璃化转变温度为190℃，在1.82MPa载荷下的热变形温度为175℃，是耐热性优良的非结晶性工程塑料。聚砜的低温性能优异，在-100℃仍能保持韧性。聚砜在高温下的耐热老化性极好，经过150℃下两年的热老化，聚砜的拉伸屈服强度和热变形温度反而有所提高；冲击强度仍能保持55%。聚砜树脂具有优良的热稳定性和耐老化性。在湿热条件下，聚砜也有良好的尺寸稳定性，因此，在热水或水蒸气环境中可以放心地使用。

聚砜在很宽的温度和频率范围内具有优良的电性能，即使在水中或190℃高温下，仍能保持良好的介电性能。这一点与其他工程塑料相比，显示了较大的优越性，如聚碳酸酯的介电性能只能保持到135~150℃，聚苯醚也仅保持到182℃。

聚砜化学稳定性较好，除氧化性酸（如浓硫酸、浓硝酸等）和某些极性有机溶剂（如卤代烃、酮类、芳香烃等）外，对其他试剂都表现出较高的稳定性。聚砜不发生水解，但在高温及载荷作用下，水能促进其应力开裂。

聚砜还具有较好的抗紫外线照射的能力。经 0.26×10^5C/kg 照射 200h 后，其外观、刚性及电性能均无变化；经 1.3×10^5C/kg 的钴 60 射线照射 200h 后，外观变红，发脆，易折断，但电性能变化不大。

聚砜的耐磨性不如结晶性塑料。通过玻璃纤维增强改性，可以使材料的耐磨性大幅度提高。由于聚砜类塑料具有优良的综合性能，其价格远低于聚芳酮和聚酰亚胺，所以聚砜在性能/价格比上仍占有优势，它是一类重要的工程塑料。

聚醚砜分子是由醚键和砜基与苯基交互连接而构成的线型大分子。聚醚砜的耐热性及刚性比聚砜高，制品的尺寸稳定性及耐溶剂性也比聚砜高。

聚芳砜分子是由砜基、醚键相互与联苯基连接而成的线型大分子。主链上引入了高刚性的联苯基，大分子的刚性和稳定性比前两类高，材料的耐热性、熔体黏度也比前两类高。

3.2.2 聚砜的成型加工

聚砜类塑料都可以用一般热塑性塑料的成型方法进行加工，但成型温度较高。成型方法主要有注射、挤出和吹塑等，其制品也可进行机械加工。

双酚 A 聚砜的熔融温度在310℃以上，分解温度 T_d 大于420℃，加工温度范围较宽。由于聚砜吸水率比较高，因此，在成型前必须对物料进行预干燥处理，使树脂含水量在0.1%（质量分数）以下。干燥条件为135～165℃，3～4h。

注射加工温度取决于制件的大小及复杂程度，由于其注射制品容易产生内应力，为了克服这个缺点，模具温度要高。当加工温度为330～400℃时，模温控制在120～140℃，复杂形状的制品模温为150～165℃。为避免制品出现残余应力开裂，通常采用退火处理。可以用甘油浴退火方法，条件为160℃，1～5min，或采用空气浴退火处理，条件为160℃，1～4h。退火时间取决于制品大小及壁厚。

挤出成型主要应用于管材、薄板和挤出膜的生产，成型温度可控制在320～390℃。吹塑主要用于各种容器和薄膜制品的成型，熔融温度为310～380℃。

聚醚砜吸水率比较高（0.3%），成型前必须对物料进行预干燥去水分，条件为温度150℃，时间为3h。

3.2.3 聚砜类树脂的改性与应用

1. 聚砜类树脂的增强与共混

聚砜改性主要是提高它的冲击强度、伸长率、耐溶剂性、耐环境性能、加工性能和可电镀性能。聚砜改性主要有添加剂改性、共混合金、玻璃纤维增强和矿物填充等。

添加剂改性主要是为了改进和提高聚砜受溶剂作用的耐微裂纹性、耐紫外线性、高温加工的稳定性、耐磨性、阻燃性和加工性能。PSF与ABS共混是最常见的合金，可提高聚砜冲击强度。通常与橡胶共混，如接枝聚丁二烯橡胶、丙烯酸橡胶、乙丙二烯橡胶、乙烯和丙烯酸酯弹性体、PC等，合金品种主要有聚砜/聚醚亚胺、聚砜/氟塑料、聚砜/聚醚醚酮、聚砜/聚酰亚胺、聚砜/芳香共聚酯、聚砜/聚丙烯碳酸酯、聚砜/PET、聚砜/ABS、聚砜/PBT、聚砜/PC等。

聚砜可用玻璃纤维增强，德国巴斯夫（BASF）公司开发的改性聚砜品种有矿物纤维含量为20%~30%（质量分数）的聚砜塑料。其优点是矿物纤维增强聚砜制件具有良好的各向同性的收缩率，适合制作要求不变形的制件。另外，该公司还推出Utrason KR-4109高冲击强度的聚砜塑料，其缺口冲击强度是标准聚砜的10倍。

聚砜类树脂预浸料是20世纪90年代美国、德国研究人员成功制成的长纤维增强的热塑性树脂基体复合材料，具有优良的阻燃性能、耐高温性能，以及在湿热条件下保持良好力学性能的特殊品种。这种复合材料已经用于高速喷气式飞机的机械和电气零部件。

2. 应用

聚砜具有耐热、低蠕变、尺寸稳定、耐水、电绝缘、透明和无毒等特点，应用于机械、交通运输、电子电器和医疗器械等领域。

在机械行业，聚砜用于制造电动机罩、转向柱轴环、齿轮、泵体、阀门等。由于聚砜优异的耐热水性、耐水蒸气性及食品卫生性，用于制造食品机械的零部件，如炊具、食品制造和传送设备零件、乳品传送装置零件以及肉类加工机械的零部件。

在电子电器工业聚砜常用于制造电视机、收音机、电子计算机的集成线路板、印制电路底板、线圈管架、接触器、套架、电容薄膜、高性能碱电池外壳等，以及微波烤炉设备、咖啡加热器、湿润器、吹风机等。

聚砜具有耐蒸汽、耐水解、无毒、耐高压蒸汽消毒、高透明、长期抗蠕变性和尺寸稳定性好等特点，在医学、医疗工业领域得到极大的发展，用聚砜制成外科手术工具盘、喷雾器、流体控制器、心脏阀、起搏器、防毒面罩、义齿及牙托等。

3.3　聚酰亚胺

3.3.1　聚酰亚胺的性能

聚酰亚胺（PI）是分子主链中具有重复的酰亚胺基团的芳杂环聚合物，是目前工程塑料中耐热性最好的品种之一。聚酰亚胺的主要品种有均苯型聚酰亚胺、醚酐型聚酰亚胺、聚酰胺酰亚胺和顺酐型聚酰亚胺等。表3-5列出了杜邦公司均苯型聚酰亚胺模塑料 Vespel 的性能，表3-6列出了醚酐型聚酰亚胺塑料的性能。

表3-5 均苯型聚酰亚胺模塑料 Vespel 的性能

性能		SP-1（100%树脂）	SP-21（填充15%石墨）	SP-22（填充40%石墨）
密度/(g/cm^3)		1.43	1.51	1.65
吸水性(23℃，24h,%)		0.24	0.19	0.14
洛氏硬度(M)		92~102	82~94	68~78
拉伸强度/MPa	23℃	89.6	62.1	52.4
	250℃	45.5	41.4	29.0
	316℃	35.9	34.5	24.1
伸长率(%)	23℃	7~9	4~6	2~3
	250℃	6~8	3~5	1~2
弯曲强度/MPa	73℃	117	103	89.6
	316℃	62.1	55.3	48.3
弯曲弹性模量/GPa	23℃	3.10	3.72	5.17
	250℃	2.00	2.55	3.65
	316℃	1.79	2.24	3.17
压缩强度/MPa	23℃	>207	221	124
	150℃	>176	145	103
	250℃	>138	90	83
悬臂梁缺口冲击强度/(J/m)		53.5	26.7	
泊松比		0.41	0.41	
磨损量(无润滑)/(10^{-3}mm/h)	在氮气中	0.25~0.38	0.10	
	在空气中	6.4~30	2.3	
摩擦因数(稳定状态，无润滑)	在氮气中	0.04~0.09	0.06~0.08	
	在空气中	0.29	0.24	0.03
	在真气中		0.12	0.09
线胀系数(10^{-5}/℃)	-62~23℃	4.0~5.0	2.2~4.7	
	23~150℃	4.5~5.2	3.8~5.9	2.3~5.9
	150~300℃	5.4~6.8	4.5~7.2	2.9~8.6
热导率(40℃)/[W/(m·℃)]		0.33~0.37	0.68~1.02	1.21~2.22
比热容/[kJ/(kg·℃)]		1.13		
载荷变形(13.8MPa，50℃,%)		0.14	0.10	
热变形温度(1.82MPa)/℃		≈360		

（续）

性　　能		SP-1 （100%树脂）	SP-21 （填充15%石墨）	SP-22 （填充40%石墨）
介电常数 （10^5Hz）	23℃	3.4	7.6	
	265℃	3.0		
介质损耗角正切 （10^5Hz）	23℃	5×10^{-3}		
	265℃	1×10^{-3}	4×10^{-3}	
介电强度（短时间，2mm厚）/（kV/mm）		22.4	10.0	
体积电阻率/Ω·cm		$10^{16}\sim10^{17}$	1.55×10^{15}	
表面电阻率/Ω		$10^{15}\sim10^{16}$		

表3-6　醚酐型聚酰亚胺塑料的性能

性　　能		单醚酐型聚酰亚胺	双醚酐型聚酰亚胺
密度/（g/cm³）		1.38	1.36～1.37
吸水性（18℃，24h，%）		0.3	
拉伸强度/MPa		170	110
断裂伸长率（%）		50～80	
弯曲强度/MPa		210	166～189
弯曲弹性模量/GPa		3.30	
压缩强度/MPa			153
冲击强度/（kJ/m²）		70～120	155
线胀系数/（10^{-5}/℃）		1～5	2.7
维卡耐热硬度/℃		>270	
热变形温度（1.82MPa）/℃			232
介电常数（10^6Hz）	−78℃	3.2	
	20℃	3.2	
	200℃	3.4	
介质损耗角正切 （10^6Hz）	−78℃	8.0×10^{-4}	
	20℃	5.0×10^{-3}	
	200℃	3.8×10^{-3}	
表面电阻率/Ω	20℃	$10^{15}\sim10^{16}$	
	200℃	$10^{14}\sim10^{15}$	
体积电阻率/Ω·cm	20℃	$10^{16}\sim10^{17}$	
	200℃	10^{13}	
介电强度/（kV/mm）		20～110	

聚酰亚胺树脂有很高的耐热性，短时间内可耐490℃的温度，长时间可耐290℃的温度，因而适宜用于航空航天工业。聚酰亚胺树脂还具有很好的耐磨性和摩擦性，很好的电性能、化学惰性、耐辐射性、低温稳定性和阻燃性。

均苯型聚酰亚胺是缩聚聚酰亚胺的代表，由于其不溶不熔，加工困难，通常只能用粉末冶金方法由模塑粉压制塑料制品，或采用浸渍法或流延法制成薄膜。此外，用玻璃布在聚酰胺酸溶液中浸渍后，经热压成型可制得板材。

单醚酐型聚酰亚胺是可熔性聚酰亚胺的一种，与均苯型相比，成型加工性能大为改善。不仅可模压加工，也可采用注射、挤出等方法成型。此外，它也可采用浸渍法和流延法制造薄膜。

3.3.2 聚酰亚胺的改性与应用

聚酰亚胺改性方法有增强、填充、共混合金等。增强可以添加玻璃纤维、硼纤维、碳纤维和金属晶须等，目的是降低聚酰亚胺的线胀系数和提高强度，降低成本，用以制造高强度结构部件。填充用无机填料、石墨、二硫化钼或聚四氟乙烯作为填充剂，可以提高其自润滑效果，降低成本，可以用来制造活塞环、阀密封、轴承密封件等零部件。聚酰亚胺可与环氧树脂、聚氨酯、聚四氟乙烯和聚醚醚酮共混改性，形成共混合金。

醚酐型聚酰亚胺可用于制造压缩机叶片、活塞环、密封垫圈、轴瓦、阀座、轴承、轴承保持器、轴衬、齿轮、制动片等零部件。

热塑性聚酰亚胺在电子电气领域主要用于制造高温插座、插接器、印制电路板和计算机硬盘、集成电路晶片载流子等零部件。

在电器、电子工业部门，聚醚酰亚胺（PEI）材料制造的零部件获得了广泛的应用，包括强度高和尺寸稳定的连接件、普通和微型继电器外壳、电路板、线圈、反射镜、高精密度光纤元件。特别引人注目的是，用它取代金属制造光纤插接器，可使元件结构最佳化，简化其制造和装配步骤，保持更精确的尺寸，从而保证最终产品的成本降低约40%。

耐冲击性聚醚酞亚胺板材 Uteml613 用于制造飞机的各种零部件，如舷窗、机头部部件、座椅靠背、内壁板、门覆盖层，以及供乘客使用的各种物件。PEI和碳纤维组成的复合材料已用于最新直升机各种部件的结构。

利用其优良的力学性能、耐热性和耐化学药品特性，PEI被用于汽车领域，如用以制造高温连接件、高功率车灯和指示灯、控制汽车外部温度的传感器（空调温度传感器）和控制空气和燃料混合物温度的传感器（有效燃烧温度传感器）。此外，PEI还可用作耐高温润滑油侵蚀的真空泵叶轮、在180℃操作的蒸馏器的磨口玻璃接头（承接口）、非照明的防雾灯的反射镜。

PEI耐水解性优良，因此，可用作医疗外科手术器械的手柄、托盘、夹具、假肢、医用灯反射镜和牙科用具。

PEI兼具优良的高温力学性能和耐磨性，故可用于制造输水管转向阀的阀件。

3.4 聚芳醚酮

聚芳醚酮（PAEK）是一类亚苯基环通过醚键和羰基连接而成的聚合物。按分子链中醚键、酮基与苯环连接次序和比例的不同，可形成许多不同的聚合物。目前主要有聚醚醚酮（PEEK）、聚醚酮（PEK）、聚醚酮酮（PEKK）、聚醚醚酮酮（PEEKK）和聚醚酮醚酮酮（PEKEKK）等品种，表3-7～表3-11列出了它们的性能。

聚芳醚酮分子结构中含有刚性的苯环，因此，它具有优良的高温性能、力学性能、电绝缘性、耐辐射和耐化学药品性等特点。聚芳醚酮分子结构中的醚键又使其具有柔性，因此，它能用热塑性工程塑料的方法成型加工。

表3-7 PEEK的性能

性能	450G（未改性）	450GL20（20%玻璃纤维增强）	450GL30（30%玻璃纤维增强）	450CA20（20%碳纤维增强）
密度/(g/cm³)	1.32	1.42	1.49	1.44
吸水率(23℃，24h,%)	0.50		0.11	0.06
拉伸强度/MPa	92	123	157	208
伸长率(%)	50	25	2.2	1.3
弯曲强度/MPa	170	192	233	318
弯曲弹性模量/GPa	3.63	6.66	10.29	13.03
悬臂梁缺口冲击强度/(J/m)	70	88	98	87
热变形温度(1.82MPa)/℃	152	285	315	315
阻燃性(UL94，1.45mm)	V-0	V-0	V-0	V-0
线胀系数/(10^{-5}/℃)	4.7	2.4	2.2	1.5
体积电阻率/Ω·cm	$(4\sim9)\times10^{16}$			1.4×10^{15}
介电常数(10^4Hz)	3.3			
介质损耗角正切(10^6Hz)	0.003			
成型收缩率(%)	1.1	0.7～1.4	0.5	0.1～1.4

表3-8 PEK的性能

性能	VICTREX PEK	VICTREX 30%玻璃纤维PEK	Stilan1000
密度/(g/cm³)	1.3	1.53	0.3
吸水率(24h，23℃,%)			0.3

（续）

性　　能	VICTREX PEK	VICTREX 30%玻璃纤维 PEK	Stilan1000
拉伸强度/MPa	110	170	105
断裂伸长率(%)	5	4	80～120
拉伸模量/GPa	4.0	10.5	
弯曲强度/MPa			113
弯曲模量/GPa	3.7	9.0	1.7
压缩强度/MPa			113
简支梁缺口冲击强度/(kJ/m^2)	7	9	74J/m
简支梁无缺口冲击强度/(kJ/m^2)			不断
T_m/℃	373	373	366
T_g/℃	162	162	—
热变形温度(1.86MPa)/℃	186	358	167
线胀系数/(10^{-5}/℃)	5.7	1.7	2.3
极限氧指数(%)	40	46	36
体积电阻率/Ω·cm	10^{17}	10^{17}	10^{16}
介电强度/(kV/mm)			660
介电常数(10^6Hz)	3.4	3.9	3.3
介质损耗角正切值(10^6Hz)	5×10^{-3}	5×10^{-3}	5×10^{-3}

表3-9　PEKK的性能

性　　能	PEKK(26%结晶)	DECLAR(12.5% TiO_2)
密度/(g/cm^3)	1.3	1.3～1.49
平衡吸水率(24h, 23℃,%)	0.3	<0.2
拉伸强度/MPa	102	100
断裂伸长率(%)	4	45～130
拉伸模量/GPa	4.5	4.2
弯曲强度/MPa		152
弯曲模量/GPa		4.2
压缩强度/MPa		111
T_m/℃	338	305
T_g/℃	156	155
热变形温度(1.84MPa)/℃		148
极限氧指数(%)	40	

表 3-10 PEEKK 的性能

性 能	HOSTATEC PEEKK	HOSTATEC 30%玻璃纤维 PEEKK
密度/(g/cm^3)	1.3	1.5
拉伸强度/MPa	90	155
断裂伸长率(%)	28	2.3
拉伸模量/GPa	4.0	11
弯曲模量/GPa	3.7	9.5
悬臂梁缺口冲击强度/(J/m)	80	90
T_m/℃	360	360
T_g/℃	167	167

表 3-11 PEKEKK 的性能

性 能	Ultrapek A2000	Ultrapek A2000G6(30%玻璃纤维)
密度/(g/cm^3)	1.3	1.53
平衡吸水率(24h,23℃,%)	0.8	0.5
拉伸强度/MPa	118	185
断裂伸长率(%)	5.2	2.5
拉伸模量/GPa	4.0	12.0
弯曲强度/MPa	130	250
简支梁缺口冲击强度/(kJ/m^2)	5.6	11
T_m/℃	381	381
T_g/℃	170	170
热变形温度(1.86MPa)/℃	170	250
线胀系数/(10^{-5}/℃)	4.1	—
体积电阻率/Ω·cm	$>10^{16}$	$>10^{16}$
表面电阻率/Ω	$>10^{13}$	$>10^{14}$
介电强度/(kV/mm)	83	88
介电常数(10^6Hz)	3.3	3.8
介质损耗角正切值(10^6Hz)	5.3×10^{-3}	5.3×10^{-3}

聚芳醚酮分解温度都在500℃以上，而且大部分为结晶聚合物，PEEK 的 T_g 为143℃，T_m 为334℃，在聚醚酮中比较容易加工，但 T_g 较低，作为结构材料，使用温度受到限制。为了提高聚芳醚酮的玻璃化转变温度，在结构改进上进行了大量工作，发现当引进联苯单元时可以使 T_g 提高到200℃以上，然而 T_m 也相应提高到386℃，使加工更加困难。

耐热水性是聚芳醚酮的主要特征之一，即使在260℃热水中也不会发生水解。PEEK几乎不溶于所有的有机溶剂，除了浓硫酸和硝酸外，也耐稀酸和碱，但在结晶不充分时，丙酮可以使其发生开裂。

PEEK可以经得起10^9RadPM剂量的β射线和γ射线的辐照，是一种耐辐射性能很好的聚合物。

聚芳醚酮还具有很高的抗疲劳性和耐磨性，填充的PEEKK摩擦因数为0.06。聚芳醚酮类聚合物具有优良的电绝缘性，其电性能参数随温度、湿度变化小。PEEK是C级绝缘材料，是制作电线、电线包覆材料和原子能工程部件的好材料。

聚芳醚酮由于其结晶性而必须在T_m以上温度进行加工，与其他结晶聚合物一样可以对其进行模压、注射、挤出成型及粉末喷涂和熔融纺丝等。对于PEEK在剪切速率为$1000s^{-1}$时，在370~400℃之间其熔体黏度为480~350Pa·s，有很好的加工性能。表3-12所示为PEEK的成型加工条件。

表3-12 PEEK的成型加工条件

工艺条件		PEEK	30%玻璃纤维增强PEEK	30%碳纤维增强PEEK
机筒温度/℃	后部	350	350	370
	中部	370	370	380
	前部	380	380	390
	机头	390	390	390
成型压力/MPa		70~140	70~140	70~140
压缩比		3	2~3	2
成型收缩率(%)		1.1	0.2~1.4	0.05~1.4

聚芳醚酮发展的历史仅十几年，目前开始在电子电器、机械、运输及宇航等领域受到重视与应用。在电子电器行业中主要用于电线、磁导线包覆、高温接线柱、接线板及挠性印制电路板等。短纤维增强的聚醚酮可以制作轴承保持器、凸轮、飞机操纵杆等。

聚醚酮还可以制成长纤维增强的聚醚酮复合材料，英国ICI公司已经推出商品化的聚醚酮树脂基的碳纤维增强复合材料（APC-1、APC-2），用于制作直升机的尾翼等结构件。

利用聚醚酮可以挤出成型的特点，可以挤出高强度的单丝，具有优良的耐化学药品性、耐热性，适于制造化工设备中的过滤器部件；挤出的高强度膜经硫酸磺化后，可以用作离子膜；聚醚酮吹塑成型的容器，可以用来装运核反应堆的废料，这种容器耐腐蚀、耐辐射，质轻而安全可靠。

聚芳醚酮阻燃性好，不加阻燃剂可达到 UL94V-1 级或 UL94V-0 级，而且燃烧时发烟量少，毒气少。聚芳醚酮具有耐高温、耐腐蚀、电绝缘性能及力学强度高、耐辐射及阻燃等优异性能，它是宇航领域应用的新材料。

3.5 聚芳酯

3.5.1 聚芳酯的性能

聚芳酯（PAR）又称芳香族聚酯，是分子主链上带有芳香族环和酯键的热塑性特种工程塑料。

1. 几种聚芳酯的性能数据（见表3-13）

表3-13 几种聚芳酯的性能数据

性　　能	U-100（耐热品级）	U-1060（通用品级）	U-4015（高流动性品级）	U-8000（吹塑成型品级）
密度/(g/cm^3)	1.21	1.21	1.24	1.26
洛氏硬度(R)	125	125	124	125
吸水率(20℃，24h,%)	0.26	0.25	0.20	0.15
吸湿率(65%RH，24h,%)	0.07	0.07	0.05	0.03
拉伸强度/MPa	71.5	75.0	83.0	72.5
伸长率(%)	50	62	62	95
弯曲强度/MPa	97.0	95.0	115.0	113.0
弯曲弹性模量/GPa	1.9	1.9	2.0	1.9
压缩强度/MPa	96.0	96.0	98.0	98.0
悬臂梁缺口冲击强度/(J/m)	150~250	250~350	250~350	80~150
体积电阻率/Ω·cm	2×10^{16}	2×10^{16}	2×10^{16}	2×10^{16}
耐电弧性/s	129	129	120	123
介电常数(10^6Hz)	3.0	3.0	3.0	3.0
介质损耗角正切(10^6Hz)	0.015	0.015	0.015	0.015

2. 力学性能

聚芳酯具有优良的抗蠕变性、耐冲击性、应变回复性、耐磨性，以及较高的力学强度和刚性。聚芳酯在很宽的温度范围内显示出较高的拉伸强度。与聚碳酸酯相比，聚芳酯的冲击强度的绝对值略低，但它与试样厚度的依存性比聚碳酸酯要小，当厚度在6.4mm以上时，其冲击强度反而比聚碳酸酯高，因而聚芳酯在制备大尺寸厚制品时能表现出更大的优越性。

聚芳酯具有很好的拉伸蠕变特性，即使是在21MPa这样高的载荷下，其蠕变量也很小。

对于高分子材料来说，除了完全弹性体外，在外力作用下均会产生永久应变。但聚芳酯显示了优异的应变回复性，聚芳酯的滞后损失小，即使是在应变率较大的情况下，聚芳酯的滞后损失也比聚碳酸酯和聚甲醛要小得多。即使是在较高的温度下，聚芳酯仍能保持这一优良性能，不致产生过大的残余应变。

3. 热性能

聚芳酯的分子主链中含有较密集的苯环，所以具有优异的耐热性。在1.82MPa的载荷下，聚芳酯（U-100）的热变形温度达175℃。用差热法测定，其开始失重的温度为400℃，分解温度为443℃，聚芳酯的玻璃化转变温度（DSC法测定）为193℃，比聚碳酸酯高50℃左右，比聚砜也要高3～4℃。因此，聚芳酯各种性能受温度的影响，要比聚碳酸酯和聚砜更小，而且线胀系数小，尺寸稳定性更好。

与其他一些工程塑料相比，聚芳酯还具有优良的耐焊锡性和很低的热收缩率。

4. 阻燃性

聚芳酯属自熄性塑料，不燃。在不含阻燃剂的情况下，厚度1.6mm的试样可达到UL94V-0级水平。聚芳酯的氧指数为36.8。它除了比含有卤素的聚氯乙烯、聚偏氯乙烯及聚四氟乙烯、聚苯硫醚等低一些而外，比其他塑料（包括含有阻燃剂的品种）的氧指数均要高。

5. 电性能

聚芳酯的电性能类似聚甲醛、聚碳酸酯和聚酰胺，耐电压性特别好。由于聚芳酯的吸湿性小，它的电性能在潮湿环境中也是十分稳定的。另外，聚芳酯的电性能受温度的影响也较小，聚芳酯的体积电阻率即使在160℃高温下，仍能保持$10^{14}\Omega\cdot cm$以上的水平。

6. 化学性能

聚芳酯的耐酸性和耐油性好，但耐碱、耐应力开裂性、耐芳烃和酮类的性能不够理想。聚芳酯的耐化学药品性不甚理想。采用碳纤维改性的AX系列聚芳酯，耐化学药品性能和耐有机溶剂性能有明显改善，加工性能得到大幅度提高。表3-14列出了AX系列聚芳酯的性能。

表3-14 AX系列聚芳酯的性能

性　能	AX-1500	AXN-1502	AXN-1500
密度/(g/cm^3)	1.17	1.20	1.31
拉伸强度/MPa	74	81	83

（续）

性能	AX-1500	AXN-1502	AXN-1500
弯曲强度/MPa	92	94	97
伸长率(%)	20～30	10～20	3～5
弯曲弹性模量/GPa	2.2	2.3	2.4
悬臂梁缺口冲击强度/(J/m)	50～90	30～50	20～40
热变形温度(1.82MPa)/℃	150	147	140
线胀系数/(10^{-5}/℃)	7.7	7.4	7.2
介电强度/(kV/mm)	25	25	25
体积电阻率/Ω·cm	1×10^{14}	1×10^{14}	1×10^{14}
介电常数(10^6Hz)	3.6	3.5	3.5
介质损耗角正切(10^6Hz)	0.042	0.038	0.035
耐电弧性/s	84	77	72
阻燃性 UL94	HB	V-2	V-0

7. 其他性能

聚芳酯的透明性优异，折光指数为1.61，比聚碳酸酯和聚甲基丙烯酸酯均高，而其光线透过率在厚度为2mm时为87%，与聚碳酸酯大体相同。聚芳酯具有优良的耐紫外线照射性，厚度为0.1mm的聚芳酯即能全部阻挡350nm以下波长的光。聚芳酯是具有优异耐候性的工程塑料之一，其耐候性明显优于聚碳酸酯。

3.5.2 聚芳酯的成型加工

聚芳酯熔点与热分解温度相差较大，可采用注射、挤出和吹塑等加热熔融的方法成型加工。聚芳酯的熔体黏度较高，在同一温度下，大约为聚碳酸酯的10倍，这就要求有较高的成型温度，以获得较好的流动性。聚芳酯的流动性与其制品厚度也有一定关系，通常当厚度小于2mm时，流动性便迅速降低。因此，聚芳酯在成型薄壁制品时，应给予较高的温度和压力。微量水分将会引起聚芳酯成型过程中的分解，因此，成型前对聚芳酯进行预干燥是十分重要的。含水量通常应控制在0.02%（质量分数）以下。干燥条件一般为110～140℃，6h。

1. 注射成型

聚芳酯可以用一般的注射机注射成型，但其熔体黏度较大，所需成型温度较高。为防止出现物料烧结炭化，一般应避免采用装有针型阀的注射机。

聚芳酯的成型收缩率与聚碳酸酯相近，均为0.05%左右。通常注射成型聚碳酸酯的模具，也可用于聚芳酯的注射，但对于形状较为复杂的制品，为弥补聚芳酯流动性欠佳的缺点，则应将模具浇口、流道等加工得稍大些。

聚芳酯在注射成型时的模具温度一般较高。如模温过低，注射成型后制品的残余应变大，有的甚至在不施加任何外力的情况下就产生开裂，对于厚度不均匀及弯角较多的制品，残余应变更大。

2. 挤出成型

与注射成型相比，聚芳酯挤出成型的温度一般要低10~20℃。聚芳酯的熔体黏度较高，为了改善塑化效果，一般应采用长径比、转矩及功率较大的挤出机。另外，为避免剪切发热造成烧结炭化，螺杆的转速不宜过高，螺杆和口模在结构上应尽量减少容易造成物料滞留部位。

3.5.3 聚芳酯的改性与应用

PAR可以用玻璃纤维、碳纤维、聚芳酰胺纤维、陶瓷纤维等增强，也可用混杂性纤维与聚合物超级纤维（如超高分子量聚乙烯纤维）等增强。玻璃纤维是最常用的增强纤维。在用玻璃纤维增强PAR时，需使用偶联剂KH-550处理，并加入适量的稳定剂。其生产工艺与玻璃纤维增强PC基本相同。

聚芳酯主要与PET、PBT、PC、PA、氟塑料等形成共混合金，其中与PET、PBT、PC等表现为相容体系，与PA、氟塑料等表现为非相容体系。

PAR是通过合金化来提高产品使用性能的。PAR/PET系列塑料合金具有刚性高、尺寸精度高、各向异性小、表面光滑等特性，主要用于汽车零部件和一些精密部件；PAR/PTFE可用于轴承等无油润滑耐磨材料；PAR/PA合金用于汽车内的耐热、耐冲击零部件，如汽车发动机罩和汽车外板等内、外部件，以及滑动部件、熔断器部件、轴衬等。

PAR优良的耐化学药品性、高的强度和弹性模量、较好流动性和成型性，适用于塑料泵、壳体、接头等。PAR用于制造齿轮、轴承、带轮等滑动部件，具有耐磨性好、摩擦因数小、极限*PV*值高和尺寸稳定性好的特点。

高透明的PAR在光电技术领域具有新的用途。PAR薄膜有低于10M的双折射值，可用于制作延迟膜，以消除液晶显示器彩色失真，这种膜在制造液晶显示器（LCD）中获得应用，可替代LCD所需的玻璃。PAR作为耐高温且透明性极佳的材料，能满足LCD制造技术的要求。

3.6 氟塑料

氟塑料是分子主链中含有氟原子的高分子化合物的总称，其共同特点是具有最佳的耐热性和耐化学性，具有极佳的电性能。表3-15列出了氟塑料主要品种的特性和用途。

表3-15 氟塑料主要品种的特性和用途

名称	特性	用途
聚四氟乙烯(PTFE)	耐热，耐化学药品，电性能好，具有不燃性和不粘性，自润滑，是非融流性树脂，因此不能热塑加工	1）模塑料(用于制造垫片、填料、阀片、轴承、电器部件) 2）细粉(用于制造生料带、管材、电线被覆) 3）分散液(用于浸渍石棉及玻璃布) 4）填充料(玻璃纤维、碳纤维、青铜、石墨等分散在PTFE中，以提高PTFE耐压缩蠕变和耐磨性)
四氟乙烯-全氟烷基乙烯基醚共聚树脂(PFA)	具有PTFE极为相似的特性，但可以热塑成型加工成复杂形状制品	电器绝缘零部件、耐腐蚀衬里、电线被覆、薄膜
四氟乙烯-六氟丙烯共聚树脂(FEP)	耐热性比PTFE稍差，其他性能基本相同，但可热塑成型	电线被覆，薄膜(绝缘膜、板材保护膜)，衬里
四氟乙烯-乙烯共聚树脂(ETFE)	耐切割，力学强度好，绝缘性好，耐辐射，加工性好	主要用于电线被覆(计算机内配线和核反应堆控制有关的电缆)
聚三氟氯乙烯(PCTFE)	具有良好的力学性能和化学性能，透明性好，具有良好的热塑加工性能	高压用垫片，要求透明的配管和液面计，输送液化石油气槽车的配管、阀密封材料
三氟聚乙烯-乙烯共聚树脂(ECTFE)	力学强度好，熔融加工性优良	主要用于电缆
聚偏氟乙烯(PVDF)	力学强度好，硬度好而耐磨，耐候性好；物理、化学综合性优良，易熔融加工	化工设备衬里、泵、阀配管等，电气电子工业的绝缘材料(如被覆电线)、电容器薄膜、广告覆膜、长寿命耐候性建筑涂料等
聚氟乙烯(PVF)	力学强度好，具有突出的耐化学腐蚀性，有卓越的耐候性	主要制作薄膜和涂料，用于建筑、交通和包装等领域

3.6.1 聚四氟乙烯

聚四氟乙烯（PTFE）密度较大，为2.14～2.20g/cm^3，几乎不吸水，能在-250～260℃长期连续使用，不溶解或溶胀于任何已知溶剂，即使在高温下王水对它也不起作用，有“塑料王”之称。表3-16列出了聚四氟乙烯及改性品种的性能。PTFE强度中等，硬度较低，在应力长期作用下会产生变形，但断裂伸长率较高。

表 3-16 聚四氟乙烯及改性品种的性能

性能		PTFE	PFA	F-46	E/TFE
密度/(g/cm^3)		2.14 ~ 2.20	2.12 ~ 2.17	2.12 ~ 2.17	1.73 ~ 1.75
吸水率(23℃, 24h, %)		<0.01			<0.01
拉伸强度/MPa		22 ~ 35	27.6	20 ~ 29	41 ~ 47
伸长率(%)		200 ~ 400	300	300	420 ~ 440
拉伸弹性模量/MPa		400			500 ~ 800
弯曲弹性模量/MPa		420	655	655	
压缩弹性模量/MPa		500			
悬臂梁缺口冲击强度/(J/m)		163			
热变形温度/℃	0.45MPa	121	73.3	70	
	1.82MPa	55	47.8	51	
线胀系数/(10^{-5}/℃)		10	12	8.3 ~ 19.0	9.4
最高连续使用温度/℃		260	260	204	180
热导率/[W/(m·℃)]			0.26	0.20 ~ 0.25	
阻燃性 UL94		V-0			
体积电阻率/Ω·cm		10^{17} ~ 10^{18}	>10^{18}	10^{18}	10^{17}
介电常数	60Hz	<2.1	2.1	2.1	2.4
	10^6Hz		2.1	2.1	2.6
介质损耗角正切	60Hz	<2×10^{-4}	2×10^{-4}	1×10^{-4}	6×10^{-4}
	10^6Hz		3×10^{-4}	7×10^{-4}	5×10^{-3}
介电强度/(kV/mm)		>17			
耐电弧性/s		>300	>180	>180	120

PTFE 的摩擦因数非常小，具有优异的润滑性。PTFE 的摩擦因数随滑动速率的增大而增大，当线速度达到 0.5 ~ 1.0m/s 以上时趋于稳定，而且静摩擦因数小于动摩擦因数。在高速、高载荷的条件下，PTFE 的摩擦因数可低于 0.01，而且摩擦因数不随温度变化而变化，从超低温至 PTFE 的熔点，摩擦因数几乎保持不变，只有在表面温度高于熔点时，摩擦因数才急剧增大。PTFE 具有极其优异的介电性能，在 0℃以上时，介电性能不随频率和温度的变化而变化，也不受湿度和腐蚀性气体的影响。PTFE 的体积电阻率大于 10^{17}Ω·cm，表面电阻率大于 10^{16}Ω，在所有工程塑料中为最高值。

PTFE 的耐大气老化性十分突出，即使在大气中长期暴露，表面也不会产生任何变化。PTFE 的阻燃性优异，表面具有不粘性，几乎所有固体材料都不能黏附于其表面。

PTFE 的结晶熔点为327℃，但树脂要在380℃以上才能处于熔融状态，熔体黏度高达10^{10}Pa·s，又具有极强的耐溶剂性，因此，PTFE 通常采用冷压成型然后烧结的方法成型。

PTFE 的优异性能使其在机械、电子电器及化工设备等领域有广泛的应用。PTFE 的低摩擦因数和自润滑性，使其大量用于制造轴承、活塞环、机床导轨和密封材料。用 PTFE 制造轴承时，加入玻璃纤维、青铜粉、石墨或二硫化钼进行填充，以克服蠕变和磨损。用 PTFE 制造的转动轴油封，能在260℃下长期使用，能耐各种介质，并能在缺油或无油情况下工作。PTFE 在化工设备上主要用于制造衬里、管道、阀门、泵、热交换器等。

四氟乙烯-全氟烷基乙烯基醚（PFA）是为了改进 PTFE 的成型性而开发的，其力学性能、电性能、化学稳定性、润滑性、不粘性、阻燃性和耐大气老化性与 PTFE 基本相同（见表3-16），其突出特点是具有良好的热塑性，可用注射、挤出、吹塑等方法成型。

四氟乙烯-六氟丙烯共聚物（FEP）是 PTFE 的改性品种，俗称氟树脂46（F-46）。其熔体黏度降低到可用一般热塑性塑料的成型方法加工。其主要性能与 PTFE 相仿（见表3-16），但耐热性则低于 PTFE，长期使用温度比 PTFE 低约50～60℃。

乙烯-四氟乙烯共聚物（E/TFE）又称氟塑料40，拉伸强度、冲击强度和抗蠕变性均优于 PTFE（见表3-16）。耐低温冲击强度是现有氟塑料中最好的，其长期使用温度为－60～180℃，短时可达230℃。E/TFE 可以用一般热塑性塑料的成型方法加工，但成型温度范围较窄，流动性较差，对成型模具有较强的黏着力，成型时模具必须涂脱模剂。

3.6.2 其他氟塑料

表3-17 列出了其他氟塑料及其性能。聚三氟氯乙烯（PCTFE）的力学强度和弹性模量高于 PTFE，压缩强度和抗蠕变性明显优于 PTFE，长期连续使用温度200℃，低温性能好，可在－200℃长期使用。PCTFE 可用于制造尺寸精度高的阀门座、自润滑齿轮、滑轮和制动器，液氧和液氢装置的密封垫圈，化工设备中的耐腐蚀垫圈、导管、衬里阀、耐腐蚀泵等。

表3-17 其他氟塑料及其性能

性 能	PCTFE	PVDF	PVF
密度/(g/cm^3)	2.07～2.18	1.75～1.78	1.39
吸水率(%)	<0.01	0.04～0.06	0.5
拉伸强度/MPa	35	35.9～51.0	48～124

（续）

性　　能		PCTFE	PVDF	PVF
伸长率(%)		80~250		115~250
拉伸弹性模量/GPa		1.50	1.34~1.51	1.8~2.0
弯曲弹性模量/GPa		1.70	5.93~7.45	
悬臂梁缺口冲击强度/(J/m)		180	160~549	
玻璃化转变温度/℃		58		
熔点/℃		215	165~185	198~200
长期使用温度/℃		-200~200	149	
热变形温度/℃	1.82MPa	75	80~90	
	0.45MPa	125	112~140	
线胀系数/(10^{-5}/℃)		10.0	7.9~14.2	4.6
氧指数(%)		95	44	
体积电阻率/Ω·cm		$>10^{17}$	2×10^{14}	$4\times10^{13}\sim4\times10^{14}$
介电常数	60Hz		8.4	
	10^3Hz			8.5
	10^6Hz		6.1	
介质损耗角正切	60Hz		4.9×10^{-2}	
	10^3Hz			$1.4\times10^{-2}\sim1.6\times10^{-2}$
	10^6Hz		1.6×10^{-2}	
耐电弧性//s		>360		

聚偏氟乙烯（PVDF）的力学强度高于PTFE，具有优良的抗压性能和抗蠕变性。PVDF的熔点为165~185℃，在熔点以上具有可塑性，在240~260℃时熔体的黏度可满足挤出、注射等热塑性塑料加工方法。PVDF的玻璃化转变温度为-35℃，长期连续使用温度范围为-70~150℃。PVDF的介电常数很高，介质损耗角正切值较大，体积电阻率低于PTFE，介电强度也较低，耐化学药品性不及PTFE和PCTFE，对无机酸、碱具有优良的抵抗性，但对有机酸和有机溶剂的抵抗性则较差。PVDF可用于制造化工管道、泵、阀门、储存槽等的防腐衬里，以及耐腐蚀齿轮、轴承、密封垫圈等。

聚氟乙烯（PVF）的突出特点是有卓越的耐候性和优良的力学性能。在氟塑料中，PVF的拉伸强度最高，气体渗透率最低，耐磨性好，耐化学药品性良好，不受大多数酸和碱的侵蚀。PVF主要用于薄膜和涂料，PVF涂层与金属、塑料的黏结性好，可形成理想建筑材料耐候保护层，用在住宅、仓库、工厂的墙角、屋顶、管道等表面，以及飞机舱与船舱内板、温室天窗等。

第4章　改性工程塑料

改性工程塑料是以基础工程塑料为基料，通过加入改性单体与之反应而制成的塑料，或是在基体树脂中添加一些改性剂所制成的塑料。其品种大致可分为工程塑料共混合金和工程塑料复合材料两大类别。

聚合物共混的本意是指两种或两种以上聚合物，经混合制成宏观均匀的材料的过程。在聚合物共混的发展过程中，其内容又被不断拓宽。广义的共混包括物理共混、化学共混和物理化学共混。其中，物理共混就是通常意义上的混合，也可以说就是聚合物共混的本意。化学共混如聚合物互穿网络，则应属于化学改性研究的范畴。物理化学共混则是在物理共混的过程中发生某些化学反应，一般也在共混改性领域中加以研究。将不同性能的聚合物共混，可以大幅度地提高聚合物的性能。聚合物共混可以使共混组分在性能上实现互补，开发出综合性能优越的材料。对于某些高聚合物性能上的不足，例如，耐高温聚合物加工流动性差，也可以通过共混加以改善。将价格昂贵的聚合物与价格低廉的聚合物共混，若能不降低或只是少量降低前者的性能，则可成为降低成本的途径。

在聚合物的加工成型过程中，在多数情况下，是可以加入数量多少不等的填充剂的。这些填充剂大多是无机物的粉末。人们在聚合物中添加填充剂有时只是为了降低成本，但在很多时候是为了改善聚合物的性能，这就是填充改性。由于填充剂大多是无机物，所以填充改性涉及有机高分子材料与无机物在性能上的差异与互补，这就为填充改性提供了宽广的研究空间和应用领域。当填充剂为纤维时，其复合物即为纤维增强复合材料。很多工程塑料通过用玻璃纤维等纤维增强的方法提高其强度，在第2章中已有很多实例。

近年来，由于纳米材料的兴起，聚合物纳米复合材料越来越引起人们的关注。所谓纳米复合材料，是指材料两相显微结构中至少有一相的一维尺寸达到纳米级尺寸，基本颗粒直径为 $\phi1 \sim \phi100$nm 的材料。更直接地说是指无机填充物或有机物以纳米尺寸（一般直径为 $\phi1 \sim \phi100$nm）分散在聚合物基体中，形成有机/无机（有机）纳米复合材料。

近年来，对聚合物的功能化研究取得了重大成果，很多功能高分子材料已得到广泛的应用，例如，抗静电聚酰胺在矿山机械、纺织机械上的应用，导电高分子在电子设备中的应用，抗菌高分子材料广泛用于家电、服装、家具、医疗用品中，高阻隔性聚酰胺用于包装，以及磁性高分子、记忆高分子在电子设备上的应用等。这些具有某一功能的改性工程塑料是以通用工程塑料为基体，加入其他功能材料共混得到的高性能工程塑料。

4.1 工程塑料合金

4.1.1 概述

工程塑料合金泛指工程塑料的共混物，主要包括聚碳酸酯（PC）、聚对苯二甲酸丁二醇酯（PBT）、聚酰胺（PA）、聚甲醛（POM）、聚苯醚（PPO 或 PPE）、聚四氟乙烯（PTFE）等工程塑料为主的共混体系。聚合物合金的发展历史可以追溯到20世纪40年代，这一时期开发成功的高拉伸聚苯乙烯，是由苯乙烯和橡胶（顺丁橡胶或丁苯橡胶）接枝共聚制得的聚合物合金。20世纪50年代初期开发成功的 ABS 树脂是典型的聚合物合金，它是将聚丁二烯胶乳接枝在苯乙烯和丙烯酸共聚物上而制得的。

工程塑料合金化的主要目的是改善各种性能，扩大使用范围。

（1）物理性能的改性　改性的目的是提高耐冲击性、耐热性、尺寸稳定性、耐药品性、涂装性等。其典型实例是汽车外护板用的聚合物合金。现在最引人注意的是聚酰胺（PA/PPO）系列的聚合物合金。单一的 PPO 是通用工程塑料，具有优良的耐热性、耐冲击性、刚性；吸水性、尺寸变化也小，但成型性和耐药品性差。而 PA 与 PPO 相比，耐热性和耐冲击性差，吸水率、尺寸变化率也大，而其刚性、耐药品、成型性优良。这就是所说的特性相反的聚合物进行的合金化技术。这种 PA/PPO 合金可以代替钢板作为汽车的外护板材料。这种合金可使自动烧结涂装得以实现。它的耐热性、耐冲击性高，并能保持低温刚性和尺寸稳定性，同时大大提高了成型性和耐药品性。

（2）成型加工性的改良　改良成型加工性的目的是降低成本，提高流动性和改善脱模性。代表实例是众所周知的聚碳酸酯与 ABS 系合金，这是工程塑料与通用塑料相结合的产物。在实际应用时，应根据它的用途来考虑。

（3）多功能化改性　经共混可使某些聚合物体系产生某种特殊性能，例如，防静电性、导电性、阻燃性、润滑性、阻隔性、阻尼性等功能性，成为功能化塑料合金。具有功能性的塑料合金不仅与其共混组分有关，而且在共混物的形态结构方面也有其特殊要求。

（4）经济性　降低成本是合金化的目的之一。价格和性能的关系是很重要的，有时为降低价格不得不牺牲某些性能。在这种情况下，一般是采用工程塑料与低价格的通用塑料共混，也可以用低价格的工程塑料进行合金化。前者的例子为聚苯醚与高冲击聚苯乙烯（PPO/HIPS）系合金（通用合金的代表为 PPO 系列），后者为 PPO/PET 系合金。

4.1.2 聚酰胺（PA）系合金

共混改性合金化是改善聚酸胺性能缺点的有效方法，多年来人们一直在进行这方面的探讨。但由于聚酰胺与许多重要的聚合物相容性差，得不到理想性能的产物，所以聚酰胺合金的发展较慢。反应性增容技术的研究成功，为聚酰胺合金的迅速发展打下了基础。聚酰胺与大多数高聚物共混得到各种合金材料。掺混的聚合物不同与共混配比的改变，都可得到一系列不同性能的产品。因此，共混改性是实现聚酰胺工程塑料高性能化、多功能化、专用化、系列化的重要途径。当今在聚合物合金领域中，聚酰胺系合金已占据了重要的地位。

聚酰胺系合金开发的目的是提高耐冲击性、刚性、耐热性和尺寸稳定性。主要的品种有PA/PE、PA/ABS、PA/PPO等，更新型的品种有PA/聚芳酯、PA/硅树脂及非晶聚酰胺合金等。尽管聚酰胺合金品种繁多，不过归纳起来大致可以分为三类：一类是通过与聚烯烃、烯烃共聚物、弹性体等共混，以提高PA在低温、干态下的冲击强度和降低吸湿性，主要应用于汽车、机械和电子、电气、运动器械等领域；另一类是掺混高性能工程塑料，如PPO、聚芳酯等，主要是提高PA的耐热性并改善综合性能，这类共混物多用于汽车外壳、内装制品的生产；第三类为各种聚酰胺之间的共混物，它可以平衡各种聚酰胺的特性，扩展其应用领域。

1. PA/聚烯烃合金

聚丙烯（PP）、聚乙烯（PE）与PA的合金是研究较早的合金之一。由于PP、PE的加入，有效地改善了PA6、PA66的吸湿性，提高了制品的尺寸稳定性。

PE、PP为非极性聚合物，它们与强极性的聚酰胺不具有热力学相容性。为获得满意的共混改性效果，最成功的方法是在PE、PP分子链上接枝马来酸酐（MAH），以引入酸酐基团或羧基。当它们与PA熔融共混时，这些活性基因可同PA分子末端的氨基反应，实现反应增容，借以强化两类聚合物的界面黏结，共混物的性能得以明显改善。

PA/PE和PA/PP合金的熔体流动性大于PA，其加工性能优于PA，可采用注射、挤出等成型方法加工成各种制品。

PA/PE合金具有优异的冲击性能和良好的滑动特性，可用作建筑材料、套管接头等。PA/PP合金与PA相比，吸水性低，密度低，尺寸稳定性好，冲击强度高，力学强度和刚性降低小，适宜制作紧固件、插接器、供涂装用的汽车外装零件及大型电气零部件等。

2. PA/ABS合金

PA/ABS合金是一类结晶/非晶共混体系。两组分具有一定的相容性，形态结构呈现较精细的相分离状态。影响PA/ABS合金形态结构的因素很多，主要有两组分共混比、黏度比和共混时的工艺条件（温度、剪切速率等）。

与PA相比，PA/ABS合金的热变形温度和熔体流动性有明显提高。良好的成型加工性能为制造要求外观品质高的大型制品提供了保证。PA/ABS合金是制造汽车车身壳板等汽车部件的理想材料。此外，它还具有良好的耐冲击性、刚性和耐化学药品性，在一般机械和日用品方面也有广泛的应用。表4-1列出了PA6/ABS合金的性能。

表4-1 PA6/ABS合金的性能

共混比（PA6/ABS）	0/100	5/95	10/90	30/70	50/50	100/0
拉伸强度/MPa	36	33	34	36	46	63
伸长率（%）	25	35	35	160	205	250
热变形温度（1.82MPa）/℃	89	83	82	77	72	60
洛氏硬度（R）	87	89	89	95	82	104

3. PA/PPS合金

制造PA/PPS合金的关键是，在PA与PPS共混时添加酚醛型环氧树脂作为相容剂，可显著改善PA与PPS的相容性，制得具有优良性能的PA/PPS合金。PA/PPS的突出特点是耐热性优良。PA66/PPS合金的热变形温度（1.82MPa）可高达245℃以上，耐热品级的长期使用温度可达150℃以上。因此，PA/PPS合金成为聚酰胺中的高档材料，可用作耐热性要求高的汽车气缸盖罩等零部件。表4-2列出了日本墨水化学工业公司生产的PA66/PPS合金的性能。

表4-2 PA66/PPS合金的性能

性能	通用品级		耐热品级	
	PN-115	PN-130	PN-215	PN-230
密度/(g/cm^3)	1.29	1.40	1.34	1.47
玻璃纤维的质量分数(%)	15	30	15	30
吸水率(20℃，水中24h,%)	0.6	0.5	0.4	0.3
拉伸强度/MPa	117.6	166.6	107.8	147.0
弯曲强度/MPa	137.2	235.2	127.4	196.0
弯曲弹性模量/GPa	5.9	9.8	5.9	8.8
悬臂梁缺口冲击强度/(J/m)	60	100	60	90
洛氏硬度(R)	121	121	121	121
热变形温度(1.82MPa)/℃	245	245	250	250
连续使用温度(UL)/℃	130~140	130~140	150~170	150~170

（续）

性能	通用品级		耐热品级	
	PN-115	PN-130	PN-215	PN-230
阻燃性（UL94）	HB	HB	HB	HB
线胀系数/(10^{-5}/℃)	3.3	2.0	3.2	2.0
体积电阻率/Ω·cm	10^{15}	10^{15}	10^{15}	10^{15}
介电常数(10^6Hz)	3.3	3.3	3.5	3.6
介电强度/(kV/mm)	18	18	18	18

4. PA/PC 合金

由 PA 与 PC 经共混制得的合金，称为 PA/PC 合金。在成型加工过程中，PA 的酰胺键和 PC 的碳酸酯键，往往会发生氨基交换反应，伴随着相对分子质量的降低和气体的产生，给成型造成困难。采用马来酸酐-芳基系共聚物作为相容剂，可抑制上述的氨基交换反应，使 PA 与 PC 的合金化获得成功。

PA/PC 合金改进了 PC 的耐化学药品性，并具有良好的力学性能和电气性能，可用于制造汽车外装零件和办公自动化机器壳体等。表 4-3 列出了日本三菱瓦斯化学公司的 PA/PC 合金的性能。

表 4-3 PA/PC 合金的性能

性能		数值
密度/(g/cm³)		1.14
拉伸强度/MPa		53.9
弯曲强度/MPa		76.4
弯曲弹性模量/GPa		2.1
悬臂梁缺口冲击强度/(J/m)		750
洛氏硬度(R)		114
热变形温度/℃	1.82MPa	120
	0.45MPa	140
线胀系数/(10^{-5}/℃)		6~9
成型收缩率(%)		0.6~0.8

5. PA/聚芳酯（PAR）合金

以聚酰胺为基体，以具有高玻璃化转变温度的聚芳酯和高冲击强度改良剂作为分散相，可制得具有高耐冲击性的 PA/PAR 合金。其主要特点是：耐热性优异，在较宽的温度范围内均有优良的冲击性能；耐溶剂和耐化学药品性优良；吸水率低，尺寸稳定性好，成型收缩率较低，制品不易翘曲变形；加工温度范围宽；成型加工性能良好，其熔体流动性一般介于PA6和PA66之间；由于热稳定性好，在多次受热情况下，其结构及共混物形态很少变化，所以重复加工性能优良，适宜采用注射成型。此外，由于熔体黏度高于PA6，该合金用于大型制品的吹塑成型也较为有利。

PA/PAR合金用作汽车壳体、汽车外板材料，以及电子电气领域对耐热性、冲击性能有较高要求的制品。表4-4列出了PA/PAR合金“X-9”的性能。

表4-4 PA/PAR合金“X-9”的性能

性　能	数　值
密度/(g/cm^3)	1.16
吸水率(23℃，水中24h,%)	0.4
拉伸强度/MPa	56.8
伸长率(%)	50
弯曲强度/MPa	88.2
弯曲弹性模量/GPa	2.2
悬臂梁缺口冲击强度/(J/m)	400
洛氏硬度(R)	105
线胀系数/(10^{-5}/℃)	7.5
热变形温度(1.82MPa)/℃	150
阻燃性(UL94)	HB
体积电阻率/Ω·cm	2×10^{15}
介电强度/(kV/mm)	25
耐电弧性/s	87

6. PA/PTFE合金

由PA与PTFE及特殊纤维共混制得的PA/PTFE合金，具有优异的耐摩擦磨损特性和抗疲劳性。作为耐磨材料使用时，对磨材料不管是钢材、铝材，还是塑料，都显示出极为优异的滑动特性，运转时可以不加润滑脂，这对提高零件的可靠性及简化工程等方面均具有重要意义。PA/PTFE合金主要用于机械、交通运输等领域，如点式打印机的导向装置，阀门、传动器等。

4.1.3 热塑性聚酯系合金

以PBT或PET为主体，与其他聚合物共混制得的合金统称为热塑性聚酯合金。目前已工业化生产的热塑性聚酯合金主要是PBT合金。

PBT树脂与其他树脂共混改性是为了在不显著损害PBT树脂性能的前提下，达到提高其缺口冲击强度及耐热性，改善其翘曲变形、尺寸稳定性及制品外观等目的。

1. PET/PBT合金

PBT与PET的化学结构相似，熔融温度也较接近，在共混时相容性良好。PBT与PET共混可以降低成本，对于PET而言，则解决了结晶速度慢，不易成型的问题。此种合金成型温度低，成型周期短，这是PBT高速结晶特性所产生的效果。PBT/PET合金还具有优良的化学稳定性、热稳定性、强度、刚度和耐磨耗性，其制品有良好的光泽。

然而，PBT/PET合金在熔融滞留状态易发生酯交换反应，初期生成嵌段共聚物，后期则成为无规共聚物，使两聚合物的特长在共混物中消失。因此，防止酯交换反应是制造PBT/PET合金的一个技术关键。

实际上，PBT/PET合金的上市商品几乎都是玻璃纤维（GF）增强的，因其可提高结晶速度，增加刚性并使外观更好。GF增强的此类合金主要用于制造各种家用电器部件及车灯罩等。

2. PBT/乙烯系聚合物合金

PBT与乙烯系聚合物共混，可提高其冲击强度。但是，乙烯系聚合物与PBT的溶解度参数相差大，相容性不好，在共混时常呈现两相结构，两相界面黏结不良，不能实现增韧改性。为此，人们着眼于用各种改性的乙烯共聚物与PBT共混，以增加共混组分的相容性。

3. PBT/PC合金

PBT/PC合金体系实际上是三元体系，第三组分为EDPM、丙烯酸酯或有机硅类弹性体。共混过程中添加相容剂，适合PBT/PC体系的相容剂有苯乙烯/马来酸酐共聚物（S-g-MAH）、苯乙烯/甲基丙烯酸缩水甘油酯共聚物（S-g-GMA），以及聚乙烯接枝共聚物（PE-g-MAH）等。官能化的弹性体作第三组分有利于增加其相容性。

PBT/PC合金具有优良的抗低温冲击、耐高温老化和耐化学药品性能，适合用作汽车的外装饰部件、办公自动化和通信设备部件。

PBT/PC共混过程中，易发生酯交换反应，同时体系中微量水分的存在会引起水解反应，这两种反应均导致PBT、PC的降解。

4. PBT/ABS合金

PBT/ABS合金是典型的不相容体系。PBT与ABS共混，充分地利用了PBT的结晶性和ABS的非结晶性特征，使得该共混合金具有优良的加工成型性、尺寸稳定性、耐药品性以及可涂装性。表4-5列出了日本三菱人造丝公司的PBT/ABS合金的性能。

表4-5　PBT/ABS合金的性能

性　　能		TB-903GT（玻纤增强）	TB-904GE（玻纤增强）	FB-904GE（玻纤增强）	FB-90XGE（玻纤增强）	FB-944CE（玻纤增强）
密度/(g/cm³)		1.30	1.28	1.40	1.68	1.52
吸水率(23℃，24h，%)		0.2	0.2	0.2	0.2	0.2
成型收缩率(流动方向)(%)		0.25	1.7		0.1～0.2	0.1～0.2
线胀系数(流动方向)/(10^{-5}/℃)		5.0	3.0	3.4	1.4	1.0
拉伸强度/MPa		72.5	105.8	90.2	122.5	122.5
伸长率(%)		6.0	4.0	4.0	4.0	4.0
弯曲强度/MPa		112.7	154.8	137.2	196.0	196.0
弯曲弹性模量/GPa		4.2	6.4	6.4	12.7	13.7
洛氏硬度(R)		109	110	116	115	115
悬臂梁缺口冲击强度/(J/m)	3.2mm，23℃	88.2	78.4	49.0	78.4	68.6
	3.2mm，-30℃	68.6			78.4	
	3.2mm，-40℃	58.8			78.4	
	6.4mm，23℃	98.0	68.6		98.0	
	6.4mm，-30℃	98.0			98.0	
	6.4mm，-40℃	98.0			98.0	
热变形温度/℃	0.45MPa	210	110	150	150	160
	1.82MPa	170	105	110	110	110
维卡软化点(载荷49N)/℃		140		115	115	
阻燃性(UL94)		HB	HB	V-0	V-0	V-0

PBT/ABS合金广泛用作汽车与摩托车的内外装饰件、小家电部件、光学仪器、办公设备部件与外壳。玻璃纤维增强PBT/ABS合金制品表面光洁、耐高温烧结涂覆、耐汽油，可作为摩托车发动机罩及其他部件。碳纤维增强PBT/ABS合金具有良好的加工流动性，刚性高，挠度低，表面光洁，柔性好，并具有良好的防电磁干扰功能，是笔记本式计算机理想的外壳材料。

4.1.4　聚碳酸酯系合金

聚碳酸酯（PC）具有突出的冲击强度、优良的电绝缘性、较宽的使用温度范围，制品尺寸稳定，是一种综合性能较好的工程塑料。但是它的某些缺陷，如易于应力开裂，对缺口敏感，耐磨性欠佳与加工流动性较差等，很有必要改进。聚碳酸酯通过合金化改性已收到显著的成效。

1. PC/ABS 合金

PC/ABS 合金是 PC 合金的主要品种，也是一种重要的工程塑料合金。PC/ABS 合金是世界上销售量最大的商业化聚合物合金。

ABS 具有良好的耐冲击性和加工流动性，价格较 PC 便宜。PC 与 ABS 共混制备 PC/ABS 合金，可以降低 PC 黏度。PC 与 ABS 共混，还可提高 PC 的耐应力开裂性，降低冲击对厚度和缺口的敏感性，同时还可降低成本。

PC/ABS 合金综合性能优异，与 PC 相比，PC/ABS 合金既具有 PC 的耐热性、力学强度和尺寸稳定性，又降低了熔体黏度，改善了加工性能，提高了强度和低温冲击强度，降低了材料成本。表4-6 列出了 T-2000 系列 PC/ABS 合金的性能。

表4-6 T-2000 系列 PC/ABS 合金的性能

性能		T-2711	T-2203B	T-2213B
密度/（g/cm^3）		1.14	1.20	1.19
拉伸强度/MPa		58	56	56
断裂伸长率（%）		120	120	120
弯曲强度/MPa		83	84	82
弯曲弹性模量/GPa		2.20	2.50	2.48
悬臂梁缺口冲击强度/（J/m）	23℃	650	610	400
	-30℃	450		
线胀系数/（10^{-5}/℃）		8.0	8.0	8.0
热变形温度/℃	1.82MPa	120	104	103
	0.45MPa		121	118
成型收缩率（%）		0.5~0.7	0.5~0.7	0.5~0.7

2. PC/聚烯烃合金

PC/聚烯烃合金包括 PC/PP 合金和 PC/PE 合金。PC 与聚烯烃共混，可提高 PC 的耐冲击性，改善 PC 的加工流动性，降低制品的内应力，同时还可提高 PC 的拉伸强度和断裂伸长率，并降低 PC 的成本。在 PC 中加入 PE，可改进 PC 的厚壁耐冲击性。

PC/聚烯烃合金产品的冲击强度高，尤其是悬臂梁冲击强度比 PC 高4 倍，且能耐高温消毒，易加工，流动性好，耐沸水，耐应力开裂，适用于制作食品餐具、容器、安全帽、电器零件、电动工具外壳和纺织用纬纱管等。

3. PUPS 合金

PS 的熔融黏度小，加工性能好，少量的 PS 与 PC 共混可大大提高 PC 的加工流动性，从而提高 PC 的成型性。PC 的双折射率大，难以满足制造某些类型光盘的要求。PS与PC共混可以减小PC的双折射率，从而扩大PC在光盘基材中的应用。PS在PC中还可以起到刚性有机填料的作用，提高PC的硬度。另外，用PS替代部分PC，制成PC/PS合金，可以减少价格昂贵的PC用量，从而降低成本。因此，PC/PS合金是一种高性能而又经济的高分子材料。

4.1.5 其他系合金

1. 聚苯醚合金

聚苯醚（PPO）具有优异的综合性能，如极佳的耐热性（热变形温度190℃）及耐低温性，突出的力学性能和电绝缘性，优良的尺寸稳定性，刚性高，蠕变小，良好的化学稳定性、自熄性。但是，PPO的熔融黏度高，流动性差，使其难以加工成型。因此，真正有使用价值的是其各种各样的改性品种。共混改性是PPO最重要的改性措施，其共混物被誉为最典型的聚合物合金，聚合物共混的改性效果在这里得到充分体现。

PPO与PS均为非晶聚合物，其相容性非常好。PPO与PS共混，改善了其加工流动性。除了耐热性能略低外，PPO/PS合金的性能与PPO相似，表现出良好的电气性能，均衡的力学性能和突出的耐水、耐热水性能。

PPO/PA合金是继PPO/PS之后发展最快、品种最多的PPO合金。PPO与PA共混改性，能大大提高PA的热性能、力学性能和尺寸稳定性，主要品种有PPO/PA66、PPO/PA6。PPO与PA66、PA6是完全不互容的聚合物，利用相容化和掺混技术，可将非结晶性的PPO和结晶性树脂PA合金化，由PA海相和PPO岛相形成海-岛微观相分离结构，使合金兼具PA和PPO的优点，形成高刚性、高强度、高耐热性、综合性能优异的新型材料。表4-7列出了PPO/PA合金的性能。PPO/PA合金具有PPO的高玻璃化转变温度和尺寸稳定性，同时具有PA的耐溶剂性和成型性，是一种性能优异的工程塑料合金。PPO/PA主要应用于汽车零部件，如车轮盖、发动机周边部件等，还可以用于电子电器、办公用品、医疗器械等设备部件。

表4-7 PPO/PA合金的性能

性能		Noryl GTX			日本旭化成		
		710	600	6006	G010H	G020H	G010Z
玻璃纤维的质量分数(%)					30	30	30
热变形温度/℃	0.46MPa	195	185	180			
	1.82MPa				180	220	170
拉伸强度/MPa		55	55	49	127	137	127
伸长率(%)		100	150	150			

（续）

性　能	Noryl GTX			日本旭化成		
	710	600	6006	G010H	G020H	G010Z
弯曲强度/MPa	72	69	69	186	196	167
弯曲模量/GPa	1.96	1.76	1.76	7.35	7.84	7.35
悬臂梁缺口冲击强度/(J/m)	22	60	80	7	7	8

PPO还可与其他聚合物，如饱和聚酯（PBT、PET）、ABS、聚烯烃、PTFE、弹性体等，共混形成合金。

2. 聚甲醛合金

聚甲醛（POM）是具有卓越的强度、刚性、抗疲劳性、自润滑性、耐溶剂性的工程塑料。对POM进行共混改性的主要目标是：增加韧性，改善高温下的刚性，提高耐候性，改进成型制品尺寸精度，改善高速、高载荷下的摩擦性能。

POM是典型的结晶性聚合物，与其他聚合物共混时相容性较差。POM的共混物可分为均聚POM和共聚POM两大类。作为第二组分参与共混的聚合物大多为弹性体，如PB、热塑性PU、EPDM、丙烯酸酯类橡胶、乙烯共聚物等。此外，还应用PTFE等树脂。

聚乙烯相对POM具有较好的韧性，加工成型性好。与POM共混，能改善POM的加工性能、产品的尺寸稳定性、材料的冲击强度，可制造出刚柔结合、综合性能较为平衡的合金材料，用于仪表的传动部件。

聚酰胺大分子链中的氨基能与POM中的醚键形成氢键，因此，POM与PA有较好的相容性。非结晶性聚酰胺对ROM具有较好的增韧作用，与非结晶性聚酰胺共混，能改善其耐候性、缺口冲击的敏感性，可制备综合性能优异的工程结构材料。

聚四氟乙烯（PTFE）是优良的耐磨材料，与POM共混能有效地提高POM的耐磨性，制得高耐磨材料。

3. 聚苯硫醚合金

聚苯硫醚（PPS）是一种综合性能良好的耐高温热塑性工程塑料，加之其卓越的刚性、抗蠕变性、电绝缘性，以及优良的耐蚀性、黏结性和低摩擦因数，PPS被广泛应用。但韧性差、熔融过程黏度不稳定（在空气中加热产生氧化交联），以及价格较昂贵，为PPS的主要不足之处。与其他聚合物共混改性是人们为克服PPS上述缺点所采用的主要措施之一。至今，研制较多的有PPS/PA、PPS/PS、PPS/ABS、PPS/AS、PPS/PPO、PPS/PC、PPS/PSF（聚砜）、PPS/PEEK（聚醚醚酮）、PPS/PES（聚醚砜）等。

PPS与PA6、PA66等共混可显著提高其冲击强度。虽然PPS与PA因熔融温度和热分解温度相差悬殊，实现良好的共混有困难，但与预期情况相反，两者在高温下却呈现很好的工程上的混溶性。

PPS与PS均为脆性材料，但PPS掺混PS后冲击强度得到改善。PPS与ABS共混，增韧效果更突出，与AS树脂共混也有一定的改性效果。

4.2 工程塑料复合材料

4.2.1 聚酰胺复合材料

聚酰胺树脂虽然具有一系列优良的性能，但与金属材料相比，还存在着强度、刚性较低，因吸水或潮湿而引起尺寸变化较大等不足，应用受到一定的限制。因此，人们开发了用玻璃纤维、石棉纤维、碳纤维、金属晶须等增强的复合材料品种，在很大程度上弥补了聚酰胺性能上的不足，其中以玻璃纤维增强聚酰胺最为重要。

聚酰胺经玻璃纤维增强后，力学强度、刚性、尺寸稳定性和耐热性等明显提高，成为性能优良，用途广泛的工程塑料。将它作为替代金属材料的结构零部件使用时，疲劳强度约为未增强聚酰胺的2.5倍，它的比疲劳强度已经接近金属的水平。另外，玻璃纤维增强聚酰胺的蠕变与未增强聚酰胺相比，也有大幅度的下降，而且增强聚酰胺的蠕变大部分发生在最初的几十小时之内，以后便逐渐趋于平缓，这种蠕变特性对于结构零部件来说是十分可贵的。玻璃纤维增强聚酰胺的热变形温度较高，而且耐热老化性也比未增强聚酰胺好，使用寿命随之提高。这是因为玻璃纤维具有良好的网络补强作用，即使聚酰胺本身受到热老化作用，其强度仍能由玻璃纤维的网络补强而在相当程度上得到维持。

增强聚酰胺的生产方法有短纤法和长纤法。所谓短纤法是将切断的纤维混入聚酰胺树脂中，同时加入双螺杆挤出机中进行共混。长纤法是聚酰胺通过加料器进入双螺杆挤出机入口处，玻璃纤维从双螺杆熔融区导入，通过双螺杆的转动带入双螺杆与熔融的基料汇合，并进入螺杆的捏合区，经捏合块强剪切作用，将纤维剪成一定长度的短纤与基料混合均匀，而得到最终产品。

玻璃纤维增强聚酰胺制品可采用注射、挤出等成型方法加工。加工工艺基本上与相应的聚酰胺相同。但由于流动性较差，因而在注射成型时，注射压力和速度需适当提高，机筒温度应比相应聚酰胺提高10～30℃。熔融状态下纤维会发生取向，尺寸变化产生各向异性，制品容易发生变形和翘曲。因此，在成型工艺条件、模具设计、浇口位置和形状等方面，必须引起足够的重视，并做出适当的调整。

增强聚酰胺的品种繁多，几乎所有聚酰胺都可以制造增强品级。商品化较多的品种有：增强PA6、增强PA66、增强PA46、增强PA1010等。其中，产量和用量最大的是增强PA6、增强PA66。

玻璃纤维增强聚酰胺除了与未增强聚酰胺的用途相同之外，还适合制作在力学强度、刚性、韧性、耐热性和尺寸稳定性等方面有着更高要求的机械、汽车、电器等零部件，如电钻和电机外壳、增压器管道、汽车车盖、汽车变速杆底座、汽车制动踏板、泵叶轮、螺旋桨、轴承、轴套、齿轮、滑轮、螺母、手柄、拨叉、灯座、工具把手、各种开关、油箱等，也可加工成管材和棒材。

4.2.2 聚碳酸酯复合材料

为了克服聚碳酸酯的缺点，适应不断扩大的市场需要，寻求在某些性能上更为优越的新品种，从聚碳酸酯开发成功起，世界上生产聚碳酸酯的众多公司就致力于改性研究及开发新品种的工作，已取得了令人瞩目的成就，许多改性和新型聚碳酸酯品种实现了工业化生产。其中玻璃纤维增强聚碳酸酯是最为重要的品种之一。

在聚碳酸酯中加入玻璃纤维，可提高其疲劳强度、拉伸强度、弯曲强度、弹性模量等力学性能，显著改善其应力开裂性，并且可较大幅度地提高其耐热性，成型收缩率也能进一步下降。但冲击强度有所下降，同时制品将失去透明性。此外，电性能、耐化学药品性仍维持相同的水平。玻璃纤维增强聚碳酸酯制品与未增强聚碳酸酯一样，可以采用注射、挤出、冷加工等多种加工方法成型。

玻璃纤维增强聚碳酸酯提高了聚碳酸酯的强度、刚性和尺寸稳定性，改善了应力开裂性，在机械、仪表、电器、交通运输等领域，被广泛用于制造轴承保持架、导轨、齿轮、设备壳体、计算机零件、精密仪器零件、配电板、电动工具罩、汽车零件、飞机零件、自行车零件以及宇航员头盔等。由于该复合材料在很大程度上改善了聚碳酸酯的应力开裂，玻璃纤维增强聚碳酸酯的线胀系数和铝、锌等轻金属属于同一水平，因此，可用于制备带有嵌件的制品。

4.2.3 聚甲醛复合材料

聚甲醛树脂因刚性和强度不足而使其应用受到限制。因此，人们常采用在聚甲醛树脂中添加玻璃纤维、玻璃球及碳纤维等，以提高聚甲醛的强度、刚性和热变形温度，并降低成本。

含玻璃纤维的增强共聚甲醛与未增强的共聚甲醛相比，强度和刚性均有大幅度的提高。另外，热变形温度在高载荷下也能提高到接近熔点的水平，从而为其在高温下使用提供了良好的条件。玻璃纤维含量对聚甲醛的拉伸强度、伸长率和热变形温度的影响很大。

值得注意的是，加入玻璃纤维后，由于流动剪切力的作用，玻璃纤维在流动方向上的取向，会同时引起流动方向与相垂直方向上性能的差异，从而造成制品整体性能的不均衡，产生翘曲和变形；另外，还会使聚甲醛的耐磨性下降。玻璃纤维的取向性明显影响聚甲醛制品的成型收缩率，流动方向的成型收缩率通常仅为垂直方向的1/2左右。这也是导致制品性能不均衡及发生变形的重要原因之一。

为了克服玻璃纤维由于取向导致变形及性能不均衡的问题，可采用玻璃球增强的方法。采用碳纤维增强，也具有明显的增强效果，并可弥补玻璃纤维增强导致耐磨性大幅度下降的不足。表4-8列出了采用不同增强方法增强聚甲醛的性能。

表4-8 增强聚甲醛的性能

性能		M90-02（未增强）	GC-25（25%玻璃纤维增强）	GB-25（25%玻璃球增强）	CE-20（20%碳纤维增强）
密度/(g/cm^3)		1.41	1.61	1.55	1.44
拉伸强度/MPa		62.0	130.0	63.0	76.0
伸长率(%)		60.0	3.0	9.0	2.0
拉伸弹性模量/GPa		2.88	8.80	3.60	6.30
弯曲强度/MPa		98.0	197.0	102.0	116.0
弯曲弹性模量/GPa		2.64	7.70	3.60	6.34
悬臂梁无缺口冲击强度/(J/m)		1140	440	770	340
悬臂梁缺口冲击强度/(J/m)		65	86	64	44
热变形温度/℃	1.82MPa	110	163	148	161
	0.45MPa	158	166		165
线胀系数/(10^{-5}/℃)	流动方向	0.15	0.02	0.11	0.02
	垂直方向	0.14	0.08	0.09	0.09
体积电阻率/Ω·cm		1.3×10^{14}	1.2×10^{14}	1.0×10^{14}	10^{2}
表面电阻率/Ω		1.3×10^{16}	3.8×10^{15}	—	10^{2}

4.3 纳米工程塑料

4.3.1 纳米工程塑料的特点

所谓纳米工程塑料，是指金属、非金属和有机填充物以纳米尺寸分散于工程塑料基体中形成的树脂基纳米复合材料。在树脂基纳米复合材料中，分散相的尺寸至少在一维方向上小于100nm。由于分散相的纳米尺寸效应，大的比表面面积和强界面结合，会使纳米工程塑料具有一般工程塑料所不具备的优异性能。因此，纳米工程塑料是一种全新的高技术新材料，具有极为广阔的应用前景和商业开发价值。纳米工程塑料已成为纳米技术最早实现产业的技术之一。

纳米工程塑料可将无机物的刚性、尺寸稳定性和热稳定性，与聚合物的韧性、可加工性完美地结合起来。因而，纳米工程塑料质量轻，具有高比强度、比模量而又不损失其冲击强度。同时，由于纳米微粒小于可见光波长，所以纳米工程塑料具有高的光泽和良好的透明度。

由于聚合物基体与黏土片层的良好结合和黏土片层的平面取向作用，纳米工程塑料表现出良好的尺寸稳定性和很好的气体阻透性。这是由于在纳米工程塑料的聚合物基体中存在着分散的、大的尺寸比的硅酸盐层，这些硅酸盐层对于水分子和单体分子来说是不能透过的，这就迫使溶质要通过围绕硅酸盐微粒弯曲的路径才能通过薄膜，这样就提高了扩散的有机通道长度，因此阻隔性上升。

纳米工程塑料还具有各向异性的特点。在纳米工程塑料中，线胀系数是各向异性的，注射成型时的流动方向的线胀系数为垂直方向的一半，而纯聚酰胺为各向同性的。这是由于蒙脱土片层分散在工程塑料基体中，蒙脱土片层的方向与流动方向相一致，聚合物分子链也和流动方向相平行。因此，各向异性可能是蒙脱土片层和高分子链取向的结果。

此外，有些纳米工程塑料还具有很高的自熄性、很低的热释放速率（相对聚合物本体而言）和较高的抑烟性，是理想的阻燃材料。这种纳米工程塑料制造技术是塑料阻燃技术的革命。

4.3.2 纳米工程塑料的制备技术

1. 制备工艺中的关键技术

纳米微粒在工程塑料改性方面的研究已经渗透到各个方面，通过纳米复合化，工程塑料的各项力学性能、热性能、成型性等均比原来的材料显示出一定程度的提高。但实际上，纳米颗粒能否在纳米工程塑料中发挥作用是与许多因素密切相关的。

（1）分散技术 由于纳米微粒的团聚现象，纳米微粒在高分子基体中很难呈纳米级分散，纳米效应难以发挥，复合材料的应力集中较为明显，微裂纹发展成宏观开裂，造成复合材料性能下降。高分子基体与纳米微粒间的弱界面作用，也使得纳米微粒对高分子材料的填充改性效果未能达到理想状态。在制备纳米复合材料中，解决纳米颗粒的分散问题一直备受关注，已成为制备高性能纳米复合材料的瓶颈技术。当纳米颗粒不能良好地分散在高分子基体时，其复合材料的性能与微米级颗粒填充的复合材料相近。只有达到均匀分散，纳米复合材料才表现出优于其他材料的性能。

纳米微粒在工程塑料中的分散非常困难，因为通常工程塑料都存在熔点高、熔融黏度很大的缺点，成型加工性能较差，而且树脂粒料的粒径较大，一般为20～100μm，平均粒径为30μm，因而难以保证纳米微粒在树脂基体中的充分分散，难以发挥纳米微粒小尺寸效应，改性效果不佳；同时由于大多数工程塑料属于典型的非极性或低极性材料粉体，纳米微粒则属于极性粉体，两种材料的表面性质相差很远，界面作用能不同，相容性差，仅受机械搅拌力的作用，纳米粉体极易团聚，不容易被工程塑料混入、浸润和分散。因此，将纳米微粒应用于高分子材料制备纳米复合材料时，进行表面修饰是十分必要的。对纳米微粒进行表面修饰，可改善纳米粉体与基体间的相容性和润湿性，提高它在基体中的分散性，增强与基体的界面结合力，从而提高纳米复合材料的力学强度和综合性能。

（2）界面处理　良好的界面作用是材料复合的基础。在复合材料中，界面对材料的力学性能、热性能等都产生决定性的影响。工程塑料的破坏本质在于其在外力作用下，大分子链发生滑移或断裂，从而使材料被拉出晶区造成宏观破坏。纳米工程塑料由于纳米微粒均匀分散在基体中，改善了链间作用，阻碍了分子间的运动，起到了有效的支撑强化作用，阻止了基体材料分子链的滑移，因而填充改性剂与高分子基体界面间的黏结强度，对纳米工程塑料的性能是至关重要的。

2. 纳米微粒表面改性技术

在制备聚合物纳米复合材料时，纳米微粒由于表面能高，微粒间极易团聚，而且一旦团聚，不但纳米材料本身的性能不能得到正常发挥，还会影响复合材料的综合性能。纳米微粒的表面改性是指用物理或化学方法对微粒表面进行处理，改变微粒表面的物化性质。其目的就是改善纳米粉体表面的可润湿性，增强纳米粉体在介质中的界面相容性，使纳米微粒容易在有机化合物中分散，提高纳米粉体的应用性能，使其在复合材料的基体中达到纳米微粒应有作用，提高纳米复合材料的力学性能。

（1）表面物理吸附、包覆改性　表面物理吸附、包覆改性是指基体和改性剂之间除了范德华力、氢键相互作用以外，不存在离子键和共价键的作用。表面物理吸附、包覆改性可分为：粉体-粉体包覆改性、沉积包覆改性等。

（2）表面化学改性　表面化学改性是指改性剂与微粒表面一些基团发生化学反应来达到改性目的。例如，许多无机非金属微粒都容易吸附水分，而使纳米微粒表面带一些亲水的—OH 基等活性基团，这些活性基团就可以同一些表面改性剂发生反应。依据表面改性剂与纳米微粒表面化学反应的不同，表面化学改性可以分为醇酯化反应法、酸酯化反应法和偶联剂法。

（3）表面接枝改性　表面接枝改性的方法可以充分发挥无机纳米微粒与高分子各自的优点，实现优化设计，制备出具有新功能的纳米微粒。纳米微粒经表面接枝后，大大提高了在有机溶剂和高分子中的分散性，这就使人们有可能根据需要，制备纳米微粒含量大、分布均匀的高分子复合材料。有时为了获得更高的接枝率，可在颗粒表面引入各种官能团，将颗粒表面的羟基变为反应性更高的官能团，然后再接枝聚合物。其方法大致有三种：与颗粒表面的接枝反应、颗粒表面聚合生长接枝、聚合与表面接枝同步进行。

（4）机械化学改性　固体被粉碎后，单位比表面积的增大促使表面能增加，结果可能造成微粒结晶构造的无定形化，晶格发生位错或相变，组成变化导致微粒表面活性点增加，使微粒发生固相、气相、液相反应能力显著增加。在研磨粉体微粒时，引起化学键的断裂，新生成的表面上有活性极高的离子或基团。这时周围如有聚合物的单体存在，则可在活性点上开始聚合反应，从而在粉体表面上连接上高分子。若被研磨的还有线型聚合物，则聚合物中的键也可被切断，该切断点可与粉体表面上的活性点发生反应，从而在粉体表面连接高分子。例如，金属氧化物粉体在粉碎时，新生表面上会有金属离子裸露，这时若与脂肪酸等有机酸共存，则可发生反应而形成脂肪酸盐，从而在表面上导入有机基团。

3. 纳米工程塑料的制备技术

纳米工程塑料制备技术最常用的有四种：插层技术、溶胶-凝胶技术、共混技术及在位分散聚合技术。

（1）插层技术　该技术是根据层状无机物（如黏土、云母、五氧化二矾、三氧化锰层状金属盐类等）在一定驱动力作用下能碎裂成纳米尺寸的结构微区，其片层间距一般为纳米级，可容纳单体和聚合物分子的原理而形成的。它不仅可让聚合物嵌入夹层，形成“嵌入纳米塑料”，而且可使片层均匀分散于聚合物中形成“层离纳米塑料”。其中黏土易与有机阳离子发生离子交换反应，具有亲油性，甚至可引入与聚合物发生反应的官能团来提高两相黏结性。对于片层无机物的插入，除离子交换外，还可采用酸碱作用、氧化还原作用、配位作用等方法进行。

根据插层形式不同又可分为以下几种：插层聚合、溶液或乳液插层及熔体插层。插层工艺简单，原料来源丰富、价廉。片层无机物只是一维方向上处于纳米级，微粒不易团聚，分散也较容易。该方法的关键是对片层物插层的处理。由于纳米微粒的片层结构在复合材料中高度有序，所以复合材料有很好的阻隔性和各向异性。

利用插层技术可制成包含交替的无机、有机层的复合固体材料，近年来备受重视。层间嵌插复合不同于传统材料，它是由一层或多层聚合物或有机分子插入无机物的层间间隙而形成的。复合后不仅可大幅度提高力学性能，而且还能获得许多功能特性。

（2）溶胶-凝胶技术　该技术在聚合物存在的前提下，在共溶体系中使前驱物水解，得到溶胶；进而凝胶化，干燥制成纳米材料。该方法又可细分为：前驱物溶于聚合物溶液中后再溶胶、凝胶；生成溶胶后与聚合物共混，再凝胶；在前驱物存在下先使单体聚合，再凝胶化；前驱物和单体溶解于溶剂中，让水解和聚合同时进行。

用溶胶-凝胶技术合成纳米塑料的特点是无机、有机分子混合均匀，可精密控制产物材料的成分，工艺过程温度低，材料纯度高，高度透明，有机相与无机相可以分子间作用力、共价键结合，甚至因聚合物交联而形成互穿网络。缺点在于因溶剂挥发，常使材料收缩而易脆裂；前驱物价格昂贵且有毒；无机组分局限于 SiO_2 和 TiO_2；因找不到合适的共溶剂，制备 PS、PE、PP 等常见品种纳米塑料困难。

（3）共混技术　该技术是制备纳米复合材料最简单的技术，适合各种形态的纳米微粒。为防止微粒团聚，共混前要对纳米微粒表面进行处理。就共混方式而言，共混法可分为溶液共混法、乳液共混法、熔融共混法及机械共混法。

共混技术将纳米微粒与材料的合成分步进行，可控制微粒形态、尺寸。其难点是微粒的分散问题，控制微粒微区相尺寸及尺寸分布是其成败的关键。在共混时，除采用分散剂、偶联剂、表面功能改性剂等综合处理外，还应采用超声波辅助分散，方可达到均匀分散的目的。

（4）在位分散聚合技术　在位分散聚合技术是先使纳米微粒在单体中均匀分散，然后进行聚合反应。采用种子乳液聚合来制备纳米塑料是将纳米微粒作为种子进行乳液聚合。在乳化剂存在的情况下，一方面可防止微粒团聚，另一方面又可使每一微粒均匀分散于胶束中。该方法同共混法一样，要对纳米微粒进行表面处理，但其效果要强于共混法。该方法既可实现纳米微粒均匀分散，同时又可保持纳米微粒特性，可一次聚合成型，避免加热产生的降解，从而保持各性能的稳定。

4.3.3 纳米工程塑料的常见品种及性能

1. 聚酰胺纳米复合材料

聚酰胺纳米复合材料所用的纳米材料主要有蒙脱土（MMT）、SiO_2、云母和聚对苯二甲酰对苯二胺（PPTA）等无机材料或有机高分子材料。其中最具发展前景的是蒙脱土。蒙脱土资源丰富，容易有机化处理。制备的蒙脱土复合材料由于具有优异的力学性能、热稳定性、阻燃性、阻透性，以及良好的导电性能，而成为材料科学领域研究热点之一。

蒙脱土是一种天然黏土矿物，为膨胀型层状薄片结构。蒙脱土的结构单元是由一片铝氧八面体夹在两片硅氧四面体之间，靠共用氧原子而形成的厚 1nm 的层状结构。

聚酰胺蒙脱土复合材料的制备方法有两种，即插层聚合法和聚合物插层法。制备纳米复合材料工序分为两部分。第一部分为蒙脱土的有机化改性。对蒙脱土的表面改性基本上是利用有机小分子、离子或其聚合物，以共价键、离子键、氢键及范德华力等形式对蒙脱土进行表面改性。根据蒙脱土的表面修饰机理可分为表面吸附法、离子交换法、偶联剂处理法及插层接枝法，生产过程中只需增加有机化黏土的干燥设备。第二部分为混合共聚或共混挤出。共混挤出即将干燥的有机黏土与聚酰胺混合，经双螺杆挤出机挤出。在共混挤出过程中，黏土中的插层剂与聚酰胺大分子可形成物理或化学结合，使黏土以纳米级分散于聚酰胺基体中。此法工艺简单，能制备高强度纳米聚酰胺。表4-9所示为PA6/黏土纳米复合材料与PA6的性能比较。

表4-9 PA6/黏土纳米复合材料与PA6的性能比较

性能		纳米PA（5%黏土，插层聚合）	PA6
密度/(g/cm^3)		1.15	1.14
拉伸强度/MPa		105	68
弯曲强度/MPa		158	108
弯曲弹性模量/GPa		4.5	2.9
缺口冲击强度/(kJ/m^2)		7.8	6.2
热变形温度(1.82MPa)/℃		162	65
吸水率(24h,%)		0.51	1.9
光透过率(%)		40	10
氧气透过率/(mL/m^2)	24h23℃，0%RH	17	43
	23℃，65%RH	15	45
线胀系数/(10^{-5}/℃)	流动方向	6.3	11.7
	垂直方向	13.1	11.8

由于聚酰胺蒙脱土复合材料具有优良的性能、质量比常规微粒填充复合物轻及成本较低等特点，使其具有崭新的应用前景。聚酰胺蒙脱土复合材料可用于制造汽车配件、制备薄膜包装材料等。其潜在的应用范围还包括飞机零配件、油箱、电池、车刷、轮胎或其他结构材料。

2. 聚甲醛纳米复合材料

POM是所有塑料中比强度和比刚度较为接近金属的树脂品种。对POM进行摩擦磨损性能改进的目的是，使其具有更好的自润滑性和耐磨损性，同时具有较高的临界*PV*值和较高的噪声发生载荷等。通常采用的方法有：耐磨聚合物合金改性、含油改性、无机润滑剂改性、纤维增强改性、金属粉末改性、嵌断共聚改性等。

上述改性方法或以牺牲摩擦性能为代价提高材料的力学性能，或以牺牲力学性能为代价提高材料的摩擦性能，很难同时兼顾材料的摩擦性能和力学性能。以纳米微粒填充改性，一方面可以利用纳米氧化物的增强增韧特性，另一方面又可利用纳米氧化物的小尺寸效应，在摩擦界面形成纳米尺寸的超硬材料薄膜，起到减摩耐磨作用。

纳米氧化物对高分子材料填充改性后，纳米氧化物可束缚高分子材料大分子的链间运动，防止大面积的带状磨损；在材料表面磨损时，脱黏的纳米填料因具有很强的表面活性，而易于与对偶结合形成细密的薄层，这些因素均有利于大大减缓复合材料的磨损。

以纳米微粒填充聚甲醛，可提高聚甲醛的强度和韧性、刚性和热变形温度。在制备纳米复合材料的过程中，一方面纳米微粒比表面大、表面能高，很容易团聚；另一方面其与表面能较低的聚甲醛基体亲和性差，两者在相互混合时不能相容，导致界面出现空隙，存在相分离现象。因而纳米氧化物在 POM 中很难呈纳米级分散，纳米效应难以发挥。实验证明，当纳米氧化物存在着团聚作用时，其复合材料的摩擦磨损性能与微米级颗粒填充的复合材料相近。只有达到均匀分散，纳米复合材料才能在对摩面形成良好的边界润滑膜，表现出优于其他材料的性能。纳米微粒在基体材料中的分散程度直接影响到复合材料的性能。纳米微粒的分散和防团聚技术是纳米材料是否实用化的关键和难点，所以对纳米微粒进行分散和表面改性处理至关重要。

目前应用于聚甲醛纳米复合材料的纳米微粒品种较多，已有报道的有纳米 SiC、纳米 SiO_2、纳米 Al_2O_3、纳米 Si_3N_4 等，也有报道采用纳米 Cu 粉进行改性。所得纳米复合材料均具有较好的力学性能和摩擦性能，可应用于机械构件中的摩擦部位，如齿轮、导轨等。

3. 聚酯纳米复合材料

聚对苯二甲酸乙二醇酯-蒙脱土层状硅酸盐纳米复合材料，是将层状硅酸盐经插层反应后，与聚对苯二甲酸乙二醇酯（PET）单体在聚合反应器内共缩聚，得到层状硅酸盐通过化学键与聚酯基体结合，并以纳米尺度均匀分散在聚酯基体中，从而得到高性能纳米复合材料（NPET）。这一制备方法可以用于工业上的直接酯化法或酯交换法等聚酯生产工艺。

NPET 可以作为聚酯新品种，像常规聚酯那样经过玻璃纤维或者短纤维进行改性，得到的制品可应用于家电与汽车零部件、仿真材料及工程塑料材料等。NPET 应用于薄膜与包装、功能纤维、信息传输等领域。NPET 的包装将透明性、阻隔性很好地结合起来，在这一方面将超越其他包装材料（如 PA6、PC、PP 等）。NPET 最令人关注的是应用于信息传输领域，通过纳米改性，特别是控制相分离、控制自组装，可以将其中纳米的形态有序化，达到信息领域应用的要求，这将是令人兴奋的广阔的领域。

聚对苯二甲酸丁二醇酯层状硅酸盐纳米复合材料的制备也是这一领域的革新创造。不论是直接酯化法还是间接酯化法制备的NPBT新品种，其综合性能都有不同程度的提高。这些制备实际上是聚合反应器内的共缩聚。改性得到的层状硅酸盐通过与聚酯基体结合，使其以纳米尺度均匀分散在聚酯基体中产生纳米效应，因而得到高性能聚对苯二甲酸丁二醇酯-层状硅酸盐纳米复合材料。

NPBT的应用将大部分集中在电子信息零部件领域，例如，改进计算机键盘的功能，改进电路板的抗辐照、抗热变形性能。NPBT的改性将从改变纳米分布形态入手，逐步提高其热学与力学性能，这样将产生许多新的系列品种，为电子、信息与汽车领域提供更多的高性能原材料。NPBT作为一个新品种，对其进行的玻璃纤维增强改性，已经率先推出商业化的新品种，它将不断得到更高更新的改进。

第5章 工程塑料在机械工程中的应用

5.1 工程塑料齿轮

5.1.1 工程塑料齿轮的特点与选材

工程塑料齿轮具有质量小、自润滑、吸振、噪声低、耐腐蚀、易加工、对加工误差不敏感等优点，但与金属齿轮传动相比较，工程塑料齿轮的强度低、导热性差、热变形大、承载能力低，并且材料性能容易受温度、湿度、加载方式等外界条件的影响。因此，工程塑料齿轮属于小模数齿轮，大多用来传递中、小功率，在精密机械和精密仪器中应用较为广泛，现已在纺织、印染、造纸、食品等轻工机械中应用。

工程塑料齿轮虽得以广泛应用，但其在设计、制造、工艺及测量等技术方面有一定的难度。齿轮使用的环境温度和湿度会影响塑料齿轮的几何尺寸和力学性能，从而影响齿轮的啮合传动和承载能力。工程塑料齿轮采用模具注射成型，同轴度较难保证。虽然齿的精度高于金属齿轮，但是会有收缩，必须加以补偿。工程塑料齿轮的直径公差大于金属齿轮，强度小于金属齿轮。

工程塑料齿轮的失效形式为折损，强度计算应按弯曲强度来进行。由于塑料的弹性模量小、硬度低，故不考虑接触强度或不把接触强度作为主要考虑对象。

工程塑料齿轮的结构形式，可分为全塑结构、带嵌件结构和机械装配式结构。全塑结构一般适用于小模数齿轮。其特点是可以一次成型，生产率高。但有些品种成型收缩率较大，强度较差，导热性不良，只能适用于载荷不大，转速不高的场合。

带嵌件结构齿轮的强度和刚度较高，成型收缩率小，但由于嵌件是金属材料，与塑料的线胀系数不同，因此，在成型加工时容易产生内应力，导致开裂，故不宜采用内应力较大的品种。

机械装配式结构齿轮是一种机械紧固带金属镶件的塑料齿轮。这种结构弥补了以上两种结构形式的缺点，用于载荷较大的场合，但结构较为复杂，成型加工较困难。

工程塑料作为一种新型的齿轮材料已经得到了广泛的应用。大多数的热塑性塑料均可用来模塑齿轮。其中，聚甲醛和聚酰胺（尼龙）因摩擦因数小、耐磨性好而应用较广。聚甲醛由于其强度和刚度优于聚酰胺，且吸水率又小，曾得到广泛应用。而超高分子量聚乙烯（UHMWPE）是一种具有优良性能的半晶态热塑性塑料。它有显著的耐磨性、低温抗冲击性、耐蚀性，以及低的摩擦因数等综合性能，使它成为优良的齿轮材料。表5-1列出了用于制造齿轮的一些工程塑料的性能特点和适用范围。

表5-1 用于制造齿轮的一些工程塑料的性能特点和适用范围

材料	性能特点	适用范围
PA66	较高的疲劳强度和刚性，较好的耐热性，较低的摩擦因数，耐磨性好，但吸湿性大，尺寸稳定性不够	在中等载荷、较高使用温度（100～200℃）、无润滑（或少润滑）条件下使用
PA6	疲劳强度、刚性和耐热性稍低于PA66，但弹性好，有较好的减振和降低噪声的能力	在轻载荷、中等温度（80～100℃）、无润滑（或少润滑）和要求低噪声条件下使用
PA610	强度、刚性和耐热性稍低于PA66，但吸湿性较小，耐磨性好	同PA6，但可在要求齿轮比较精密、湿度波动较大的条件下使用
PA1010	强度、刚性、耐热性与PA6和PA610相似，吸湿性低于PA610，成型工艺性好，耐磨性也好	在轻载荷、温度不高、湿度波动较大、无润滑（或少润滑）和要求降低噪声条件下使用
PA11	强度、刚性低于PA66和PA6，但吸湿性小	在轻载荷、湿度变化大的场所（或水中），以及要求降低噪声条件下使用
MCPA	强度、刚性、耐热性、抗疲劳性均优于PA66和PA6，吸湿性低于PA66，耐磨性优良，能直接成型，能浇注成形大型制品	在较高载荷、较高温度（<120℃），无润滑（或少润滑）条件下使用
玻璃纤维增强PA	强度、刚性、耐热性和抗疲劳性均优于未增强尼龙，线胀系数、成型收缩率、吸湿性小于未增强尼龙	在高载荷、较高温度、有一定转动精度条件下使用。速度较高时需要用油润滑
石墨或二硫化钼填充PA	导热性和自润滑性好，但强度和耐冲击性有所下降	在轻载荷、较高速度、无润滑（或少润滑）条件下使用
聚甲醛	抗疲劳性好，刚性高于尼龙，吸湿性小，耐磨性好，但成型收缩率较大	在中等或较低载荷、中等温度（100℃以下）、少润滑或无润滑条件下工作
聚碳酸酯	成型收缩率小，精度高，但疲劳强度较低，且有应力开裂倾向	大量生产，一次加工。当速度高时，应用油润滑
玻璃纤维增强聚碳酸酯	强度、刚性、耐热性与增强尼龙相同，但尺寸稳定性更好，耐磨性稍差	在较高载荷和温度下使用，适宜于制备精密齿轮。速度较高时，应用油润滑

（续）

名称	性能特点	适用范围
改性聚苯醚	强度、耐热性较好，成型精度高，耐蒸汽性优异，但有应力开裂倾向	适用于在高温水中或蒸汽中工作的精密齿轮
聚酰亚胺	强度和耐热性最高，但成本较高	在260℃以下长期工作

用工程塑料制作齿轮的优点如下所述：

1）工艺简单，生产率高和成本低，有的齿轮可以直接注射成型；有的齿轮注射成型毛坯后，经少量机械加工而成，比金属齿轮生产周期短。

2）摩擦因数小和耐磨性好，可以在无润滑和少润滑条件下工作；在开式传动中，灰尘微粒可压入塑料齿轮的齿面内，故磨损较小。

3）噪声低，传动平稳，质量轻，可以减少转动惯量和起动功率。

4）塑料的弹性变形，可以降低齿轮制造和装配精度。

5）电绝缘性能和耐蚀性好，可用于齿轮间有绝缘要求和处在腐蚀介质中工作的场所。

用工程塑料制作齿轮的缺点如下所述：

1）强度低和刚性差，不能用于传动载荷大的场合。

2）使用温度比金属材料低，一方面，塑料是绝热体，运转时产生的热量不易散发；另一方面，大多数塑料本身的耐热性不高，一般不能超过120℃。因此，塑料齿轮不宜用在运转速度高和工作温度高的地方。

3）塑料的线胀系数大，收缩大，而且吸水吸油后，体积会涨大，因而尺寸稳定性差。

用塑料制作齿轮时应注意以下几个问题：

1）啮合齿轮的选材。一种是塑料与塑料，另一种是金属材料和塑料。前一种啮合齿轮应用不多。这是因为塑料导热性差，容易因发热而“咬死”。后一种啮合齿轮应用较多。这是因为其导热性好（主要靠金属齿轮传热）、摩擦小和磨损小，并能弥补塑料齿轮精度低等缺点。这种啮合形式能充分发挥工程塑料齿轮的特点。

在蜗轮和蜗杆啮合传动中，一般蜗轮为塑料，蜗杆为金属材料。

2）直齿轮和斜齿轮的选择。载荷较小时用直齿轮，载荷较大时尽可能采用斜齿轮。这样可以提高齿轮的强度和受力的均匀性，但相应地增大了轴向力。

3）工程塑料齿轮所能达到的精度。齿形直接成型的精度为8~10级。齿形机械加工的精度为7~8级。由于塑料的弹性变形，工程塑料齿轮可以满足高一级精度的金属齿轮的使用要求。

5.1.2 工程塑料齿轮的应用

用注射和浇注成型的尼龙齿轮，具有使用设备简单，生产工艺大大简化，性能可靠，摩擦因数小，耐磨性好，传动效率高，可用于无润滑或少润滑条件下的优点。由于尼龙质量小，可减小机械质量，降低惯性力和起动功率。但是，尼龙齿轮也存在着强度较低，传动载荷不宜过大，热导率低不利于散热，环境温度、湿度变化时尺寸稳定性较差等缺点。

MC 尼龙具有优良的耐磨性、自润滑性，加工方便。最大的 MC 尼龙齿轮，直径达 ϕ4.27m，由长约 45cm 的 28 个 MC 尼龙扇面体组成，用于水力发电站，每小时可过滤 10000m^3 水。

3M4730 钢球研磨机的主传动齿轮是模数为 8mm，齿数为 47，螺旋角为 35°的弧齿锥齿轮。采用 MC 尼龙后，经 7000kg 以上钢球 4000h 以上的运转，使用情况良好。

起重汽车吊索绞盘传动蜗轮的直径为 ϕ240mm，模数为 8mm，齿数为 28，螺旋角为 35°42′38″，齿宽为 56mm，最大起重质量为 60 ~ 70t。该齿轮原采用磷青铜制造，寿命为 2 年，改用 MC 尼龙后，质量减轻 83%，使用 2 年后磨损很小。

造纸厂干燥机齿轮，外径近 ϕ2m，以前用金属材料或酚醛布基板制成。为了实现高速化、无油润滑和降低噪声，改用了尼龙齿轮。与金属齿轮相比，质量只是原来的 1/7 ~ 1/6，并且可以吸收起动和停车时的冲击，防止了缺齿，降低了驱动功率。速度由原来的 3.3m/s 提高到 9m/s，寿命比金属齿轮高 5 倍，比酚醛布基齿轮高 4 倍，噪声小。

东方红履带拖拉机变速器中的溅油齿轮主要功能是溅油，以保证变速器内上部运动零件的良好润滑。该零件的最初设计材料为 45 钢，经下料、锻造、机加工、热处理、精加工而成，制造工序复杂，成本较高，且运行噪声大。20 世纪 90 年代初，改由国外进口 MC 尼龙代替后，降低了成本，降低了噪声，尼龙耐磨损的特长也得到了发挥，但由于 MC 尼龙材料的高价格和制作工艺的复杂性（制作模具、浇注毛坯、复杂及低效率的机加工），成本仍然较高。为了发挥材料的最佳性能，进一步降低制造成本，进行了用玻璃纤维增强的尼龙 66 制作溅油齿轮的研究。玻璃纤维增强的尼龙 66 的整体综合性能更优于普通尼龙 66，与 MC 尼龙性能相当，三种材料性能对比见表 5-2。理论计算表明，用 29% 玻璃纤维增强的尼龙 66 制作的溅油齿轮与用 MC 尼龙制作的溅油齿轮的“接触应力值”和“弯曲应力值”基本相当，理论上用 29% 玻璃纤维增强的尼龙 66 制作溅油齿轮零件完全可行。

PA66 易吸湿，因此，原料使用前必须经过烘箱 110℃ 干燥 16h，除去湿气以免制件变形和聚合物水解。制品脱模冷却后，为消除内应力，需在蒸汽水箱中处理 2h。

表 5-2　三种材料性能对比

性　　能	PA66	29% 玻璃纤维增强的 PA66	MCPA6(单体浇注)
密度/(g/cm^3)	1.15	1.36	1.16 ~ 1.18
熔点/℃	222	260	225
热变形温度/℃	82(1.86MPa)	250(0.45MPa, ASTM D648)	119(1.86MPa)
拉伸强度/MPa	80 ~ 85	159.40(ASTM D638)	89 ~ 125
弯曲强度/MPa	95	252.30(ASTM D790)	140 ~ 170
冲击强度/(kJ/m^2)	>4.8	>10	>15
硬度(邵氏)	66	76	76

将 29% 玻璃纤维增强的 PA66 材料制作的溅油齿轮装机与 MC 尼龙溅油齿轮进行弯曲受力。结果表明，两种材料制作的相同齿轮，在同等试验条件下，“失效点”基本相当。两种齿轮在室温 23℃、高温 120℃，2h 油浴条件下，在 Instron 试验机上进行压缩试验，其速度为 2.54mm/min，测得的两种齿轮破坏时的最大载荷、最大载荷时的应力基本相当。

将 29% 玻璃纤维增强的 PA66 材料制作的溅油齿轮装机进行台架试验 600h，结束后，测量尺寸无变化，弯曲性能对比试验无差别，齿表面完好，内孔耐磨性好。装机 10 台，跟踪一年后表明，产品质量稳定，性能可靠。试验结果表明，用 29% 玻璃纤维增强的 PA66 材料制作的溅油齿轮零件，其尺寸和力学性能等方面完全可以取代 MC 尼龙溅油齿轮。其工艺简单，操作方便，生产率较高，相对于 MC 尼龙溅油齿轮成本降幅 20%。

聚甲醛制造的齿轮及齿轮联轴器，作为通用的动力传递功能结构件得到普遍应用。表 5-3 列出了用聚甲醛制造的齿轮联轴器的尺寸规格。

表 5-3　用聚甲醛制造的齿轮联轴器的尺寸规格

最大轴径/mm	单　　轴			传递动力		允许角度变位/(°)	允评半行变位/mm
	模数/mm	外径/mm	宽度/mm	100r/min 时的功率/kW	转矩/N·m		
ϕ20	1.00	ϕ50	23	1.03	100	1.0	0.21
ϕ32	1.25	ϕ67	27	2.57	250	1.0	0.24
ϕ50	1.50	ϕ95	39	8.22	800	1.0	0.35

图 5-1 所示为某电子设备上的双齿轮结构示意图。该双齿轮采用工程塑料制造，带有金属嵌件，要求精度高。ϕ58mm 的齿轮相对于中心孔的同轴度公差为 0.1mm，ϕ62mm 的齿轮相对于中心孔的同轴度公差也为 0.1mm，垂直度公差为

0.1mm。双齿轮采用聚甲醛注射模塑成型，其生产工艺流程如图5-2所示。图中关键工序控制如下：

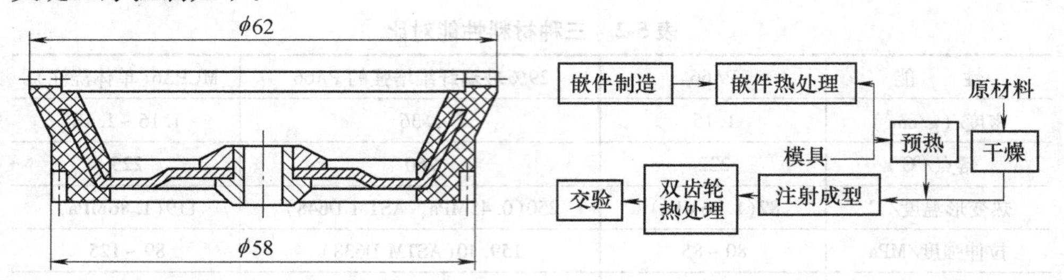

图5-1 某电子设备上的双齿轮结构示意图

图5-2 双齿轮生产工艺流程

（1）嵌件热处理 该双齿轮所用的组合金属嵌件中尺寸最大的嵌件是用板材冲裁而成。若不进行热处理，其内部会存在很大的内应力，在双齿轮成型和使用过程中，内应力释放会引起变形而影响精度，严重时会引起制件开裂。根据嵌件结构和成型方法分析，嵌件内应力释放引起制件尺寸精度降低的尺寸主要是ϕ62mm的同轴度和垂直度，ϕ58mm的垂直度基本不受影响，而实际情况正是如此。因此，在嵌件成型后，必须对嵌件进行热处理，以消除嵌件的内应力。

（2）嵌件预热 预热金属嵌件的目的在于，减小金属与塑料冷却时，由于二者线胀系数的不同在嵌件周围产生的收缩应力，尤其是加工过程中易产生内应力的塑料（如PS、PC、PSU和PPO等）制件或嵌件尺寸较大时必须预热嵌件。聚甲醛虽说不属易产生内应力的塑料，但该双齿轮的嵌件尺寸较大，故必须对嵌件进行预热。预热温度一般为120～130℃，预热时间一般为20～30min。

（3）原材料干燥 由于聚甲醛的吸湿性很低，且对成型工艺的影响也小，一般情况下可以不干燥。若造粒是浸水冷却或其他原因使树脂沾有水分时，就需要干燥。干燥可在普通烘箱中进行，在110～120℃下烘3～4h即可。

（4）注射成型 表5-4列出了聚甲醛双齿轮注射成型的主要工艺参数。

表5-4 聚甲醛双齿轮注射成型的主要工艺参数

工艺参数	数值
机筒前段温度/℃	190～200
机筒后段温度/℃	160～170
模具温度/℃	90～110
注射压力/MPa	8～9
注射时间/s	20～30
保压时间/s	50～60

（5）制品热处理 为了提高制品的尺寸稳定性和减小内应力，应将制品在130℃下保温3～4h，然后缓冷至室温。如不进行热处理，在室温放置过程中随

着结晶度慢慢提高，制品会产生较大的收缩。制品的热处理既可消除一些内应力，又可减小制品的后收缩。特别是对于有金属嵌件的制品，由于塑料和金属的线胀系数不同，制件内残存有较大的内应力，故必须对制品进行热处理。

5.2　工程塑料轴承

5.2.1　工程塑料轴承的选材

塑料具有优良的自润滑性、耐磨性，较小的摩擦因数和特殊的抗咬合性，即使在润滑条件不良的情况下也能正常工作，因此被广泛用作轴承材料。塑料取代金属材料作为轴承材料的优点是：摩擦因数小，耐磨性好，具有自润滑性能和良好的耐蚀性，可以在润滑条件恶劣的情况下工作，同时还具有消除噪声的作用，且生产率高。其缺点是：受热、受冷以及吸水、吸油后尺寸变化大；耐热性差，散热慢，变形后易引起“抱轴咬死”现象，且有抗蠕变性。塑料轴承使用时载荷越小，轴速度越低，它的优越性也就越明显。用作轴承材料的耐磨塑料主要有聚四氟乙烯（PTFE）、尼龙（PA）、聚甲醛（POM）、聚砜（PSU）、聚苯醚（PPO）、聚酰亚胺（PI）及酚醛树脂（PF）等。

塑料轴承所用的材料，主要应根据各种塑料的摩擦磨损特性和 *PV* 极限值等进行选择。塑料轴承的 *PV* 值为载荷与速度的乘积，是衡量塑料轴承性能的重要指标。载荷与速度实际上通过摩擦功转变成热能，导致材料软化熔融、炭化。塑料轴承的 *PV* 值随滑动速度的变化而异，当滑动速度逐渐增大时，*PV* 值下降。但 PTFE 的情况比较特殊，由于摩擦因数极小，而承载能力也很小，对滑动速度的变化不敏感，因此，在一定范围内随滑动速度的增快，*PV* 值反而增大。表 5-5 列出了几种塑料在不同速度下的 *PV* 值。

表 5-5　几种塑料在不同速度下的 *PV* 值

材　料	滑动速度/（m/s）		
	0.051	0.51	5.1
	PV/（MPa · m/s）		
POM	0.141	0.136	<0.09
PA	0.108	0.090	<0.09
PTFE	0.043	0.064	0.089

工程塑料轴承设计时，轴承的长径比与壁厚、润滑与密封、间隙量与配合是几个主要参数。工程塑料轴承的长度与轴径比（*L/D*）一般不得超过 1.5∶1，以 1∶1 为好，此时摩擦因数最小，利于热量的散发。如果长度过长，可以分成几段。塑料轴承壁厚不宜过大，壁厚过大不易散热，而且易于蠕变。在保证强度和

成型工艺许可的情况下，壁越薄越好，但是壁厚过小，压配时易引起变形，同时在轴承座中的张紧力也不够。塑料轴承的壁厚应根据内径而定，通常为0.75～15.0mm。表5-6列举了工程塑料轴承的壁厚。

表5-6 工程塑料轴承的壁厚 （单位：mm）

轴承内径	≤ϕ6	ϕ8	ϕ9～ϕ24	ϕ25	≥ϕ28	ϕ50	ϕ120	ϕ250
轴承壁厚	0.75	1.0	2.0	2.5	3.0	4.0～5.0	8.0～10.0	15.0

为便于润滑和冷却，工程塑料也应在内壁上开润滑冷却槽，槽的形状有螺旋形与直线形两种沟槽形式。其中，直线形沟槽对于排除磨屑更为有利，并可根据情况对称地开设3个、4个、6个不等的沟槽。润滑冷却槽越多对润滑冷却越有利，但沟槽总面积以不影响轴承的承压面积为原则。

工程塑料衬套外径与轴承座内径之间的压配过盈量应比金属轴承略大，才能保持足够的张紧力。但压配过盈量也不宜过大，过大会造成压配困难，并导致压碎衬套及影响衬套内壁的圆度和表面粗糙度。

由于工程塑料的线胀系数比金属材料大，由摩擦热引起的内径收缩也较大，工程塑料轴承与轴的配合间隙，一般比金属轴承与轴的配合间隙大。表5-7列出了几种工程塑料轴承的配合间隙。

表5-7 几种工程塑料轴承的配合间隙 （单位：mm）

轴承内径	PA6、PA66	PTFE
ϕ6	0.050～0.075	0.050、0.100
ϕ12	0.075～0.100	0.100～0.200
ϕ20	0.100～0.125	0.150～0.300
ϕ25	0.125～0.150	0.200～0.375
ϕ38	0.150～0.200	0.250～0.450
ϕ50	0.200～0.250	0.300～0.525

5.2.2 几种常用工程塑料轴承

1. PTFE轴承

PTFE是一种摩擦因数极小、耐蚀性优异、使用温度范围很宽的自润滑材料，是制作自润滑轴承的理想材料。氟塑料摩擦因数小，是现有材料中摩擦因数最小的，它对钢的干静摩擦因数仅为0.04，干动摩擦因数为0.12～0.20。特别应该指出的是，氟塑料和钢之间在大载荷、低速下干滑动不会产生颤动、爬行、振动现象，这是目前已知材料中绝无仅有的。其原因就是氟塑料本身的分子结构是特殊的大聚合螺旋性直链结构，分子链之间容易产生螺旋滑动，因而具有自润滑性，它的表面总是像有一层油蜡似的滑溜特性。这种特性使之成为无油轴承的理想材料，已经被广泛地应用于机床、汽车、拖拉机、吊车、纺织机中的无油轴套、铰链、关节套、转向套、导轨、齿轮轴套、滑轮吊钩套等低速干摩擦的轴承之中。

PTFE 轴承通常由三部分复合而成：最下面为钢基体，中间层为铜粉烧结结构，表层为 PTFE。它综合了金属材料和塑料的优点，其极限 PV 值达 1.75MPa · m/s。其中，钢板提供了较强的力学性能，中间层烧结在钢板上，是塑料与钢板的结合媒介，表层轧制 PTFE，以提高尺寸稳定性，增强轴承的散热能力，而且赋予优良的摩擦磨损性能。该轴承无污染，无噪声，强度高，而且维修方便。这种金属塑料轴承又称为弹塑瓦、塑料复合瓦，在大、中型水力发电机机组上有广泛的应用。在水轮发电机的上导、下导、水轮导轴承和推力轴承中已经全部采用了这种金属塑料轴承。

氟塑料在有油脂存在的情况下，使滑动轴承的摩擦因数大大降低。根据润滑的状态，摩擦因数一般为 0.000012 ~ 0.0087。这一特性大大降低了设备的起动功率和拖动电动机的起动电流。因而也减少了传动机械的冲击磨损和功率损耗，尤其对大型设备更为突出。例如，大型水轮发电机转子的质量常在几百吨到几千吨，用了弹塑瓦之后不用顶起就可直接起动、停止。现在用了弹塑瓦的电站均取消了油顶系统，既简化了操作程序，又避免了事故的发生。某电站原巴氏轴瓦转子盘车时，需 15 人坚持 10min 后才能将 670t 的转子转动，而换上了弹塑瓦之后，仅用 2 人就能推动转子，完成盘车任务。

PTFE 轴承可用于热电厂、陶瓷厂大型球磨设备的导轴承和托轮轴承。这种轴承往往由于粉尘污染而导致巴氏合金瓦或铜瓦产生烧瓦事故。弹塑瓦由于质地软，具有镶藏性，当粉尘进入后，塑料瓦面能镶藏硬质点，从而减轻对轴的磨损，也延缓了事故的发生。

水泥厂的托轮轴承由于环境温度高、粉尘大和润滑不良，往往导致烧瓦而造成很大损失。弹塑瓦具有自润滑性和包容粉尘的能力，能延长运行周期，创造了良好的经济效益。

水轮机导叶轴套是水轮机控制传动系统的摩擦部件。国内外水轮机导叶轴套一般采用优质锡青铜作为结构材料，没有润滑装置，要定期注入润滑油。随着水轮机容量日益增大，维护水平不断提高，锡青铜轴套机械制造加工困难，还常因润滑油泄入河中造成污染。虽然已有将导叶轴套改用桦木结构，制造工艺不仅复杂，而且易吸水膨胀，挤磨性能差。选用尼龙 1010 做轴套，发现尼龙 1010 和钢套有脱壳现象，尺寸稳定性也差。填充 15% 碳纤维的 PTFE 材料具有自润滑性、摩擦因数小、不吸水、尺寸稳定、耐磨的特点，能较好地满足用作水轮机导叶轴套的要求。表 5-8 列出了几种填充 PTFE 材料的性能。根据试验测试结果计算表明，轴套在工作压力不大于19.6MPa时，可以在6~7年内不必拆卸维修。该材料已在5.15×10^4kW混流式水轮机上用作导叶轴套。

表5-8 几种填充PTFE材料的性能

性　能	PTFE	15%碳纤维，85%PTFE	20%玻璃纤维，80%PTFE	23.5%青铜粉，12%玻璃纤维，58.5%PTFE，6%石墨
密度/(g/cm³)	2.15	2.07	2.25	2.6
拉伸强度/MPa	27.6	22.4	19.7	11.3
断裂伸长率(%)	233	249	230	136
布氏硬度	4.7	5.8	5.6	8.0
压缩强度/MPa	12.9	20.7	16.3	29.6
冲击强度/(kJ/m²)	24.1~31.0	13.3	13.8	48.0
弯曲强度/MPa	20.7	49.5	34.7	25.5
磨痕宽度/mm	14.5	4.8	5.54	3.9
摩擦因数	0.13	0.243	0.29	0.188
磨损量/mg	27	2.0	2.0	2.04
线胀系数(120~200℃)/(10^{-5}/℃)	12.8	16.5	12.0	9.5

2. PA轴承

PA的耐磨性好，摩擦因数小，而且易于模塑和车削。以玻璃纤维、芳纶纤维、PTFE和MoS_2等为填料的复合尼龙轴承的工作温度为300℃。芳纶纤维对提高PA66的耐磨性起到重要的作用，是目前耐磨材料领域性能最佳的材料之一。

在PA轴承材料中添加PTFE可提高其滑动性。如果在PA体系中同时添加能与其部分相容的LLDPE/AS（5%）和PTFE（10%），二者的协同效应会使改性效果更好。不仅可提高材料的性能，而且还能降低成本。

3. POM轴承

在POM中填充PTFE制备的POM轴承，在速度为12m/min时，可使*PV*极限值从7.2MPa·m/min提高到13MPa·m/min。当速度为120m/min时，*PV*极限值会从4.6MPa·m/min提高到8MPa·m/min。

4. PI轴承

PI具有突出的耐磨性、耐高温性、尺寸稳定性和成型性，良好的固有挠曲性和高强度。它在所有工程塑料中拉伸强度最高，这一点对于在真空中和高温或低温下工作的轴承是十分必要的。值得提出的是，PI在惰性介质中，在高载荷和高转速下的磨损率非常小。聚酰亚胺常用的填料为石墨、PTFE和铜丝等。在速度为15m/min时，其典型*PV*极限值为10MPa · m/min；在速度为60m/min时，其*PV*极限值为20MPa · m/min。从PI在真空中挥发物少和摩擦因数小来看，其有望作为在空间使用设备的耐磨材料。

5.3 工程塑料轴承保持架

5.3.1 工程塑料轴承保持架的特点

滚动轴承一般由内圈、外圈、滚动体和保持架组成。内圈通常装配在轴上，并与轴一起旋转。外圈通常装配在轴承座内或机械部件壳体中起支承作用。滚动体（钢球或滚子）在内圈和外圈之间滚动，它们的大小和数量直接影响轴承的载荷能力。保持架将轴承中的一组滚动体均匀地相互隔开，改善轴承内部载荷分配，引导滚动体运动，促进轴承平稳运转。保持架是轴承中承受各种复杂应力的动态摩擦磨损零件。保持架材料通常由钢、铜和酚醛层压布管塑料制造。

在现代滚动轴承技术发展的过程中，为提高轴承承载能力，进行了轴承优化设计，以降低轴承噪声振动，提高轴承可靠性，延长轴承使用寿命，降低生产成本。采用工程塑料制作保持架，已经显示出独特的优越性。工程塑料保持架具有明显的技术经济效益，与金属保持架相比，主要优点如下：

1）产品设计的灵活性大。塑料保持架可以直接注射成型外形复杂的结构形式，便于轴承的优化设计。塑料保持架在窗孔处可带有油槽，便于贮油，从而大大改善了轴承的润滑条件。

2）保持架离心力小。工程塑料的密度低，质量小。在高速旋转的轴承中，保持架离心力小，起动力矩小，轴承旋转灵活。

3）耐摩擦磨损，轴承温升低。轴承运转中，滚动体与保持架兜孔间会产生摩擦。由于钢和尼龙之间的摩擦因数为0.05，远远小于钢—钢的0.20和钢—铜的0.15，因此，塑料保持架轴承起动力矩要比金属保持架轴承起动力矩小，有利于减少摩擦热的产生。特别在边界润滑条件下，在轴承贫油或断油时，塑料保持架轴承有较好的自润滑性能，轴承不易突然卡死。

4）自润滑性能优异，可简化主机的润滑系统。多孔含油聚酰亚胺保持架、多孔酚醛层压布管保持架，都是利用塑料自身中的微孔能贮存一定数量的润滑油，使保持架起到了贮存和供应轴承油源的作用，保证了轴承自润滑、长寿命的使用要求，从而大大简化了主机的供油系统。

5）保持架易装配拆卸。塑料保持架有较好的弹性，可承受滚动体作用于保持架的加速冲击载荷。保持架兜孔或窗孔都设计有锁具，利用塑料的弹性，可锁住滚动体，也便于拆卸塑料保持架。尤其是深沟球轴承采用一件塑料冠形保持架，可取代原来的两片由铆钉铆合的钢板冲压浪形保持架，简化了保持架结构，更便于轴承装配的自动化。

6）保持架的韧性、耐冲击性、抗断裂性好。塑料保持架比金属保持架有更好的抗损坏能力。金属保持架受到严重撞击时，会产生永久变形或断裂；而塑料保持架受外力暂时变形后，则可靠其弹性恢复原状。因此，塑料保持架更不容易损坏。

7）保持架的缓振性好，轴承噪声低。塑料保持架与滚动体接触时，运转平稳、灵活、没有金属保持架与滚动体接触时产生的响声，可明显地降低噪声3～7dB。

8）耐酸、耐腐蚀。工程塑料耐酸、耐腐蚀的性能明显优于金属材料，适合在化工机械上应用。

9）可解决采用金属保持架不易解决的技术问题。直线运动球轴承保持架过去一直是用钢板冲压的片式结构，其加工精度要求高，质量不易保证，废品率较高。采用塑料保持架后，用一副模具注射成型，保证了产品精度，降低了轴承噪声，提高了轴承的旋转灵活性和轴承的使用寿命，解决了用金属保持架不易解决的技术问题。

10）成本低、经济性好。热塑性塑料保持架只需一副模具，直接注射成型即可生产出合格的产品，比冲压钢板保持架和机加工黄铜保持架可减少7～12道工序。与钢板冲压保持架相比，可节约5副模具，材料利用率可提高50%左右。调心滚子轴承塑料保持架与冲压钢板保持架相比，其成本可降低50%以上；塑料保持架与黄铜保持架相比，成本可降低65%以上，具有十分明显的经济效益。塑料保持架轴承已广泛应用于输送机械、纺织机械、冶金机械、石油机械、内燃机机械、运输机械、航天机械、重型机械、电机、机床、仪器仪表等各类机械上，为国民经济各行业的发展做出了重要的贡献。

5.3.2 工程塑料轴承保持架材料

轴承保持架通常选用的工程塑料有聚酰胺（PA1010、PA66、玻璃纤维增强PA66）、聚酰亚胺、聚四氟乙烯等。其中25%玻璃纤维增强PA66具有密度低、耐摩擦、耐腐蚀、弹性好、滑动性能好、抗振、能嵌埋固体异物的特点，易于直接注射成型复杂的结构形式和较精密的产品，在轴承保持架中应用较多。

1. 聚酰胺

聚酰胺（尼龙）是最早被使用的能承受载荷的热塑性工程塑料。它的主要特性是拉伸强度高，韧性好，能耐反复冲击振动，使用温度范围为-40～80℃，耐磨性好，摩擦因数小，自润滑性优良，耐油、烃类、酯类等有机溶剂，耐弱碱，但不耐酸和氧化剂、醇类等极性溶剂，易于加工成型。不足之处是吸水性较高，尺寸稳定性较差，但可通过增强、填充等改性方法克服其不足之处，并可使其他性能有较大提高。尼龙主要用于制作耐磨和受力的传动部件。轴承塑料保持架材料主要选用PA1010、PA66、玻璃纤维增强PA66。

PA1010主要原料是农副产品蓖麻油，是我国独有的产品，1958年开始生产。PA1010是半透明、轻而硬、表面光亮的结晶形白色或微黄色颗粒，相对黏度和吸水性比PA66低。带式输送机托辊轴承尼龙保持架和部分纺织轴承尼龙保持架，其材料选用PA1010。

PA66是最早研制成功的尼龙品种，1939年由美国杜邦公司实现工业化生产，是目前最主要的尼龙品种。PA66为半透明或不透明的乳白色、结晶形树脂，在较宽的温度范围内仍有较高的强度、韧性、刚性，抗蠕变性、抗疲劳性、耐磨性、自润滑性能优良，耐油性突出。但吸水性较高，制品尺寸稳定性较差。带式输送机托辊轴承尼龙保持架、部分纺织轴承尼龙保持架及部分专用深沟球轴承尼龙保持架选用PA66。PA1010和PA66的性能见表5-9。

表5-9 PA1010和PA66的性能

性　能	PA1010	PA66
黏度比	>2.10~2.30	>3.0
密度/(g/cm^3)	1.03~1.05	1.10~1.15
熔点/℃	200~210	252
水分(质量分数,%)	1.5	2.5
拉伸强度/MPa	52~55	70
断裂伸长率(%)	100~250	100~200
弯曲强度/MPa	89	110
冲击强度/(kJ/m^2)	350	60~110
缺口冲击强度/(kJ/m^2)	5	10
线胀系数/(10^{-5}/K)	10.5	9
热变形温度(1.8MPa)/℃	50	75
使用温度范围/℃	-40~80	-40~80
模塑收缩率(%)	1.2~1.7	1.5~2.2

PA66用玻璃纤维增强后，力学强度和刚性提高两倍左右，耐磨性更好，热变形温度提高到240℃以上，长期使用温度可达到120℃，吸湿性和模塑收缩率大为降低，使之更便于制造精密的机械零件。大量实践证明，用25%玻璃纤维增强的PA66是制作工程塑料保持架的最佳材料，适于制作各类轴承塑料保持

架。其材料用量占塑料保持架材料用量的90%以上。表5-10列出了杜邦公司生产的轴承保持架专用料的牌号、特性及适用范围，表5-11列出了其综合性能。

表5-10 杜邦公司生产的轴承保持架专用料的牌号、特性及适用范围

牌号	PA66	玻璃纤维增强PA66(GRZ)	超韧PA66	玻璃纤维增强超韧PA66
	103HSL	FE15017、FE15019、70G20HSL、70G25HSL、FE15018	ST801	80G33HSIL
材料特性及适用范围	熔点为255℃，在-40~80℃的温度范围内，强度、刚性、韧性均佳，化学抵抗力优越，含润滑剂，利于注射成型和脱模，具有热稳定性。适于制作在一般工况条件下使用的轴承塑料保持架	GRZ树脂是以PA66为基料，含有均匀分布的短切玻璃纤维，其玻璃纤维表面经过特殊的偶联剂处理，与PA66有良好亲和性的树脂。具有高强度、高刚性和韧性、耐蠕变性、耐热性能；含润滑剂，成型加工性能好，尺寸稳定；具有优异的工况环境适应性，可在-40~120℃温度下长期使用。广泛适用于制作在一般工况和在较恶劣工况条件下使用的高精度轴承塑料保持器	ST系列树脂是世界上最韧的工程塑料，对缺口开裂不敏感，有很高的冲击强度和优异的低温性能，同时具有耐溶剂、耐油、耐脂和耐化学性能。适于制作在高冲击载荷或低温工况条件下使用的轴承塑料保持架	以超韧PA66树脂为基料，加入33%玻璃纤维增强而成。具有高强度、高刚性和超高冲击强度和较佳的耐低温性能。适于制作在高温（或低温）、高冲击载荷等较恶劣工况条件下使用的高精度轴承塑料保持架

2. 聚酰亚胺（PI）

聚酰亚胺（缩写为PI）具有优异的综合性能。单醚酐型聚酰亚胺可在-180~230℃下长期使用，在高温下具有突出的力学性能和耐磨性，制品尺寸稳定性好。高速、高精度、长寿命的精密微型仪器轴承塑料保持架采用单醚酐型聚酰亚胺材料制造，获得了满意的使用效果。

采用填充MoS_2的多孔含油聚酰亚胺制造的保持架，用于高精度长寿命陀螺仪器轴承上，使该种轴承达到了自润滑长期使用的要求。聚酰亚胺的缺点是原料成本过高，因是模压加工，生产率低，只适于小批量生产。

3. 聚四氟乙烯（PTFE）

聚四氟乙烯是无极性直链型结晶性聚合物，该聚合物为白色、无臭、无味、无毒的粉状物，浓缩分散液为乳白色乳状液体。PTFE耐高低温性能好，可在-250~260℃温度内长期使用，耐磨性好，静摩擦因数是塑料中最小的，自润滑性能优良。强酸、强碱、强氧化剂、油脂、酮、醚、醇等即使在高温下也对它不起作用。其主要缺点是在连续载荷作用下易发生塑性变形，回弹性差，力学强度低，有极高的熔体黏度，难以用普通热塑性塑料加工方法加工。PTFE利用其优

表 5-11　杜邦公司生产的轴承塑料保持架专用料的综合性能

性　能	试验方法(ASTM)	PA66	玻璃纤维增强 PA66(GRZ)								超韧 PA66		玻璃纤维增强超韧 PA66	
		103HSL	FE15017	FE15019	70G20HSL		70G25HSL		FE15018	A185S	ST801		80G33HSIL	
		DAM	DAM	DAM	DAM	50% RH	DAM	50% RH	DAM	DAM	DAM	50% RH	DAM	50% RH
密度/(g/cm^3)	D792	1.14	1.21	1.29	1.29		1.33		1.33	1.32	1.08		1.34	
熔点/℃	D789	225	255	255	255		255		255	258	255		255	
吸水率(%)	D570	1.2	1.1	1.0	1.0		0.9		0.9	0.7	1.2		0.6	
玻璃纤维含量(%)		0	10	20	20		25		25	25	0		33	
模塑收缩率(%)		1.5	0.6	0.5	0.5		0.4		0.4	0.6	1.5		0.3	
拉伸强度/MPa	D638	78	90	130	156	103	174	115	150	150	52	41	145	110
断裂伸长率(%)	D638	35	2.5	2	3	7	3	5	2	3	60	210	4	5
冲击强度/(kJ/m^2)	D1822				36	49	42	51	45	45	588	1155	50	55
缺口冲击强度/(kJ/m^2)	D1822	4.5	3.5	5.5	8	9	10	11	7	7.5			20	24
弯曲强度/MPa	D790		160		217	166	244	192	240	210			210	160
弯曲弹性模量/MPa	D790	2.7	3.8	5.7	6.7	4.7	7.5	5.6	6.7	7	1.7		6.9	5.1
热变形温度(1.8MPa)/℃	D648	75	215	230	254		254		240	238	71		250	
线胀系数/(10^{-5}/K)	D696	7	3	2~3	2~3		2~3		2~3	4			2、3	

注：表中各性能是在 DAM（和模塑的情况一样，约含质量分数为0.2%的水分）的情况下或在50%相对湿度下测定的。

异的自润滑性能，作为其他工程塑料的填充料，改善了原来塑料的性能。例如，多孔含油聚酰亚胺保持架是在聚酰亚胺中填充 PTFE，从而大大改善了材料的自润滑性能。

塑料保持架的轴承类型有：微型、小型深沟球轴承，推力球轴承，圆柱滚子轴承，调心滚子轴承，滚针轴承，角接触球轴承等。表 5-12 列出了一些采用塑料轴承保持架的轴承型号和保持架材料。

表 5-12 一些采用塑料轴承保持架的轴承型号和保持架材料

轴承名称	轴承型号	原用材料	现用材料
张力盘轴承			PA1010
水泵轴连轴承		铁皮	PA1010
深沟球轴承（全套轴承均用塑料）	6000、6001、6002、6003		PA1010
	6201、6202、6203		PA1010
	608、626、628		PA1010
	6204	钢	PA1010
深沟球轴承	6002、6003		PA1010
	6201、6202、6203		PA1010
	6206	08 钢板	聚甲醛
	6207	夹布胶木	聚甲醛
	16005	夹布胶木	PA6
	6025、626、6312	黄铜	PA1010
	6201、6203、6301、6308	优质钢板	PA1010
	6332	黄铜	MCPA
	6214	黄铜，夹布胶木	PA6
	6205	优质钢板	PA1010 + 30% 玻璃纤维
圆柱滚子轴承	NU216	黄铜	PA1010
	NU1008	黄铜	PA1010 + 玻璃纤维
58-1 型长圆柱轴承		无缝钢管	PA1010
汽车万向节轴承（用塑料衬套取代滚子及保持架）		轴承钢	PA1010
推力球轴承	51104、51106	优质钢板	PA1010
罗拉滚针轴承		低碳钢	PA1010 + 5% 石墨
滚针轴承	2245/45、2247/48		PA1010
	NA6218	黄铜	PA1010 + 玻璃纤维
罗盘滚针轴承（全套轴承均用塑料制）		黄铜	PA1010

5.3.3 工程塑料轴承保持架的成型

工程塑料轴承保持架的成型工艺主要有单体注射、浸渍氟塑料、注射成型三种。

1. 单体注射

单体注射是PA6单体聚合成型的加工方法。将原料聚合注射成环状或棒形毛坯，然后机械加工成型（以车削速度小于1100r/min，钻孔速度为200r/min左右为宜）。该方法加工的保持架尺寸可不受设备限制，适用于小批量的大型或特大型轴承保持架（ϕ200mm以上），以及大型机器的轴瓦毛坯成型。

2. 浸渍氟塑料

浸渍氟塑料是先用粉末冶金方法做出保持架基体，然后用真空法抽出孔隙中的空气，将氟塑料乳液吸入基体内，最后烘干烧结。轴承运转时，氟塑料受热，自内向外膨胀，使基体内的氟塑料在金属表面形成一层薄膜，借以自润滑。这种方法能够满足某些特殊要求。

3. 注射成型

注射成型是将烘干的颗粒塑料放入螺杆式塑料注射成型机的料斗内，经螺杆进到加热的机筒中，使其受热熔融至流动状态；在高压注射下，熔融塑料被压缩并快速向前移动，由喷嘴射出，注入塑料保持架模具中；经冷却后，打开模具，就是所需要的塑料保持架产品。注射成型的工艺过程包括原料干燥、注射成型和后处理。

（1）原料干燥　聚酰胺类塑料在分子结构中因含有亲水的酰胺基，容易吸湿，是一种吸湿性塑料。水分含量高时，成型中会引起熔体黏度下降，使制品表面出现气泡、银丝和斑纹等缺陷，使制品的力学强度下降。为了保证顺利成型，成型前必须对尼龙材料进行干燥处理，以使水分降至0.2%（质量分数）以下。小批量生产采用电热鼓风烘箱干燥，温度为100～110℃，料层厚度在25mm以下，时间为8～10h。干燥合格的塑料应放入密封的干燥器中保存，随用随取。放入注射机料斗中的料不宜过多，不应停留1h以上，否则料又会重新吸湿。大批量生产时采用负压沸腾干燥法，在沸腾干燥器中进行。此种方法由于塑料颗粒在干燥时呈沸腾状态，受热面积显著增加，故干燥时间短，干燥温度均匀，塑料不会产生局部过热、焦化。

（2）注射成型工艺参数　表5-13列出了采用螺杆式注射成型机制作轴承保持架过程中的温度、压力和时间等工艺参数。

（3）后处理　热塑性塑料保持架注射成型后，根据产品使用的需要，要进行适当的后处理，以改善和提高制件的性能。

当轴承在较高温度下使用时，需要保持架有较好的尺寸稳定性，应进行稳定处理。稳定处理的实质是使被强迫冻结的分子链得到松弛，从而消除这一部分的内应力；并且提高结晶度，稳定结晶结构，提高塑料保持架的弹性模量和硬度，降低断裂伸长率，稳定尺寸。稳定处理的温度应大于轴承极限工作温度（120℃）20℃以上。具体处理工艺方法是，将塑料保持架在175℃的矿物油中保温。壁厚小于3mm时，保温20min；壁厚大于3mm时，保温45min。处理后应缓慢地冷却至室温。

表5-13 注射成型工艺参数

保持架材料		GFPA66	PA1010
机筒温度/℃	后	240～250	210～220
	中	270～280	210～220
	前	250～260	220～230
喷嘴温度/℃		250～260	200～210
模具温度/℃		80～100	
注射压力/MPa		80～120	40～100
注射时间/s		5～40	10～60
冷却时间/s		5～40	10～60
总周期/s		10～80	20～120
螺杆转速/(r/min)		28	43

若要求使用过程中塑料保持架有较好的柔韧性，应进行调湿处理。调湿处理可提高塑料保持架的柔韧性及冲击强度，消除内应力和稳定尺寸。处理方法是将塑料保持架放入98℃沸水中煮5h，然后缓慢冷却至室温再取出。

如果塑料保持架使用工况条件较好，无特殊要求，可不进行后处理。

4. 质量检验

工程塑料轴承保持架产品的质量检验，参照JB/T 7048—2011《滚动轴承 工程塑料保持架 技术条件》中规定的检验项目进行。

（1）旋转灵活性 将符合产品图样要求的滚动体装入保持架兜孔或窗孔中，滚动体不卡死。将滚动体和保持架装入合格的内、外圈样件后，轴承应转动灵活、无阻滞现象，并且保持架不应与内、外圈接触（挡边引导的保持架除外）。

（2）滚动体保持性 将滚动体装入自锁型保持架的兜孔或窗孔中，在产品图样要求的方位，滚动体应自锁，不应与保持架分离。

（3）尺寸 保持架的尺寸和尺寸公差、几何公差用精度不低于0.02mm的游标卡尺或同等精度的量规、专用仪器测量。

（4）表面质量 表面质量应100%进行检验。

1）保持架表面光滑，不允许有欠料、溢边、毛刺、裂纹、斑纹、凹痕、脱皮、分层、翘曲及明显的熔接痕等缺陷。

2）保持架色泽应均匀一致，保持架表面不允许有油污、水垢、灰尘等。

（5）径向拉伸强度 保持架的径向拉伸强度见表5-14。

表5-14 保持架的径向拉伸强度 （单位：MPa）

保持架材料	未吸湿干燥保持架径向拉伸强度	吸湿干燥后保持架径向拉伸强度
PA66-GF25、PA66-GF30、PA46-GF25、PA46-GF30	≥65	≥52
PA66-GF15、PA66-GF10、PA46-GF15	≥45	≥36
PA66、PA46	≥40	≥32

5.3.4 工程塑料轴承保持架应用实例

工程塑料轴承保持架具有良好的耐磨性、耐蚀性、自润滑性和耐冲击性，质量小，强度高，噪声小和成本低等特点，特别是应急安全性好，即使在无油状态，由于工程塑料轴承保持架自润滑的特点，能够维持滚动轴承正常运转一段时间，提高了客货车滚动轴承运行安全性。

1. 保持架材料

保持架不仅需要具有一定的强度，而且对韧性也有较高的要求，可选用玻璃纤维增强增韧的PA66，用注射工艺制作而成。玻璃纤维增强增韧PA66的主要性能为：洛氏硬度为117HRR，拉伸强度为166.7MPa，断裂伸长率为3%，弯曲强度为236.5MPa，压缩屈服强度为112MPa，压缩强度为153MPa，无缺口冲击强度为69.6kJ/m^2，吸水率为1.0%，热变形温度大于250℃。

2. 保持架成型工艺

（1）原料干燥 在熔融状态下，微量水分的存在会引起尼龙水解而导致相对分子质量下降，从而使制品的力学性能下降；成型过程中，水分的存在还会使制品表面出现气泡、银丝、斑纹等缺陷，所以在注射成型前必须对原材料进行干燥，并对干燥后原材料的含水量进行监控。

（2）注射工艺参数

1）喷嘴温度控制。喷嘴处须单独装设加热器，以便调节和控制喷嘴温度，使熔融物料顺利进入型腔，对于增强改性PA66来说，合适的喷嘴温度为250～260℃。

2）机筒温度。尼龙的热稳定性不是很好，机筒温度不宜太高，一般略高于原料的熔点。增强改性尼龙66机筒的前、中、后温度分别为250～260℃、270～280℃、240～250℃，既保证材料不降解，又能够充分塑化，以消除局部内应力。

3）模具温度。模具温度对于制品的质量有很大的影响。熔融物料在模具中经过流道后汇集，模具温度将影响两股物料结合点（熔接痕）的结合强度，同时尼龙在模具冷却过程中出现结晶，产生较大的收缩。较高模具温度能使熔融物料充分熔合，有利于消除熔接痕的负面影响，并有利于结晶，硬度大，耐磨性好，弹性模量大，吸水率低，但收缩率会增大；较低的模具温度，结晶度低，伸长率大，韧性好。增强改性PA66的模具温度应为99～121℃，增韧改性PA66的模具温度应为80～100℃。

4）注射压力。对于尼龙制品，在保证产品不缩孔、熔接程度良好的基础上，选择较低的注射压力和较高的注射速度，有利于减小制品的内应力。试验证明：注射压力过低，产品密度低，收缩大，缩痕明显，拉伸强度和弯曲强度低；注射压力太高，产品密度大，强度大，收缩小，容易出现飞边。

5）成形周期。尼龙熔体在冷却时会产生较大的收缩，所以要适当延长保压时间。一般成形周期按6mm厚需要1min左右来估算，保持架结构复杂，可以通过工艺与性能的关系来确定。

3. 制品的后处理

后处理的目的是稳定制品尺寸、消除内应力、改善制品性能。熔体的不良流动或冷却过快使尼龙制品在脱模后产生一定的内应力。消除内应力的方法是将制品浸入适当的液体中进行热处理，热处理温度应高于制品长期使用温度10～20℃，热处理时间随制品厚薄和复杂性而定，对于厚制品（厚度在6mm以上）处理时间应在6～24h。处理好的制品从热处理槽中取出时应避免风吹，让其缓慢冷却，否则，制品表面将因冷却不均匀产生新的应力。处理方法分为油浴后处理和水浴后处理，温度为80～110℃，处理时间一般为6～16h，但可以根据制品不同尺寸需要而改变。

工程塑料轴承保持架已经在铁路货车车辆上应用，经过近3年的实际运行，轴承未出现过因保持架质量原因而造成的行车事故及故障，轴承的故障率大大降低，提高了车辆运行的安全性。

5.4 MC尼龙的应用

5.4.1 MC尼龙的性能特点

MC尼龙是在常压下将熔融的原料——已内酰胺单体，用强碱性的物质作为催化剂，与活化剂等助剂一起直接注入预热到一定温度的模具中，物料在模具中进行快速聚合反应，凝固成固体坯料。MC尼龙（monomer cast nylon）又称为单体浇注尼龙或铸型尼龙。与普通尼龙6相比，MC尼龙生产工艺简单，成本低，不需要复杂的生产设备，工艺过程简短，模具制作容易。MC尼龙除了具有一般尼龙产品的性能外，还具有聚合温度低、工艺简单、结晶度高、相对分子质量大且分布均匀、密度小、力学性能好、减振耐磨、自润滑、耐腐蚀、使用温度范围宽等优点，铸型尼龙的相对分子质量为（7～10）$\times10^4$左右，结晶度可超过50%，在强度、刚度、耐磨性和耐化学性能方面，均优于普通尼龙6产品。MC尼龙成型制品的尺寸不受限制，从理论上讲，只要模具允许，制品的尺寸大小不受限制，而且无方向性，大型的制品可达几百千克。MC尼龙是一种在重载低速、中载中速、温度在-40～110℃环境下工作的理想减磨材料。MC尼龙产品被广泛地用于各种机械零件，尤其在工程机械中作为耐磨减摩材料而代替铜，不仅节省大量的贵重金属，而且其耐磨性也比铜好，使用寿命比铜提高1～4倍，与它相配合的轴磨损情况也大为改善。近年来，以MC尼龙加工制成的各种产品，相应取代了铜、巴氏合金和不锈钢材质的套、瓦、衬块等各类零部件。

MC尼龙也存在一些缺点，如热稳定性差，低温韧性较差，制品的尺寸稳定性差。在高载荷条件下使用时其耐磨性、自润滑性欠佳，磨损率较大；而在要求高耐冲击性或抗静电或阻燃等的场合，MC尼龙制品的使用也常常受到限制。为使MC尼龙得到更广泛地应用，需要对其进行改性，以满足实际工业应用的需要。

含油MC尼龙改善了材料的润滑性和耐磨性。在MC尼龙浇注的最初阶段添加润滑油剂，并使油剂均匀地渗透到已内酰胺中，成为MC尼龙结构的一部分。含油MC尼龙产品在使用时，其油剂不会自行析出或干燥，从而增强了自身的润滑性及耐磨性。普通MC尼龙的平均摩擦因数为0.36～0.34，含油MC尼龙的平均摩擦因数为0.13～0.14。含油MC尼龙的润滑机理是油滴被均匀、稳定地封存于MC尼龙体内，只有处于表层的油滴析出到表面起润滑作用。当表面材料磨损后，其下层的材料重复这一过程。因此，其增强了MC尼龙的润滑性、耐磨性和润滑的持久性。含油MC尼龙可以用来制作轴瓦、轴套、滑片等机械零件。含油MC尼龙对所添加润滑油剂的基本要求是，润滑油剂不影响MC尼龙的聚合过程，润滑油剂应具有一定的热稳定性和化学稳定性。

在MC尼龙的减摩、耐磨和自润滑改性方面也可以添加填充固体润滑剂，如石墨、聚四氟乙烯（PTFE）粉末、氮化硼、二硫化钼（MoS_2）等。由于这种材料含有一定的固体润滑剂，所以它在与对偶件（金属材料）进行摩擦过程中，能在对偶件表面形成一层连续的转移膜，覆盖在对偶件表面，从而使摩擦因数下降，磨损降低，并在长时间内保持恒定值。

为了增加MC尼龙的强度、改进尺寸稳定性和耐热性，可以加入高岭土、滑石粉、活性粉煤灰及Al_2O_3等无机填料。无机填料在使用时要对其进行表面处理，以使其与MC尼龙有良好的结合力和相容性。在MC尼龙中加入质量分数为20%的活性粉煤灰，不仅能减少已内酰胺的用量，降低成本，而且产品的拉伸强度、冲击强度和弯曲强度都明显提高，尺寸稳定性和耐热性也都有较大的改善，同时吸水率和收缩率均降低。表5-15列出了几种材料的力学性能比较。表5-16列出了几种材料的摩擦因数和PV极限值。表5-17列出了MC尼龙在不同润滑条件下的摩擦因数。

表5-15 几种材料的力学性能比较

性 能	MC尼龙	MoS_2填充MC尼龙	瓷土填充MC尼龙	ZCuSn10P1	ZCuPb15Sn8
密度/(g/cm^3)	1.14～1.17	1.162	1.262	8.76	9.1
拉伸强度/MPa	70～90	74	74	210～245	147～190
弯曲强度/MPa	120～150	132	130		
压缩强度/MPa	100～130	100	119		
缺口冲击强度/(kJ/m^2)	6.5	5.5	5.1	59～88	98～137
布氏硬度	20.2	22.7	26.3	80～90	60～66
吸水率(%)	1.0	0.38	0.32		
马丁耐热温度/℃	55	56	59		
维卡耐热性/℃	150～220				
热变形温度(1.81MPa)/℃	≥140				
摩擦因数	0.17	0.12	0.12	0.27	0.27
磨耗量/(g/cm^2)	0.17×10^{-2}	0.16×10^{-2}	0.15×10^{-2}		

表5-16 几种材料的摩擦因数和PV极限值

材 料	许用应力/MPa	许用速度/(m/s)	PV极限值	摩擦因数	
				无润滑	润滑
轴承合金	20	50	10	0.28	0.005
青铜	10	3	15	0.12	0.01
夹布胶木	6	3.5	8	0.16	0.02
MC尼龙	10	3	10	0.156	0.0185
MC尼龙+5%减磨剂	10	4	12	0.08	0.015
MC尼龙十30%减磨剂	8	10	15	0.025	0.008

表5-17 MC尼龙在不同润滑条件下的摩擦因数

润滑条件	摩 擦 方 式	
	静摩擦因数	动摩擦因数
循环油润滑	0.002～0.02	
矿物油润滑	0.1	0.08
润滑脂润滑	0.15～0.20	
水润滑	0.23	0.19
无油润滑	0.3～0.4	0.15～0.30
5%二硫化钼填充	0.07～0.15	0.06～0.1

MC尼龙可制备各种齿轮、滑轮、车轮、滑块、轴套、轴承保持架、阀门、罩壳、密封垫等，表5-18列举了MC尼龙在一些机械上的应用实例。

表5-18　MC尼龙在一些机械上的应用实例

机械名称	部件名称
2000t冲压水压机	MC尼龙衬板、滑板
飞辊矫直机	MC尼龙滑板
1200t穿孔机	MC尼龙滑板
500t壳圈机	MC尼龙衬套
挤压机	MC尼龙环
卷起机	MC尼龙活塞
自动捆扎机	MC尼龙滑板
8t液压起重机	MC尼龙衬套、辊、环
3500t精压机	MC尼龙滑板
碎边收集机	MC尼龙活塞
飞剪传动部分	MC尼龙轴
三辊液压弯板机	MC尼龙衬套、滑板
400kg空气锤	MC尼龙小齿轮
水压机	MC尼龙密封垫
减速机	MC尼龙涡轮
车床	MC尼龙中间齿轮、涡轮、主轴瓦、对合螺母、控制板
机械式汽车举升机（检修汽车用）	含油MC尼龙工作螺母（要求耐磨，长期承受载重，保证人身安全）
造纸干燥机	MC尼龙齿轮（外径近ϕ2m）
切割机械	MC尼龙副齿轮
轴流风机	MC尼龙涡轮
搬运车（印染工业用）	MC尼龙车轮
轧钢机	MC尼龙辊筒
船舶	MC尼龙轴承、MC尼龙螺旋桨
高压水泵	MC尼龙吸排阀、单向阀、配水阀、绕行阀
混凝土搅拌机	MC尼龙小齿轮
纺织机械	MC尼龙传动和牵伸机齿轮、MC尼龙辊
空压机、氮氢压缩机、氨压机	MC尼龙密封、活塞环
柱塞式液压泵	MC尼龙平面滑动摩擦副
W1001型挖掘机（石灰石矿用）	MC尼龙轴瓦
二辊冷轧带钢机	MC尼龙轴套

（续）

机 械 名 称	部 件 名 称
搅拌机（石灰水澄清池用）	MC 尼龙涡轮
重庆嘉陵江客运索道	MC 尼龙滚轮
挖掘船泵	MC 尼龙衬板
风冷柴油机	MC 尼龙共扼凸轮滚
建筑机械	MC 尼龙驱动摩擦轮
矿山挖掘	MC 尼龙套筒、轴承支架

5.4.2 MC 尼龙轴套的应用

用 MC 尼龙代替铜合金及巴氏合金制成的各类大小轴套、轴瓦等，在工程机械中应用非常普遍。不过，铸型尼龙还不能完全代替铸造青铜，只能用作中、小载荷，低转速的小型轴套，或用作中载荷，中、高速而轴套间隙要求不严格的大型轴套。

1）WK-10 型挖掘机的绷绳平衡轮轴套，尺寸为 ϕ200mm × ϕ160mm × 160mm，以前选用 ZCuAl10Fe3。因工作时灰尘极大，润滑条件恶劣，轴套磨损很快。现改用 MC 尼龙，在环境温度 -42 ~ 40℃ 露天使用 5 年多，挖掘 526.5 万 t 矿石后，解体检查发现，表面平整光滑已形成良好油膜，基本无磨损。

2）直径 ϕ2100mm 的矿山圆锥破碎机直轴套，原用铜合金制造，重 556kg，锥轴套重 310kg。改用铸型尼龙轴套后，直轴套仅重 140kg，锥轴套重 85kg，分别减轻了 75% 和 72%，而使用时间延长了 2 倍。

3）鞍钢中板厂 2300 三辊劳特式中板轧钢机采用的树脂轴瓦的使用寿命冬季为 6d，夏季甚至只有 1 ~ 3d。采用改性 MC 尼龙制造轴瓦后，寿命可达 17d，无堵水眼现象。改性的方法是选用三苯甲烷三异氰酸酯和甲苯二异氰酸酯复合催化剂，使冲击强度由采用甲苯二异氰酸酯的 4.95kJ/m^2 提高到 16.3kJ/m^2，再经沸水增韧处理后可进一步提高到 43.2kJ/m^2。添加导热剂、减磨剂和提高填料细度，使普通 MC 尼龙的 *PV* 极限值由 10MPa · m/s 提高到 28.7MPa · m/s。

4）某轧钢厂的 1200 八辊型钢矫直机用于重轨型钢的矫直，每台设备年工作量 40 万 t。该类设备所用的 ϕ400mm 铜套磨损严重，而且经常发生抱轴，被迫停机，造成非正常停产检修，影响生产。改用铸型尼龙轴套后，从根本上杜绝了抱轴事故，提高了设备的作业率。

5）搅拌机离合器装置中的衬套原采用锡青铜。由于接触长度较长（被接触的为调质后的钢件轴），用户使用时若不经常按时注入润滑油，有时会发生衬套咬死现象，直接影响搅拌机的使用。采用 MC 尼龙制作衬套，从根本上改变了以往的情况，除装配前衬套内预先注入少量润滑脂外，整个使用期内不必再加润滑油，使用过程中磨损量很小。

6）港口使用的M10-30门机起升机构超载荷称重系统滑轮，原来采用铝青铜轴套。由于海港空气湿润，盐分多，加之门机操作频繁，载荷大，机件暴露于室外，轴套磨损较快，几乎每年都要更换一批。每次维修更换，都要把滑轮拆下来，在维修车间进行装配更换，费时费力，又耽误生产。该类配件属非标准件，要到相关的厂家去买，周期长，经常出现配件尺寸不符的情况，严重影响生产。含油MC尼龙是在MC尼龙基体中加入一种润滑油助剂，使油滴均匀分布在MC尼龙中形成的一种具有自润滑性能的新型材料。含油MC尼龙的干摩擦因数仅是钢—青铜的1/2，而且质量小，弹性好，硬度高，易加工，热变形温度高，具有较高的耐热性和承载能力，非常适合替代铜、锌基材料作为衬套使用。用含油MC尼龙材料制作滑轮轴套，对门机的超载荷滑轮的轴套进行了更换试用。由于MC尼龙具有一定的弹性，其受压后产生的变形在压力减少后能迅速恢复，所以装配过程十分简单。材料自身具有的耐磨、自润滑性能，大大提高了其使用寿命。轴套安装使用2年后，各轴套内径磨损很少，仍能满足使用要求，而且对滑轮轴表面不仅无任何损伤，还能起到润滑作用，延长了滑轮轴的寿命。

7）炼胶机XK-560A用于橡胶塑炼、混炼、热炼和压片，其主要工作零件为前辊和后辊，各由装在机架上的两个滑动轴套支承，材料为ZCuSn10P1。轴套采用强制性循环的稀油润滑，工作时承载负荷很大，辊筒轴径由于摩擦而产生大量热量，一旦润滑油跟不上去，就会发生抱轴事故，严重影响生产。一旦轴套磨损或密封不良，润滑油将会严重泄漏混入胶中污染胶料，造成废品。将炼胶机前后两辊的4个支承轴套，由铸锡磷青铜改为填充MC尼龙，并采用润滑脂润滑。填充MC尼龙是以MC尼龙材料为基体，填充了多种固体润滑剂和多种特效增强剂而制成的，比普通尼龙材料具有更加优良的耐磨性、减摩性和自润滑性，具有较高的工作温度和PV值。支承轴套改为填充MC尼龙后，零件耐磨性提高，使用寿命延长，为青铜件使用寿命的两倍以上；同时能避免抱轴，根治泄漏，减少污染，提高了产品质量。

8）ϕ500mm轧机升降台偏心轮原滚动轴承经常进水，润滑条件差，损坏频繁，并且事故处理困难，更换轴承必须拆除主轴两端的偏心轮和齿形联轴器。改用填充MC尼龙轴瓦后，免除了日常润滑的麻烦，更换轴瓦也十分方便。原用滚动轴承每半年更换两套，而填充MC尼龙轴瓦平均寿命达1年，检修维护工作大大减少，设备作业率相应提高，而轴瓦价格仅为轴承的1/5。

9）200t热剪机主轴轴套直径为ϕ470mm，安装于剪机座的中心部，受力大，机座温度高达50℃，润滑条件恶劣。轴瓦一旦失油即造成咬轴，这类事故屡见不鲜。主轴套材质由铸造青铜改为填充MC尼龙，经过1年的正常运转后拆机检查，测量内孔尺寸在轴套全长500mm范围内上、中、下六点，其实际尺寸比新装配时磨大了0.5～0.8mm，内孔整个表面无沟痕、裂痕、拉毛、麻点和脱落等现象，表面圆整、光滑。偏心轴外圆柱无锈痕，点蚀拉毛和磨损痕迹，存在一层薄薄的尼龙膜层。轴套安装时必须端面牢固定位，轴套压入机座后的实测间隙量应较铜轴套大1/3，润滑应良好，试车时应进行充分的磨合。

10）链板机是带钢车间输送未成卷带钢的设备，每米链板机的滚轮需用滚动轴承14套，150多米链板机需用轴承达2000套。滚动轴承的日常润滑是个大难题，轴承的最长使用寿命1年。用填充MC尼龙替代滚动轴承后，彻底解决了轴承的润滑问题，链板机工作平稳可靠。

11）MC尼龙轴瓦、套及滑块在铁路机车上得到了成功应用。例如，直径ϕ120～ϕ220mm的摇杆瓦套、连杆瓦套，直径ϕ60～ϕ100mm的摇杆小端瓦套、偏心杆瓦套、月牙板耳轴瓦套，直径ϕ60mm以内的阀装置销套、弹簧装置销套等，可在3.2～3.4m/s的速度下安全使用。

5.4.3 MC尼龙螺旋桨

螺旋桨的作用是把船舶主机发出的机械能量转换成推动船舶前进的动力。它的叶片在工作中承受弯、拉、扭等复杂的外力，所以对材料性能要求比较高。多年来，船舶上使用的螺旋桨都是采用铸铁或铜等金属铸造而成，这类螺旋桨的缺点是质量大，空泡剥蚀严重，易腐蚀，制造周期长，生产率低。因此，从20世纪60年代起，国内外造船界一直致力于寻找制造螺旋桨的新型材料。在探索强度高、质量小、寿命长的新型螺旋桨材料方面，国外以工程塑料作为重点，例如，英国于1962年用MC尼龙铸成直径ϕ1800mm的螺旋桨。我国也先后研制了环氧和聚酯玻璃钢、玻璃纤维增强尼龙以及MC尼龙的螺旋桨。

MC尼龙螺旋桨采用高强玻璃纤维和尼龙作为原始材料。为了使注射成型时玻璃纤维的含量稳定和分散性好，以缩短注射塑化时间，一般都是先将原材料制成小的颗粒，即通常所说的玻璃纤维增强尼龙粒子，然后再注射成型制成螺旋桨。因此，尼龙螺旋桨的制造实际上包括造粒和桨叶注射成型两个环节。

造粒的基本原理是把经过干燥处理的高强玻璃纤维连续通过混合机头，同时，预先进行过干燥处理的尼龙材料经过加热熔化经挤出机也进入混合机头，并涂覆在玻璃纤维上，经过冷却牵引后，最后由切粒机切成颗粒，其工艺流程如图5-3所示。

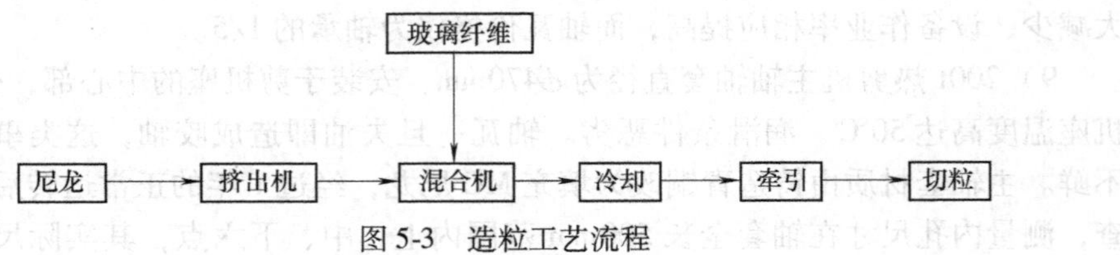

图5-3 造粒工艺流程

由于玻璃纤维尼龙粒子一般含有 1% ~1.5%（质量分数）的水分，如直接用来注射成型，这些水分会在高温机筒中汽化，使制品中出现气泡，影响制品质量，所以注射成型前应将粒子在真空加热干燥机中进行 24h 以上的干燥处理。注射成型工艺直接影响到尼龙螺旋桨的内部质量和几何要素。比较理想的成型工艺是高压慢速注射。这有利于实现熔融物料的层流态流动，使玻璃纤维按流动方向排列，提高玻璃纤维在螺旋桨应力方向上的增强效应。注射成型的工艺流程如图 5-4。

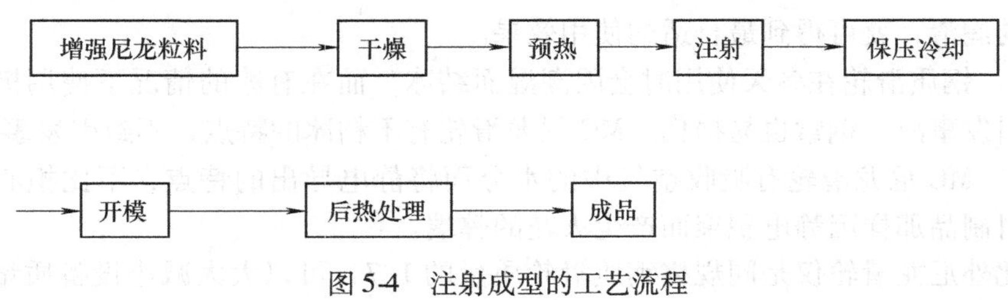

图 5-4 注射成型的工艺流程

制品的后热处理是把成型后的桨叶在烘箱中加热到 110℃，保温 24h，然后让其自然冷却。这是一个不可忽视的重要环节，因为粒料加热熔化进入模腔后，迅速冷却，引起制品中产生残余内应力，后热处理可以清除残余内应力，减少桨叶几何要素的变化。

测试结果表明，在主机正常工作的各个转速下，MC 尼龙螺旋桨均能获得比铸铁螺旋桨较高的航速。在常用转速范围内（1350 ~1500r/min），MC 尼龙螺旋桨的航速比铸铁螺旋桨一般快 4% ~5%。在消耗主机相同功率的情况下，安装 MC 尼龙螺旋桨船舶的航速高于安装铸铁螺旋桨的航速。在相同航速下，MC 尼龙螺旋桨所吸收的功率小于铸铁螺旋桨吸收功率。MC 尼龙螺旋桨的韧性比铸铁桨好，碰到障碍物时不易断裂（有时出现小缺口，还可以继续使用），使用寿命长，拆装方便。MC 尼龙螺旋桨质量小，对尾轴系统的受力情况有所改善，特别是延长了尾轴铜套的使用寿命。目前开发的 MC 尼龙螺旋桨直径一般较小，大都应用在 110kW 以下的渔船和内河运输船舶上。

5.4.4 MC 尼龙滑轮

通常滑轮用铸铁、铸钢制成。由于金属滑轮磨损钢索，严重影响价格昂贵的钢索的使用寿命，并对设备的安全使用构成威胁。采用 MC 尼龙材料制造滑轮，正是针对金属滑轮存在的严重弊病而研制开发的。MC 尼龙滑轮有下述优点：

1）坚硬的钢质滑轮与钢缆索是刚性的点接触，局部有很高的接触压力而使钢索容易磨损，甚至在初期使用时就有可能切断钢索。MC 尼龙滑轮比钢质滑轮软，容易滑动，与钢索接触时有一定的变形，因而与钢索是弹性的面接触。这使最大接触压力下降，磨损减少，钢索使用寿命延长。

2）钢质滑轮与钢索一接触，钢索一方就引起相当大的变形，这样由于钢索内部钢丝与钢丝间边运动边摩擦，而且由于钢索变形大，结果很容易使钢索扭曲。采用尼龙滑轮时，由于滑轮的变形，钢索的变形相应就小多了，这样钢索内部钢丝间的互相摩擦磨损以及扭曲变形也就减小了。

3）MC 尼龙滑轮不像金属滑轮那样会因雨水、潮湿，或接触化学物质等而产生锈蚀或腐蚀，因而使用寿命长，也不锈蚀钢索。只要给在滑轮槽中的钢索以最初的润滑，就可得到最合适的使用效果。

4）钢质滑轮在冬天使用时会因潮湿而结冰，而在有冰的情况下使用极易打滑而引发事故，钢索也易损伤。MC 尼龙滑轮有不粘冰的特点，不致引发事故。

5）MC 尼龙滑轮有吸收空气中的水分而将静电导出的特点，不比担心像其他塑料制品那样因静电积聚而产生火花的弊端。

此外尼龙滑轮仅是同规格钢质滑轮质量的 1/7，可以大大减小设备质量，检修和更换也方便。目前国内使用的 MC 尼龙滑轮的最大直径已达 ϕ1400mm。

用 MC 尼龙制作起重机钢绳滑轮，可以使滑轮寿命提高 4～5 倍，钢丝绳寿命提高约 10 倍，使起重机的起重特性和整机性能有较大的改善。以 LT40 汽车起重机为例，应用 MC 尼龙滑轮，在起重机使用寿命期内，仅起重钢丝绳和滑轮维修费就节约 10 万元以上。制作起重机滑轮采用离心浇注，MC 尼龙滑轮的结构形式和主要尺寸参数都与铸铁、铸钢滑轮相近，在老产品上用 MC 尼龙滑轮取代钢、铁滑轮，其余部件都可不做变动。

高压及超高压输电线路导线放线滑轮，原由铝合金制成，对导线损伤大。改用铝合金骨架橡胶衬垫形式，橡胶的耐磨性能欠佳。改用 MC 尼龙放线滑轮，重量大大减轻，使用效果良好。

5.4.5 MC 尼龙在圆锥破碎机上的应用

圆锥破碎机上有直套、锥套、碗形球瓦盘、圆盘垫、密封圈五大耐磨件。圆锥破碎机运转时受力极不均匀，冲击载荷较大，瞬间接触应力较高，作业区粉尘大，润滑条件恶劣，磨耗严重，要求耐磨部件所用材料具有高的力学强度、良好的塑性、优良的耐磨性和抗疲劳性，并且摩擦因数小，磨合时间短等。原来这些耐磨部件一般都是用铜合金制造的，成品率较低，成本高，润滑条件差，承受较大载荷，易磨损，产生裂纹或破裂，维修困难，使用寿命受到限制。改用 MG 尼龙制造这些易磨损部件后，经过 20 多年的工业运转证明，MC 尼龙力学性能满足圆锥破碎机的实用要求，还具有良好耐磨性、耐冲击性，使用寿命长，易检修，成本低等优点，大大提高了圆锥破碎机的作业效率，节约了大量有色金属材料，经济效益显著。表 5-19 列出了在圆锥破碎机用铜合金和 MC 尼龙零件的质量对比和应用效果。

表5-19 圆锥破碎机上铜合金和MC尼龙零件的质量对比和应用效果

<table>
<tr><td rowspan="3">零件名称</td><td rowspan="3">材料</td><td colspan="5">制品规格尺寸/mm</td><td rowspan="3">应用效果</td></tr>
<tr><td>600</td><td>900</td><td>1200</td><td>1750</td><td>2200</td></tr>
<tr><td colspan="5">单件质量/(kg/件)</td></tr>
<tr><td rowspan="2">直套</td><td>铜合金</td><td>96</td><td>200</td><td>340</td><td>680</td><td>1000</td><td rowspan="2">用ZCuPb15Sn8制造成品率低，存在破裂事故。改用MC尼龙后，使用寿命延长一倍以上</td></tr>
<tr><td>MC尼龙</td><td>12</td><td>23</td><td>45</td><td>85</td><td>120</td></tr>
<tr><td rowspan="2">锥套</td><td>铜合金</td><td>55</td><td>120</td><td>260</td><td>580</td><td>850</td><td rowspan="2">用ZCuPb15Sn8或ZCuSn10Pb5制造时，制品合格率低，成本高，在运转过程中，承受交变冲击载荷较大，使用过程中经常产生裂纹。改用MC尼龙后，寿命提高一倍以上</td></tr>
<tr><td>MC尼龙</td><td>7</td><td>14</td><td>36</td><td>84</td><td>100</td></tr>
<tr><td rowspan="2">碗形球面瓦</td><td>铜合金</td><td>36</td><td>100</td><td>215</td><td>520</td><td>820</td><td rowspan="2">用ZCuPb15Sn8或ZCuSn10Pb5制造，技术难度大，成品率低，成本高，碗形球面瓦使用过程中易磨损。而用MC尼龙后，耐磨性和自润滑性良好，使用寿命提高一倍以上</td></tr>
<tr><td>MC尼龙</td><td>5</td><td>12</td><td>30</td><td>76</td><td>155</td></tr>
<tr><td rowspan="2">圆盘垫</td><td>铜合金</td><td>96</td><td>188</td><td>280</td><td>440</td><td>748</td><td rowspan="2">用ZCuPb15Sn8制造的圆盘垫，在主轴最下端，润滑条件差，磨损严重。而改用MC尼龙后，自润滑性能好，使用性能较佳</td></tr>
<tr><td>MC尼龙</td><td>12</td><td>23</td><td>35</td><td>54</td><td>93.5</td></tr>
<tr><td rowspan="2">密封圈</td><td>铜合金</td><td>104</td><td>182</td><td>260</td><td>360</td><td>520</td><td rowspan="2">ZCuSn10Pb5制造改用MC尼龙制造后，其密封性能比铜合金好</td></tr>
<tr><td>MC尼龙</td><td>13</td><td>22.7</td><td>32.5</td><td>45</td><td>65</td></tr>
</table>

5.5 超高分子量聚乙烯在轴承、轴套及其他结构件上的应用

5.5.1 超高分子量聚乙烯轴承设计

超高分子量聚乙烯（UHMWPE）是平均相对分子质量在 150×10^4 以上的线性聚乙烯，具有其他塑料无可比拟的耐磨、耐冲击、耐腐蚀、耐低温、自润滑、吸收冲击能、卫生无毒等综合特性。UHMWPE具有以下优点：

1）耐磨性居塑料之首，比尼龙66（PA66）、聚四氟乙烯高4倍，是碳钢、不锈钢的7~10倍。

2）冲击强度居通用工程塑料之首，是丙烯腈-丁二烯-苯乙烯共聚物（ABS）的5倍，且能在－196℃下保持，这是其他任何塑料所没有的特性。

3）优良的耐化学药品性。除强氧化性酸液外，在一定温度和浓度范围内能耐各种腐蚀性介质（酸、碱、盐）及有机介质（萘溶剂除外），在20℃和80℃的80种有机溶剂中浸渍30d，外表无任何反常现象，其他物理性能也几乎没有变化。

4）冲击能吸收性在塑料中是最好的，消声性好。

5）卫生无毒。

6）摩擦因数低，仅为0.07~0.11，故具有自润滑性。在水润滑条件下，其动摩擦因数比PA66和聚甲醛（POM）低1/2。当以滑动或转动形式工作时，比钢和黄铜加了润滑油后的润滑性还要好。因此，被评价为“成本/性能非常理想”的摩擦材料。

7）不黏附，抗黏附能力与PTFE相当。

8）优良的憎水性，吸水率小于0.01%，仅为PA的1%。

9）在工程塑料中密度最小。

表5-20列出了UHMWPE与其他工程塑料的性能比较。UHMWPE的摩擦因数比其他工程塑料小，可与聚四氟乙烯相媲美，是理想的润滑材料。表5-21列出了UHMWPE与其他工程塑料摩擦因数的比较。

表5-20　UHMWPE与其他工程塑料的性能比较

性　能	UHMWPE	高冲击ABS	PA66	PC	POM	PTFE
密度/(kg/m^3)	0.935~0.945	1.03~1.15	1.13~1.15	1.2	1.41	2.14~2.2
冲击强度/(kJ/m^2)	>1.4	0.16~0.44	0.06~0.11	0.71~0.95	0.08~0.13	0.16
断裂伸长率(%)	350	5~60	60~300	100~130	75	200~400
摩擦因数	0.07~0.11	0.38	0.37	0.36	0.18	0.04~0.2
磨损率/(mg/1000次)	70	770	175	280	210	250
吸水率(%)	<0.01	0.02~0.45	1.5	0.15	0.25	>0.01

表5-21　UHMWPE与其他工程塑料在不同润滑条件下的动摩擦因数

材　料	自润滑	水润滑	油润滑
UHMWPE	0.10~0.22	0.05~0.10	0.05~0.08
聚四氟乙烯	0.04~0.05	0.04~0.08	0.04~0.05
尼龙66	0.15~0.40	0.04~0.10	0.02~0.11
聚甲醛	0.15~0.35	0.10~0.20	0.05~0.10
聚碳酸酯	0.15~0.38	0.13~0.18	0.02~0.10

超高分子量聚乙烯材料的 PV 极限值是0.73MPa·m/s。考虑到轴承可能会连续的长时间工作，工作 PV 值只能取极限值的1/3~1/2。因此，超高分子量聚乙烯轴承的 PV 额定值为0.24~0.37MPa·m/s。这样，轴承工作时生热速率和散热速率达到平衡时，轴承的温升才在材料允许的工作范围。

自润滑材料轴承的轴承长度和轴颈直径比（L/d）一般为1:1比较合理，用超高分子量聚乙烯塑料合金轴承代替金属轴承时，应特别注意有意识地将轴承长度比原金属轴承减小，目的是增大轴承单位面积径向载荷，以得到较低的摩擦因数。超高分子量聚乙烯塑料是热的不良导体，因此，轴承壁厚也不宜过大，否则，会积热过多引起升温过高。超高分子量聚乙烯塑料的线胀系数比较大，其值为 6.1×10^{-5}/℃。壁厚过大容易膨胀，引起运转间隙减小，增大摩擦，甚至引起抱轴现象。塑料轴衬厚度一般在轴承内径的1/20~1/10。表5-22所示为超高分子量聚乙烯塑料轴衬壁厚的实验数据。

表5-22 超高分子量聚乙烯塑料轴衬壁厚的实验数据 （单位：mm）

轴承内径	$<\phi8$	$\phi8\sim\phi24$	$\phi25\sim\phi27$	$\phi28\sim\phi50$	$\phi51\sim\phi80$	$\phi81\sim\phi120$	$\phi121\sim\phi250$
轴衬厚度	0.75~1.0	2.0	2.5~2.8	3.0~4.0	4.0~6.5	1.0~10.0	11~15

轴承和轴颈间的运转间隙是轴承设计的一个重要参数。对超高分子量聚乙烯塑料轴承，不能规定像金属轴承那样严密的间隙。如果间隙过小，轴承径向载荷增大，工作中会产生过多摩擦热，摩擦热不能有效排除，温度迅速上升，导致轴承损坏。运转间隙也不能过大，过大会引起轴的晃动，使轴承承受冲击载荷。

塑料轴承一般都具有良好的自润滑性，在多数情况下，可不采用润滑。这特别适用那些不宜使用润滑剂的工作场所，如食品加工机械和纺织机械。但某些塑料轴承，在开始运转时需要润滑，此后在工作过程中，仅需偶尔润滑或不再需要润滑。

超高分子量聚乙烯塑料为热的不良导体。因此，轴承运转过程中的冷却问题比金属轴承更突出。可以采取与金属轴承类似的方法，在轴承座内壁开设沟槽，沟槽兼起润滑（存润滑剂）和冷却作用。沟槽可为螺旋形，也可为直形，从排除磨屑、尘粒方便考虑，直槽效果更优。对于暴露在脏污环境中工作的轴承，应采用橡胶片冲裁成的密封垫进行密封。

UHMWPE耐热性差，温度升高时，硬度降低，耐磨性急剧下降。因此，在UHMWPE轴承设计和应用时，要特别注意热的产生和散热问题。在不影响使用时，要求轴与轴承内孔间隙要尽量大些，以利于散热和防止受热膨胀把轴卡死；此外，在刚度允许时轴的直径尽量小些，以减少热的产生，应尽量设计成UHMWPE轴承是固定不转的、轴是转动的结构，这些均有利于减小发热。为了有利于轴承的散热，减小热的产生，增加轴承的整体刚度，超高分子量聚乙烯轴承可设计加工成钢/塑复合结构轴承。图5-5所示是较大尺寸的UHMWPE轴承复合结构（D不小于ϕ100mm，L不小于60mm），如136kW渔船尾轴轴承等。轴承两端采用UHMWPE封口，中间部分采用类似拖鞋鞋钉的紧固办法，使UHMWPE在加工降温冷却时不会与钢套脱离。图5-6所示是较小尺寸的UHMWPE轴承复合结构，因轴承尺寸小（特别是轴向尺寸小时），仅需在两端用UHMWPE封口，即可保证不与钢套脱离。

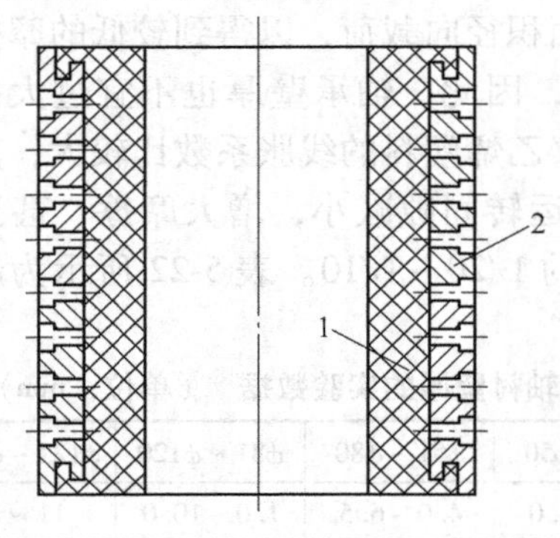

图5-5 较大尺寸的UHMWPE轴承复合结构

1—UHMWPE 2—钢

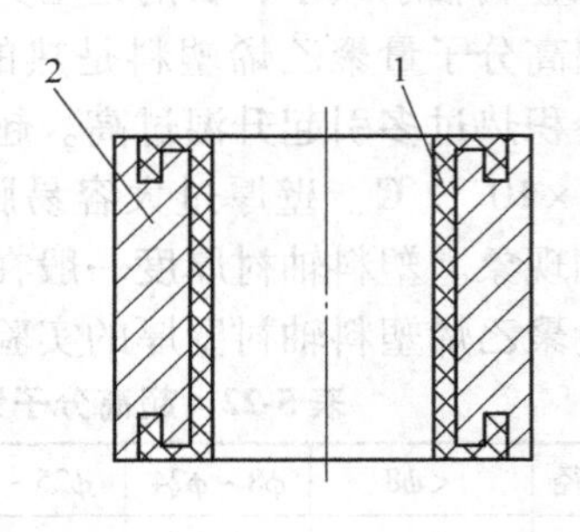

图5-6 较小尺寸的UHMWPE轴承复合结构

1—UHMWPE 2—钢

5.5.2 超高分子量聚乙烯在矿山机械上的应用

超高分子量聚乙烯已在许多领域应用，用量最大的是在矿山机械上。超高分子量聚乙烯已经用于制作地滚及地滚轴套、矿车轴承、托辊轴承及拖辊轴承、洗煤厂中捞坑斗子机的尾轴轴套、电机车轴瓦、压滤机滤板、煤仓衬板、矿车衬板、喷浆机衬板、溜煤槽衬板、浮选机叶轮等。

1. 地滚

地滚一般用铸钢或铸铁制作，由于铸钢硬度大、弹性模量高、与钢丝绳接触应力大而使钢丝绳磨损快。此外，地滚中的轴承因工作条件恶劣时，常造成卡死不转或转动不灵活，这进一步加剧了钢丝绳的磨损。对原地滚进行了结构改造后，研制出超高分子量聚乙烯无轴承地滚，如图5-7所示。原地滚中的两个滚动轴承改为改性超高分子量聚乙烯滑动轴套，从根本上克服了卡死不转现

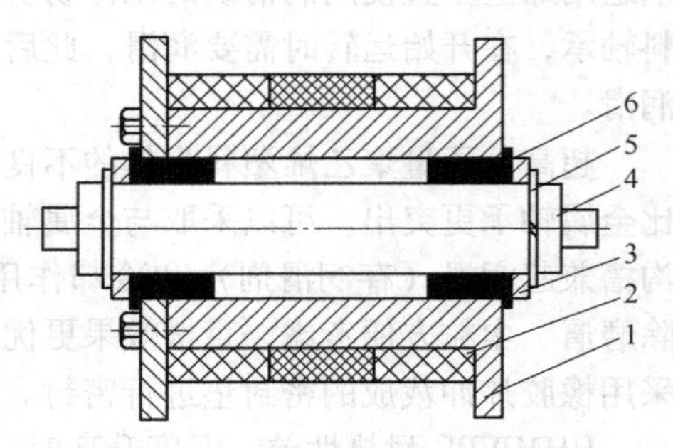

图5-7 超高分子量聚乙烯地滚及地滚轴套

1—铸钢滚体 2—超高相对分子质量聚乙烯衬套 3—挡圈 4—轴 5—弹性挡圈 6—改性超高分子量聚乙烯轴套

象。

2. 轴承

矿车轴承使用量很大，每辆矿车用8个轴承，每个矿约有1000辆左右矿车。它们工作条件恶劣，水大、煤灰多，致使滚动轴承寿命短，平均4~6月，且价格高，又容易卡死。而UHMWPE轴承在一辆矿车上仅用4个即可，价格便宜，仅为原滚动轴承的1/8~1/6，不需油润滑，不会卡死，是替代原矿车轴承的理想产品。

煤矿胶带输送机应用广泛，其托辊用量很大，每组托辊用6个轴承，过去常用204、205、305三种型号。因工作条件恶劣，轴承寿命短，易出现卡死不转现象，轴承一旦卡死，托辊和胶带急剧磨损且加大能耗。而使用UHMWPE轴承，轴和轴承之间有间隙配合，这就从根本上解决了卡死现象。其结构简单（见图5-8），不需润滑，价格仅为原滚动轴承的50%左右。

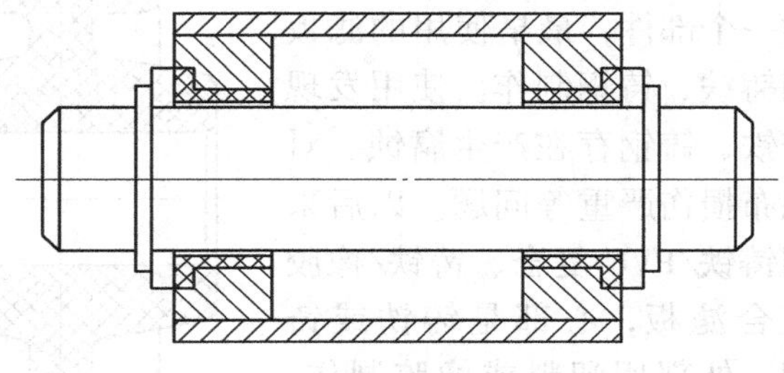

图5-8 输送机托辊轴承

钢丝绳牵引胶带托绳轮轴承原使用306轴承，因工作条件恶劣轴承寿命短，而用UHMWPE轴承替代原306轴承，不仅不卡死，且价格便宜。

3. 轴瓦

原电机车轴瓦多为铜瓦和尼龙瓦。铜瓦价格高，寿命短，摩擦阻力大；尼龙瓦寿命短，摩擦阻力大，对轴磨损大。而超高分子量聚乙烯轴瓦价格便宜，寿命长，对轴磨损小，现已在煤矿广泛应用，效果良好。

4. 轴套

洗煤厂中捞坑斗子机的尾轴轴套原用铜制作，改用超高分子量聚乙烯轴套后（见图5-9），摩擦阻力小，不腐蚀，使用寿命长，对轴的磨损小，也延长了轴的使用寿命。用超高分子量聚乙烯捞坑斗子机的斗子滚轮（见图5-10a、b所示两种滚轮）代替原铸铁滚轮，摩擦阻力小，运转灵活，对轨道磨损小，不腐蚀，寿命长，价格低。

5. 轮衬

钢丝绳牵引带机托绳轮轮衬以前常用铸铁或尼龙制作，以减少轮衬对钢丝绳的磨损，类似结构还有各种索道轮衬等。PA耐磨且硬度低，对钢丝绳磨损小，但PA轮衬价格昂贵，

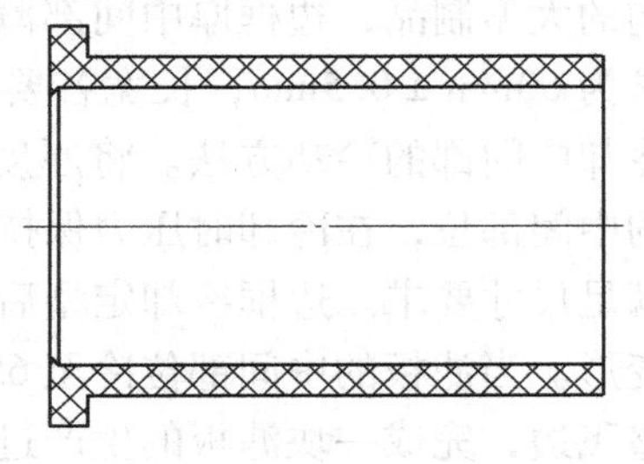

图5-9 洗煤厂斗子机的尾轴轴套

寿命较短，在冬季安装时易断裂。而超高分子量聚乙烯价格便宜，耐磨性好，寿命长（为 PA 的 2～3 倍），耐低温性好，已推广应用。

6. 滤板

煤矿用的很多板类材料现在也采用超高分子量聚乙烯材料，例如，煤仓衬板、箕斗衬板、溜煤道衬板、水平溜煤槽衬板，以及特殊情况使用的矿车衬里等平板，压滤机滤板，喷浆机摩擦片，洗煤厂中大量使用的筛板等。

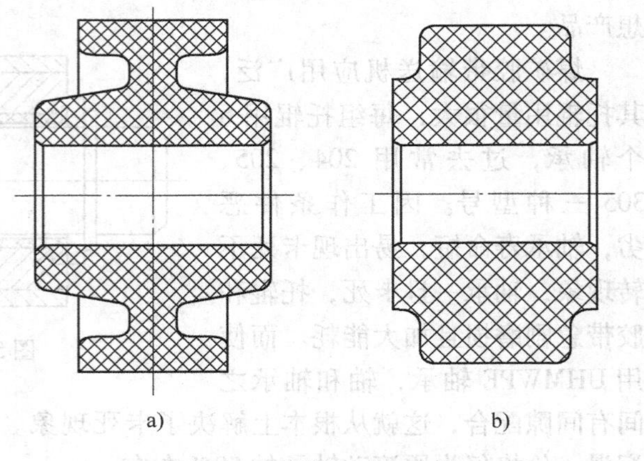

图 5-10 洗煤厂斗子滚轮

压滤机滤板是矿山上常用的一个部件，最早使用的滤板用铸铁、铸钢制作。使用发现铸铁、铸钢存在产生腐蚀、对滤布损伤严重等问题。以后采用铸铁/PVC 复合、铸铁/橡胶复合滤板，心部是铸铁或铸钢，外部用塑料或橡胶制作，由于滤板经常处于变载荷状态，存在塑料和金属容易出现分离，橡胶易老化等问题。刘广建等人研制了超高分子量聚乙烯滤板。超高分子量聚乙烯制品虽有许多优良特性但也有强度与硬度低、刚度小、收缩率大，以及制品表面易出现凹坑等不足。采用无机填料能够改善制品性能。研究表明，添加 20% 的无机填料后使制品的硬度由 28～32HRM 提高到 48～52HRM。将无机物填料经偶联剂处理后和超高分子量聚乙烯原料按一定比例和数量倒入搅拌机中，搅拌 3～5min。在滤板模具的模腔内喷洒硅油类脱模剂，然后把混好的料装入模具内弄均、刮平、合模、加压至制品压力为 0.8～1.2MPa。压力太小不利于排出制品中的气体和提高制品质量。合模加压后给模具加热，温度至 20℃±13℃时保温一段时间，该时间长短由加热时间而定，加热时间短则保温时间相应要长些。保温一段时间后停止加热，开始冷却。滤板是一种特殊结构的大型制品，边框厚中间部薄，对边框的厚度、平整度要求非常严格，厚度要求为 60mm±0.5mm，长宽各要求为 1500mm±2mm。为此，采用先冷却边框后冷却中间部的冷却方法。将厚度大的边框先冷却至 100℃ ±5℃时，再冷却滤板的中间部位，在冷却时压力保持在 2.8～3.0MPa。这样既能保证边框平整，又能满足尺寸要求。边框冷却定型后再冷却 25mm 厚的中间部，可防止滤板整体翘曲变形。当滤板的中间部位冷至 65℃ ±5℃时停止冷却，开始出模。取出制品后修整飞边，完成一块滤板的生产过程。超高分子量聚乙烯滤板已在生产中应用。

5.5.3 超高分子量聚乙烯在其他方面的应用

1. 在纺织机械上的应用

利用UHMWPE的耐冲击性，可以制成纺织机械零部件。例如，用UHMWPE取代水牛皮制作织机上的皮结，承受40~180次/min的连续振动冲击，其耐冲击次数由原来的1×10^6次增加到5×10^6~6×10^6次。纺织机上的梭子，全国每年需要1000余万支，使用传统的木梭需消耗大量的优质木材，而UHMWPE纺织梭具有良好的耐磨性、自润滑性，并能适应在无润滑状态下以12m/s左右的高速做往复约200次/min的冲击运动，且成本低、寿命长。

UHMWPE可用于纺织机械上一些磨损概率较高的传动件，以及要求电绝缘、耐腐蚀的场合，如齿轮、轴承、轴套等。目前，国外在每台织机上应用的UHMWPE零件，平均有30件左右，如梭子、打梭棒、齿轮、连接器、扫花杆、棉卷扦子、滚轮、闸刀、缓冲块、偏心块、杆轴套、摆动后梁等冲击磨损零件。

2. 在包装和食品机械上的应用

由于UHMWPE优良的物理力学性能和无毒、无味、不吸水、不黏附、耐腐蚀、密度小等众多优点，在包装和食品机械行业有着极大的应用市场。卷烟包装机械、粉末颗粒包装机械、液体灌装机械、瓶包装机械、胶囊充填机械、自动装水机械、食品加工机械、啤酒汽水饮料灌装生产线机械设备上的零件均可用UHMWPE制作。各种包装和食品机械及灌装线采用了超高分子量聚乙烯制作的各种不同形状和结构的星形轮、滚轮、链轮、链节、链条、蜗杆、导杆、计时螺杆、轴承、齿轮、手轮、滑块座、衬瓦、柱塞等零件。使用这些UHMWPE零件，可以减少瓶子输送时的破裂，避免对瓶和商品标签的划伤，降低噪声，节省动力，提高工效，而且成本大大低于原来使用的PTFE。

UHMWPE制成的链轮、链节、链条及组合链条，在国外应用已有较长的时间，并有相应的组合链条机械标准，我国在这方面的应用还处于初期阶段。但由于其具有产品质量轻，减小了惯性力，改善了机器的运行性能，降低了驱动链条所需要的能源消耗、运行成本及噪声，并改善了工作环境，使用寿命长等，因而使用范围在逐渐扩大。

3. 在化学工业方面的应用

利用UHMWPE优良的耐蚀性，可制作化工设备上的泵、蝶阀、阀门、法兰、过滤器、搅拌桨叶片、轴、轴承、轴套、垫片、垫料、喷嘴、密封填料、旋塞、绝缘塞、吹风机收缩接头等。在化肥工业上，有一种硫酸注射喷嘴，原来用聚丙烯（PP）材料，改用UHMWPE后，寿命提高5倍。机械密封装置中的152-35型弹簧座，要求耐磨和自润滑，采用UHMWPE零件替代原价格昂贵的填充PTFE材料，使用效果很好。FU型超高分子量聚乙烯塑料离心泵的过流部件，采用超高分子量聚乙烯制成，具有很好的耐磨性、耐化学腐蚀性、耐冲击性，自润滑性也较好，还有良好的力学强度，特别适合于输送有腐蚀性的介质。超高分子量聚乙烯离心泵使用情况表明：离心泵在50℃以下对35%（质量分数）硫酸、40%（质量分数）硝酸，以及任何浓度的盐酸、磷酸、甲酸、氢氟酸、氨水、过氧化氢、氢氧化钠等都有良好的耐蚀性。原不锈钢泵使用时间不超过2年的场合，超高分子量聚乙烯离心泵在连续使用3年之后仍然很好，轴封不泄漏，零件不磨损；而且成本只有不锈钢泵的70%左右。超高分子量聚乙烯离心泵在化工、医药、环保、制酸等行业的许多场合已逐步替代不锈钢泵和衬胶泵，特别是输送有颗粒、有腐蚀的介质，使用情况很好。

4. 衬里材料

采用先进的挤出工艺和模压工艺生产的UHMWPE板材，具有耐磨损、耐冲击、自身润滑等一系列优点，能代替锰钢板、不锈钢板、钢砂、混凝土等用作料仓、漏斗、溜槽等衬里材料，具有安装方便、放仓快、不黏结、不堵仓的较好效果。采煤场的煤溜道改用超高分子量聚乙烯后，可以降低原溜道的坡度，从而提高开采量，输送40万t煤而不需要更换料槽，使用寿命比衬金属的流料槽提高两倍。不但可以节省大量钢铁，减轻劳动强度，还增大了煤的产量。

煤仓采用UHMWPE衬里之后，可提高煤仓的储量和防止堵塞。超高分子量聚乙烯用于热电厂煤仓衬里、散装煤船、汽车车厢衬板等，不会被输送物黏附，能够解决煤仓黏堵等技术问题。利用超高分子量聚乙烯的自润滑与难黏附性、耐磨与耐冲击性，可制成推土板衬里、挖土机铲斗和自卸车车厢的内衬。超高分子量聚乙烯还可制作水泥、石灰、矿粉、盐、谷物之类粉状材料的料斗、料仓、滑槽的衬里。由于超高分子量聚乙烯具有优良的自润滑性、不粘性，可使上述粉状材料在储运设备上不发生黏附现象，保证稳定输送。

5.5.4 超高分子量聚乙烯陶瓷机械滤板

陶瓷机械上的滤板通常用青铜（ZCuAl10Fe3等）或其他铜合金制造，以适应陶瓷原料瓷泥流动时的高摩擦性和腐蚀性，保证产品质量、生产稳定性及设备使用寿命。超高分子量聚乙烯是一种性能非常优异的塑料，它的耐磨性能非常好，摩擦因数很小，且有自润滑性，比一般碳钢和铜合金等金属的耐磨性提高数倍，是尼龙（PA）耐磨性的5倍，与钢、铜配对使用时不易产生黏着磨损，对配套偶件磨损很小；它的冲击强度极高，比PA6和聚丙烯（PP）高约10倍，即使在-70℃的低温下也仍具有相当高的冲击强度，且能吸收冲击和振动，降低噪声；它的吸水率小于0.01%，具有良好的热稳定性和尺寸稳定性；它还具有优良的耐化学药品性能，耐一般浓度的酸、碱、盐及有机溶剂；加之可回收利用，且价格比铜及其合金便宜，这些特性使得UHMWPE非常适于用作陶瓷机械上的滤板。

由于 UHMWPE 的熔体黏度很高（达 10Pa·s），流动性极差，在不改性的情况下无法用注射等工艺加工成型，只能采用类似于聚四氟乙烯（PTFE）的压制、烧结成型的工艺方法。其临界剪切速率低，易出现熔体破裂现象，若采用挤出或注射加工，则会使制品表面出现裂纹、气孔或脱层现象；加之 UHMWPE 的摩擦因数小，即使在熔融状态也是如此，当用螺杆挤出送料时，加料段会发生打滑现象，难以顺利生产。另外，UHMWPE 成型温度范围窄，易氧化降解。根据以上的分析和相关经验，要成型加工 UHMWPE 滤板，采用压制、烧结成型工艺较为合理。

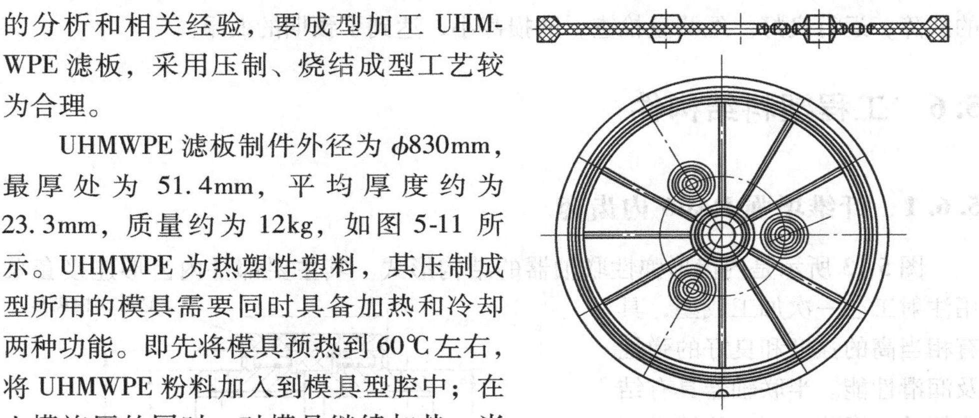
图 5-11　UHMWPE 滤板结构示意图

UHMWPE 滤板制件外径为 ϕ830mm，最厚处为 51.4mm，平均厚度约为 23.3mm，质量约为 12kg，如图 5-11 所示。UHMWPE 为热塑性塑料，其压制成型所用的模具需要同时具备加热和冷却两种功能。即先将模具预热到 60℃左右，将 UHMWPE 粉料加入到模具型腔中；在上模施压的同时，对模具继续加热；当 UHMWPE 充满整个型腔后，对模具继续加热到 200℃，以便对制品进行烧结（烧结工序在模具内进行）；保温一定时间后，开启冷却油阀，待模具冷却到 65℃左右时开模取出制品。由于 UHMWPE 滤板尺寸较大，需将模具安装在 500t 四柱液压机上。

图 5-12 所示为 UHMWPE 滤板的压制、烧结成型工艺流程。对模具预热有利于提高 UHMWPE 滤板的质量和生产率。模具预热后，再喷涂脱模剂易于使脱模剂均匀分布。一般预热温度为 60℃左右。若温度太高，装料操作不方便，且易烫伤操作者的皮肤，对装料速度也有影响。预热时间一般为 5min 左右。

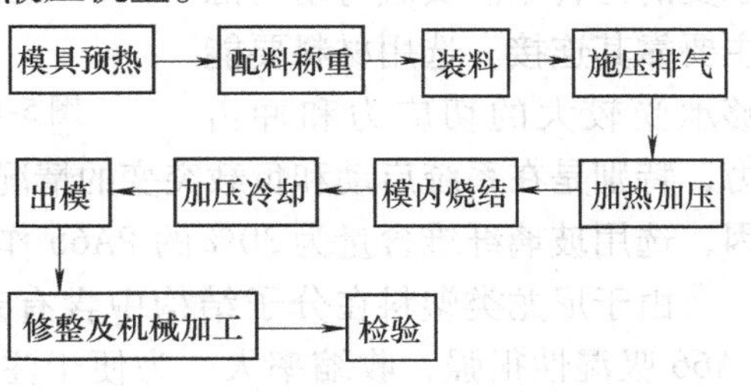

图 5-12　UHMWPE 滤板的压制、烧结成型工艺流程

称取配好的 UHMWPE 粉料（一般应称取 UHMWPE 滤板实际质量的 103% 左右，以考虑飞边等损耗，确保滤板的密实度），装入涂有脱模剂的型腔（模具型腔尺寸应考虑 2.3% 的收缩率）中。此时上模下压，加压加热，初始加压 10MPa 左右，以排除粉料中的空气，使原料密实，增加热导率，缩短加热烧结时间；继

续加热加压直至模具闭合。在加热烧结阶段，使 UHMWPE 的熔体温度保持在 200℃左右；而制品的烧结时间即加热时间，根据制品的平均厚度（约 23.3mm），得出加热时间约为 100min。

陶瓷机械的滤板选用 UHMWPE 为原料，经模具压制、烧结成型，替代了以往的经铸造后再进行机械加工的铜合金滤板，其综合成本降低了 70%。由于 UHMWPE 的耐磨性和自润滑性很好，所以滤板的实用性能优良，使用寿命比铜合金滤板可提高 2～3 倍。UHMWPE 滤板投入生产运行 5 年以上，从未出现较大的故障，运行良好。经测量检查，磨损甚小，达到了预期的效果。

5.6 工程塑料结构件

5.6.1 纤维增强 PA66 内齿套

图 5-13 所示是内齿形弹性联轴器的结构形式。其主要部件内齿形连接套采用注射工艺一次加工成型，具有相当高的强度和良好的弹性及润滑性能。半联轴器具有结构简单、拆装方便、使用噪声低、传动功率损失小、物美价廉、使用寿命长等特点。

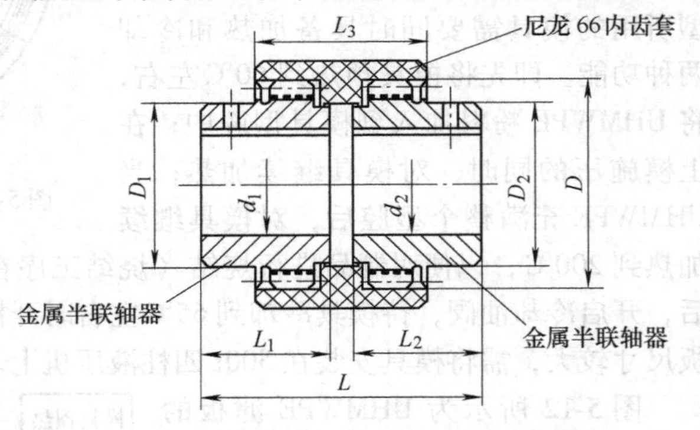

图 5-13 内齿形弹性联轴器的主要结构形式

联轴器内齿形连接套主要承受的是转矩。负载与动力源主要靠其连接。选用材料要能够承受较大的切应力和冲击力，特别是在系统启动和负载突变的情况下，其承受的切应力更大。根据上述原因，选用玻璃纤维含量为 30% 的 PA66 作为联轴器内齿套的注射成型材料。

由于尼龙类塑料在分子结构中含有亲水基团（酰胺基），易吸湿，特别是 PA66 吸湿性很强，收缩率大。为便于注射成型，保持制品的尺寸精度和强度，在使用前必须对原料进行干燥处理，可采用脱水率高、干燥时间短、效果好，而且可以防止氧化降解的真空干燥法。干燥条件为烘箱温度 120～130℃，干燥时间 12h。

表 5-23 列出了内齿连接套成型温度。选用较高的喷嘴温度，是为了防止喷嘴与模具接触后温度降低，造成喷嘴内原料过早凝固，从而影响注射成型。机筒后段选用较高的温度，是为了改善螺杆在预塑时的后退速度，减少增强纤维的损坏。模具温度是影响制品尺寸精度的重要因素，通过多次试验结果的对比，选用

表中的模温可获得较稳定的制品尺寸精度。为使制品获得较好的外观质量及较高的尺寸精度，在选用注射机的各项工艺参数时，注射速度与压力是两个重要工艺条件。玻璃纤维增强 PA66 与不增强的 PA66 相比较，凝固更快，因此，必须快速注射。否则，就会使制品表面粗糙度值增大。

表 5-23 内齿连接套成型温度 （单位：℃）

材料	机筒温度			喷嘴温度	熔体温度	模具温度
	后	中	前			
玻璃纤维增强 PA66	316～325	260～268	274～288	330～335	290～310	90～105

联轴器内齿套属尺寸配合件，配合精度须达3级以上。但由于尼龙制品结晶性随工艺条件的变化而变化，且具有吸湿膨胀和干燥收缩性，注射成形后制得的内齿套尺寸精度难以保证，作为工程零件是不合适的。为达到配合精度要求，须对制件进行热处理，以降低制品的内应力，提高尺寸的稳定性。由于尼龙制品易高温氧化降解，选用液状石蜡作为加热介质，温度控制在 110～130℃。由于内齿套壁较厚，时间控制在 50min，从油浴锅中取出制品后，缓慢冷却至室温。

尼龙制品在使用过程中有一个吸湿平衡阶段。如在相对湿度为 65% 的大气中，内齿套要达到 4% 的吸湿量，则需要较长的时间，不利于内齿套的尺寸稳定和半联轴器的配合，因此，还须对内齿套进行调湿处理。采用的方法是将制品置于 100℃ 的沸水中水浴 24h，以达到吸湿平衡，获得较稳定的配合尺寸。后处理过的制品经测量各项尺寸均能达到技术指标要求。玻璃纤维增强 PA66 内齿形弹性联轴器已广泛地应用在液压、起重、风机、水泵、锻压等方面。

5.6.2 阻燃抗静电增强 PA6 风机叶片

大功率塑料风机是矿井下主要的通风、排风设备，风机叶片是该设备上的主要零部件。由于风机通常要以 3000r/min 的高速运转，风机叶片要经受很大的离心力，同时由于工作环境的特殊，要求风机叶片材料不但要有阻燃、抗静电性能，并且还必须有优良的力学性能，尤其是拉伸性能与冲击性能要高。

陶炜等人围绕着阻燃、抗静电及提高材料力学性能等关键技术，进行了反复的研究及大量的配方优化试验，较好地解决了各组分间相容性差、界面结合力低等问题，研制出高强度的阻燃、永久抗静电 PA6。该材料具有优异的物理力学性能，经国家煤机质量检测中心检测，阻燃、抗静电性能完全符合 MT 113—1995 的要求。

图 5-14 所示是阻燃、抗静电增强 PA6 制备工艺流程。按表 5-24 中配方称量所需的原材料，然后依次倒入高速搅拌机中搅拌 10～30s，用双螺杆挤出机按表 5-25 所列的挤出工艺参数挤出、造粒。

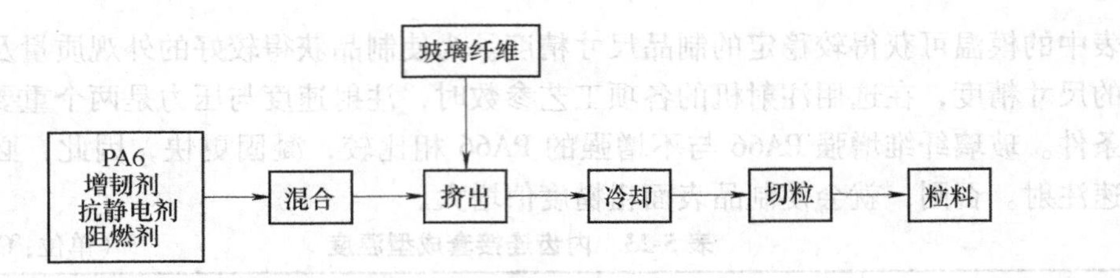

图5-14 阻燃、抗静电增强PA6制备工艺流程

表5-24 阻燃、抗静电增强PA6材料配方

材料	PA6	增韧剂	阻燃剂	抗静电剂	其他助剂	玻璃纤维
配方(质量分数,%)	40~50	5~8	15~25	5~8	1~2	25~30

表5-25 挤出工艺参数

机筒温度/℃				机头温度/℃	螺杆转速/(r/min)	喂料电压/V
1段	2段	3段	4段			
195~205	205~215	215~225	225~230	230~235	195~200	80

将上述阻燃、抗静电增强PA6粒料置于鼓风干燥箱中，料层厚度不大于30mm，在85~95℃下干燥20~30h，除去原材料中的水分；然后把粒料投入到注射机中，按表5-26所列的注射工艺参数进行注射成型，制得试样和风机叶片。表5-27列出了阻燃、抗静电增强PA6所达到的性能指标，其中阻燃性和表面电阻均满足MT 113—1995的要求。

表5-26 注射工艺参数

机筒温度/℃				注射压力/MPa	注射速度/(mm/s)
1段	2段	3段	4段		
200~210	210~220	220~230	230~240	8~10	195~200

表5-27 阻燃、抗静电增强PA6所达到的性能指标

拉伸强度/MPa	弯曲强度/MPa	缺口冲击强度/(kJ/m^2)	阻燃性(有焰燃烧时间)/s	表面电阻/Ω
≥120	≥150	≥11	≤3	$\leqslant 3\times10^8$

采用阻燃、抗静电增强PA6制成风机叶片，经装机运转试验和3300r/min的超速试验，风机叶片仍完好如初。该材料的力学性能、阻燃性能和抗静电性能完全满足风机叶片的要求。

5.6.3 多层复合增强阻燃抗静电高强度尼龙叶片

为了安全生产，煤矿掘进通风需使用抽瓦斯的局部通风机，该通风机除应具有普通局部通风机的要求外，还必须避免产生电火花、摩擦火花、静电火花、冲击火花等各种火花。用阻燃抗静电增强 PA6 研制成功 FSD-2 ×18.5 型抽出式局部通风机叶轮（叶片、轮盘），较好地解决了中小断面、中短距离掘进工作面的通风问题。随着煤矿开采深度及强度的日益增加，对高风压、大风量的抽出式局部通风机的需求越来越迫切，阻燃、抗静电增强 PA6 的力学性能已无法满足要求，急需开发出一种强度更高的阻燃抗静电工程塑料叶轮。王国超等人结合高风压、大风量抽出式局部通风机叶片的实际使用情况，提出采用多层功能材料复合增强的方法制备叶片，即叶片内芯材料具有阻燃增强的功能，外层材料具有阻燃、抗静电及耐磨性，二者复合，获得了满意的结果。

由于矿用局部通风机叶片需长期连续运转在含大量瓦斯、煤尘的恶劣环境中，故要求其耐磨性好，并具有较高的拉伸强度和冲击强度，选用玻璃纤维（30% ~33%）增强 PA66 作为叶片基体材料。PA66 属自熄性材料，阻燃性可达 UL V-2 级。但加入玻璃纤维后，由于烛芯效应，使阻燃等级下降至 UL V-4 级。PA66 的常用阻燃剂有卤系化合物、氮系化合物、含磷化合物及其组合，通过对各种比例配方的试验研究，考察了阻燃性能及力学性能，得到了内芯材料的理想配方，见表 5-28。阻燃增强 PA66 母料的加工工艺流程如图 5-15 所示，其力学性能见表 5-29。

表 5-28 内芯材料的配方

材料	PA66	三聚氰胺	三氧化二锑	其他助剂
配方(质量份)	100	7 ~8	5 ~8	1 ~2

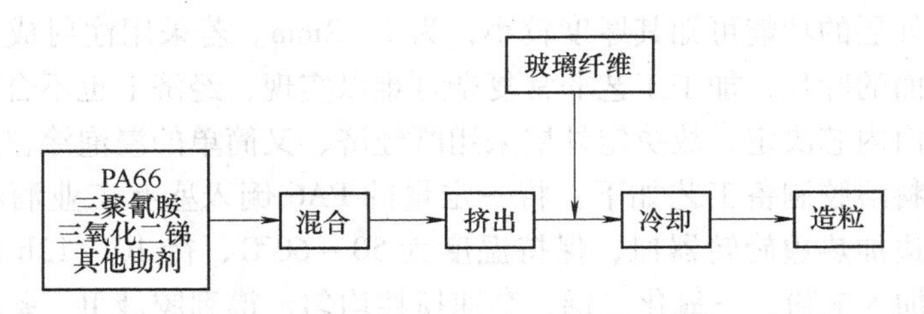

图 5-15 阻燃增强 PA66 母料的加工工艺流程

表 5-29 阻燃增强 PA66 力学性能

性能	拉伸强度/MPa	弯曲强度/MPa	冲击强度/(kJ/m²)	热变形温度/℃
数值	132.5	193	10.3	238

叶片外层材料必须具有耐磨性及抗静电性，以保证通风机安全可靠运行。煤矿用抽出式局部通风机长期运行在易燃易爆环境中，高速旋转的叶片受到大量煤尘的冲刷、摩擦，应采用内加抗静电剂的方式解决材料的抗静电问题。根据以往的经验，采用PA6作为外层基体材料，外层材料的抗静电剂既要考虑其长效性及其对PA6耐磨性的影响，同时更要考虑外层与内芯间的复合加工工艺。可供选择的添加型抗静电剂有导电炭黑、碳纤维、金属粉末等，若同时考虑抗静电剂对耐磨性及加工性能的影响，应选择铜粉，并加入一定量的二硫化钼和聚四氟乙烯（PTFE）粉以减小摩擦因数，提高耐磨性和导热性。阻燃剂则采用三聚氰胺和协效剂三氧化二锑。经过大量正交试验，得到外层材料的理想配方见表5-30。

表5-30 外层材料的配方

材　料	PA6	铜粉	二硫化钼	聚四氟乙烯	三聚氰胺	三氧化二锑
配方(质量份)	70~80	5~8	1~2	2~3	5~7	5~6

叶片内芯采用阻燃增强PA66母料注射成型。成型前将母料在85~105℃干燥10~12h，使吸水率控制在0.2%以下。采用螺杆式注射机成型，以避免局部过热使阻燃剂分解。注射工艺参数见表5-31。注射成型后修边，然后将叶片放入沸水中放置8~10h，进行退火处理，退火工序是为了消除制件中的内应力，提高其韧性。

表5-31 注射工艺参数

工艺参数	机筒温度/℃			注射压力/MPa	模具温度/℃	保压时间/min
	后段	中段	前段			
数值	210~240	230~250	240~255	135~138	60~80	7~9

由叶片外层的功能可知其厚度较小，为1~2mm。若采用注射成型，内外都为三维扭曲面的叶片，加工工艺非常复杂且难以实现，经济上也不合算；再者叶片外形基本由内芯决定，故决定外层采用既经济、又简单的浸泡涂覆方法。试验得到外层材料溶胶制备工艺如下：将一定量的PA6倒入盛有工业酒精的密闭反应器皿中，边加热边旋转器皿，保持温度为50~60℃，待10~12h后制得PA6胶液A，再加入铜粉、三氧化二锑，高速搅拌均匀，得到胶液B，备用；将一定量PTFE粉和三聚氰胺粉混匀加热至熔融倒入胶液B中搅拌均匀，得到胶液C；取一定量的MoS_2加入胶液C中高速搅拌均匀，即可制得外层材料胶液。

将注射成型的叶片内芯用丙酮脱脂，然后浸泡在外层材料胶液中涂覆上外层材料胶液，进行干燥加热，即完成整体叶片的成型加工。对叶片材料的抗静电、阻燃性能等进行了检测，结果见表5-32，其性能完全满足煤矿大风量、高风压抽出式局部通风机的要求，所研制的尼龙叶片已成功应用于煤矿用大功率 FSD-2 × 24、FSD-2 ×30 型抽出式局部通风机上。

表 5-32 材料的抗静电、阻燃性能检测结果

项目	酒精喷灯有焰燃烧时间/s	酒精喷灯无焰燃烧时间/s	酒精灯有焰燃烧时间/s	酒精灯无焰燃烧时间/s	表面电阻/Ω	撕裂强度/MPa	黏结强度/MPa
实测值	2.5	0	0	0.05	1×10^{8}	72.2	6.1
标准值	3	20	6	20	3×10^{8}		

5.6.4 聚四氟乙烯基机床导轨

机床滑动导轨是指机床的支撑部件（如床身、立柱、横梁）和与其相对滑动的执行部件（如工作台、溜板、刀架）相匹配而成的导轨副。传统的机床滑动导轨一般是由铸铁—铸铁、铸铁—淬火铸铁、铸铁—淬火钢组成的滑动副。但是，由于其物理性能决定了金属之间的静摩擦因数大于动摩擦因数，使两者之间的摩擦因数不相等，促使机床导轨在低速运动时易产生爬行现象。这种爬行现象对机床，尤其对精密机床来说，会影响微量进给精度与重复精度。

PTFE 是制造机床导轨的理想材料。它具有极低的摩擦因数（金属对 PTFE 的摩擦因数为 0.07 ~ 0.14，PTFE 对 PTFE 的摩擦因数为 0.04）和自润滑能力；能有效地防止低速爬行；耐磨性好，并可保护对磨摩擦副不受擦伤；耐高低温性能优异，可在 -180 ~ 250℃下长期使用；有很强的耐蚀性，不仅耐强酸，如硫酸、盐酸、硝酸和王水，而且还耐强氧化剂，如重铬酸钾、高锰酸钾等；它的化学稳定性超过了玻璃、陶瓷、不锈钢，甚至金和铂；无毒、加工性好、成本低。不过，PTFE 低的摩擦因数只是在高载荷、低速或在硬质材料上成膜时才出现，而摩擦因数会随着滑动速度的提高而增加。当然，PTFE 也存在着强度和硬度低，在载荷下容易发生蠕变，线胀系数较大，导热性差等缺点。

当改用 PTFE 导轨之后，机床工作台的低速平稳性大大改善。由于塑料导轨具有异物埋没的特性，可以把铁屑、砂粒埋嵌在塑料内部，避免了自身的磨损，防止了拉毛和研伤金属表面，能起到保护床身导轨的作用。塑料导轨指塑料对金属（或非金属）的滑动导轨，即塑料在金属表面上滑动。上导轨（活动导轨）是塑料，下导轨（固定导轨）是金属或其他材料的导轨面。

塑料导轨主要用于下面四种工况：

1）低速低载荷的进给系统，采用塑料导轨能有效防止爬行现象的出现。从防止爬行的角度，塑料导轨与淬硬钢的匹配优于与铸铁的匹配。

2）特别适用于润滑不良或无法润滑的导轨，如垂直导轨、横梁导轨等。在大型和重型机床上，采用塑料导轨可以防止床身导轨擦伤。

3）在严重污染的润滑条件下，采用塑料对铸铁的导轨副最合适。它的磨损

量比淬火钢对铸铁的导轨副要小得多。

4）需要微调进给的手动操作手柄，采用塑料与金属滑动副，可以有效降低手轮力，提高操作的灵敏度。

以PTFE为基的导轨塑料制品，常用的有填充PTFE导轨软带和改性PTFE三层复合导轨板。

1. 聚四氟乙烯导轨软带

填充聚四氟乙烯导轨软带是一种优良的自润滑导轨材料。它是美国SHAMBAN（霞板公司）首先生产的，品牌为Tureite。我国称为填充聚四氟乙烯导轨软带，简称导轨软带或软带。

填充聚四氟乙烯导轨软带，以聚四氟乙烯为主要原料，再加入增强材料，使弹性模量提高2~3倍，硬度、导热性及尺寸稳定性等均有改善；蠕变、线胀系数有所减小。

在聚四氟乙烯中填充的玻璃纤维粉，是用玻璃纤维经过球磨并过筛而得到的。它能提高制品的刚度、硬度、压缩强度和弹性模量，从而防止受力时产生蠕变现象，同时也提高了它的耐磨性。聚四氟乙烯中加入铅和663青铜粉（主要成分为锡、锌、铅和铜）等金属，可提高导热性、耐磨性、压缩强度、弹性模量和刚度，并能降低线胀系数。填充石墨，可改善聚四氟乙烯的耐磨性和导热性。

聚四氟乙烯的主要缺点是不粘性。导轨软带是通过模压成形，在327~375℃的温度范围内烧结而成棒料。然后根据用户需要，经切削加工成符合技术要求的导轨软带。导轨软带的生产成本比较低，只有滚动导轨成本的1/20，也比三层导轨板便宜，所以导轨软带在数控机床中的应用更为广泛。

在纯油润滑条件下，塑料与铸铁（HT200）摩擦副的耐磨性，比铸铁与铸铁的高3~5倍；对摩面的磨损量也减少了1/2。实践表明：采用塑料导轨的机床，大修期可延长到10年以上。

在满载荷工作的条件下，塑料与铸铁导轨副的铸铁年磨损量为4~8μm，比铸铁与铸铁摩擦副中的年磨损量30~120μm要低得多。

填充聚四氟乙烯塑料导轨在我国机床上的使用已经有三十几年了。它们都能有效地防止低速爬行，保持良好的运动平稳性和伺服特性。至今尚未发现因塑料老化或蠕变而失去工作能力的问题。表5-33列出了国内外塑料导轨软带的主要技术性能。

TSF软带是一种以聚四氟乙烯为基的复合物，它不仅比纯聚四氟乙烯有更大的承载能力，而且变形率也较小。TSF软带的承载能力测试，是在MM200摩擦磨损试验机上进行的。试验表明，载荷从小到大，摩擦因数随载荷的增加变化不大。这种特性对于机床起动后的平稳运动是有利的，它有助于减小载荷变化给移动部件运动带来的影响。TSF导轨软带的*PV*值为30MPa·m/min，而一般机床导轨的*PV*值很少超过4~5MPa·m/min，因此，TSF软带完全能满足机床提高运行速度和载荷的要求。

表5-33 国内外塑料导轨软带的主要技术性能

性　　能	TureiteB	国产TSF	国内外其他产品
摩擦因数	0.065	0.025	0.018~0.04
比磨损率/[mm³/(MPa·km)]	11×10^{-5}	9.4×10^{-5}	
线胀系数/(10^{-5}/℃)	11	9.8	<9.8
压缩永久变形(%)	1.0(3MPa时)	0.5(3MPa时)	<1.0(10MPa时)
极限*PV*值/(MPa·m/min)	23	30	30~39
拉伸强度/MPa	14.5	14.1	13~22
老化后拉伸强度/MPa		13.9,18.5①	
布氏硬度	9.27	9.27	6~10
密度/(kg/cm³)	3	2.9	2.1~3.1
工作温度/℃			-218~260

① 13.9MPa为露天老化3年；18.5MPa为用L-AN46全损耗系统用油，130℃老化7天。

对直径为ϕ40mm，厚度分别为1.2mm、1.5mm和2.5mm的软带承载能力的试验结果表明，当载荷低于20MPa时，变形甚微（一般机床导轨的实际载荷远低于20MPa)；其次，软带厚度小的，变形量也小，所以软带的选用宜薄不宜厚，测得的永久压缩变形小于1%。

2. 三层复合导轨板

三层复合导轨板指塑料—青铜—钢背三层复合自润滑导轨板，简称复合板。它综合了金属和塑料的长处，具有力学强度高、摩擦因数小、耐热性好、线胀系数小、导热性较好、使用温度范围宽等性能。

三层复合导轨板，国外最有代表性的产品是英国格拉西尔（Glaciers）金属公司生产的“DU”和“DX”。国内生产的同类型产品有：北京机床研究所研制成功、由北京粉末冶金五厂生产的FQ-1型，太湖无油润滑轴承厂和浙江嘉善自润滑轴承厂生产的SF型和辽源科学技术研究所生产的GS型等三层导轨板。此外，上海胜德塑料厂曾研制成功聚四氟乙烯（FS-4）改性聚甲醛机床导轨板。它是采用螺杆式注射机加工成型的。

三层复合导轨板由三层组成。第一层是耐磨层，主要由聚四氟乙烯+铅或改性聚甲醛组成，厚度为0.2~0.35mm，它具有良好的自润滑特性。装于机床导轨后一般不需要再加工。若以改性聚甲醛为基体的导轨板，可用金属、树脂和棉织物、玻璃纤维、石棉等材料制成。

第二层是耐磨增强材料，主要有铜粉、铁粉、铅粉等金属粉末和二硫化钼、石墨、硅微粉、钛白粉、立德粉等。这个中间层为烧结球形青铜粉或烧结青铜丝网的多孔层，以提高材料的导热性，避免氟塑料的蠕变，且有利于与表面层塑料的牢固结合，又可成为表面自润滑材料的储库。

第三层是厚度为0.5～3mm的钢板基体，这层是为了提高导轨软带的力学强度和承载能力。

在钢板基体上，烧结一层厚度为0.2～0.35mm的多孔青铜层；在青铜层上，辊轧一层厚度为0.01～0.05mm的聚四氟乙烯（PTFE）和铅的混合物。这样制备的导轨板具有良好的耐蚀性和导热性。也可用青铜背直接代替钢背，或在钢背表面镀上锡、铬等金属保护层。

三层复合导轨板在使用过程中，当表面塑料层被磨损后，中间的青铜与对偶件发生摩擦接触，摩擦力将增大，从而使温度上升。由于塑料的线胀系数远远大于金属，故此时塑料会从多孔层的孔隙中挤出，使自润滑材料不断向摩擦表面补充。因此，三层导轨具有良好的自润滑特性。

三层导轨板适用于中、小型机床的各向导轨，大型机床的横梁及刀架导轨。对于垂直导轨和镶条、压板更为适用。

表5-34列出了导轨板的主要技术性能，它取自浙江嘉善润滑轴承厂生产的SF等产品。其中SF-1型复合板，表层是聚四氟乙烯+铅混合物，厚度为0.2～0.35mm。静动摩擦因数基本一致，能防止低速下的爬行现象；有适量的弹性，有利于应力分布均匀，从而提高承载能力；吸振性好，噪声小。

表5-34 导轨板的主要技术性能

性能	SF-1	SF-2
抗压强度/MPa	280	140
工作温度/℃	-195～270	-20～100
热导率/[W/(m·K)]	2.41	2.03
线胀系数/(10^{-3}/℃)	2.7	5.1
摩擦因数	≤0.20	≤0.20(脂)
磨痕宽度/mm	≤55	≤4.5(脂)
极限 *PV* 值/(MPa·m/s)	3.6	10(脂)
磨损极限/mm	0.05	0.50

SF-2型复合板的表层是聚四氟乙烯+改性聚甲醛混合物，厚度为0.30～0.50mm。摩擦面较硬，耐磨性好；厚度比SF-1稍大，力学强度大，能承受较大的动、静载荷。

导轨软带和复合板的摩擦特性相近，导轨软带比三层复合板便宜，在数控机床中的应用更广泛。三层复合导轨板的力学强度和承载能力大，更适用于大型机床的横梁及刀架导轨等立式导轨和垂直导轨，以及用于镶条、压板。

以聚四氟乙烯为基的导轨软带、三层复合导轨板应用时，主要用黏合法，在大型、重型机床上应用。导轨板受载较大，黏合强度难以胜任时，可以采用螺钉固定的机械镶嵌方法。

5.6.5 聚醚醚酮阀片

聚醚醚酮（PEEK）是一种新型耐高温的热塑性工程塑料。该塑料在20世纪70年代末开发成功，20世纪80年代中期才在美、英等发达国家的航天航空尖端工程上得到应用。20世纪90年代以来，PEEK作为最热门的新型高性能工程塑料之一，受到材料应用研究人员的广泛关注，逐步在通用机械、化工、纺织、石油等工程中有所应用。与通常的耐高温工程塑料聚酰亚胺（PI）、聚苯硫醚（PPS）、聚四氟乙烯（PTFE）等相比，PEEK具有更高的耐热性，长期使用温度达到250℃，短期使用温度可达300℃，在400℃下短时间几乎不分解；同时耐蚀性优于PI、PPS，且接近PTFE；在力学性能方面不仅强度、弹性模量和断裂韧度高，而且高温下的强度损失较小，尺寸稳定性较好；在摩擦学性能方面，耐滑动磨损和抗微动磨损特性，尤其是耐高温磨损特性均较为突出；在成型加工方面，不仅能模压成型，而且也能挤出和注射成型，加工性能优于其他一般只能模压成型的耐高温塑料。因此，发挥PEEK高性能的优势，制造高精度、耐热、耐腐蚀、耐磨损、抗疲劳或耐冲击的工程零部件，代替传统的金属材料势在必行，其应用前景十分广阔。

郭强等人针对气体压缩机阀片、高温动密封环等典型易损耗件的使用场合，研究了PEEK经填充增强改性的配方材料及注射成型加工工艺；对试制材料的物理、力学和摩擦学性能进行试验评价；研制成功多种规格的PEEK阀片、PEEK动密封环等产品，得到满意的应用效果。表5-35列出了PEEK材料的基本组成。

表5-35 PEEK材料的基本组成

配 方 号	基体树脂	增强纤维	润滑剂
PEEK-1	PEEK	无	有
PEEK-2	PEEK	K_2TiO_3 晶须	有
PEEK-3	PEEK	玻璃纤维	有
PEEK-4	PEEK	碳纤维	有

PEEK配方设计的目的是获得高强度、高弹性模量、高断裂韧度、高尺寸稳定性等力学性能和耐滑动磨损、抗接触疲劳、抗微动磨损等摩擦学性能优异的材

料。成型加工分为挤出造粒和注射成型两个阶段。首先将粉末状 PEEK 与填料及晶须等进行机械混合，尽量分散均匀；然后进入高温双螺杆挤出机进行造粒，使各组分在树脂熔融塑化过程中充分捏合。用于增强的纤维也在双螺杆挤出塑化过程中，与树脂及其他填料捏合。注射成型是在高温注射机上进行的。模具设计要达到产品相近尺寸的坯料成型要求，一些非配合性尺寸也要一次性注射成型到位，而配合性尺寸则需机械加工。这样既节省较昂贵的 PEEK，又减少精密机械加工的成本。表 5-36 列出了 PEEK 材料的性能试验结果。

表 5-36 PEEK 材料的性能试验结果

性能		PEEK-1	PEEK-2	PEEK-3	PEEK-4
拉伸强度/MPa		100	110	120	126
断裂伸长率(%)		10	0.9	0.8	0.8
弯曲强度/MPa	20℃	163	172	149	170
	200℃	24	38		
压缩强度/MPa		170	163	185	188
缺口冲击强度/(kJ/m^2)		4.44	2.73	9.09	9.15
球压痕硬度/MPa		158	235	208	230
线胀系数(10～180℃)/$(10^{-5}/℃)$			2.9		
摩擦因数		0.32	0.32	0.31	0.25

从试验结果可知，PEEK 的拉伸强度以碳纤维增强 PEEK-4 效果最佳，玻璃纤维、晶须增强效果依次下降，但断裂伸长率依次增加，经纤维增强的 PEEK-3、PEEK-4 的拉伸强度较高，表明纤维与 PEEK 有较好的相容性；其余填充改性配方材料的拉伸强度与纯 PEEK 的拉伸强度（95MPa）相比有所提高，也说明该填料与 PEEK 有较好的相容性。因此，可以认为 PEEK 具有较宽范围的复合增强改性条件。由材料的弯曲强度和球压痕硬度可见，晶须或碳纤维增强的配方有利于材料的尺寸稳定性、刚性和抗变形能力的提高。但从冲击强度和压缩强度来看，晶须填充改性使冲击强度有所损失，压缩强度也不如纤维增强的，表明脆性增加，不过二者仍处于较高水平。碳纤维增强 PEEK-4 的力学性能最佳，但考虑碳纤维价格因素，在许多场合可采用刚性突出的晶须增强的 PEEK-2。

摩擦试验表明，PEEK-4 的摩擦因数最低，其余配方材料的摩擦因数均为 0.31～0.32，固体润滑剂改性的 PEEK-1 的摩擦因数最稳定；耐滑动磨损性能优劣次序为 PEEK-4、PEEK-1、PEEK-2、PEEK-3，PEEK-1 的抗微动磨损性能优于 PEEK-2。

PEEK 在机械工程中具有广阔的应用前景，尤其是制造的自润滑耐磨耐腐蚀的轴承、密封件、活塞环、滑块等零部件，使用寿命长，维护方便，减轻了件重，降低了噪声。

采用PEEK-2和PEEK-1两种配方材料，经高温注射成型大型石油化工生产线HHE-1型氢气压缩机的三环分立式阀片与弹环帽，代替不锈钢等金属材料阀片。使用工况为：压缩介质为含硫化氢的氢气，温度为135℃，最高压力为8MPa，低压段压差为3MPa，高压段压差为2.1MPa，阀片开启频率为5Hz。阀片装机使用证明，PEEK阀片使用可靠性提高，使用寿命延长，压缩效率提高，使用成本降低，还能明显降低机械噪声。PEEK-2还可用来制造化工、采油、矿山、燃气等领域的各种气体压缩机的网状阀片、菌状阀芯等零部件，使用效果显著。

用PEEK-4配方材料经高温注射成型，制造了发电成套设备中的一种大直径（ϕ700mm）高温（200℃）气动密封环。装机使用证明，材料耐温性、耐磨性及尺寸稳定性均达到技术指标要求，产品成型加工工艺简便，密封可靠，使用寿命超过设计要求的10000h，取得了良好的使用效益。

石油化工行业高温场合使用的阀门工作条件更为苛刻。根据材料硬度的要求，分别选用PEEK-1和PEEK-4两种配方材料，先通过高温注射成型近尺寸动密封环坯料，再经机加工和研磨制成动密封产品。经装配使用表明，其材料具有优异的耐高温蠕变性、耐蚀性及耐磨性等性能，密封适配性更为突出，使用寿命长。

5.6.6 聚四氟乙烯在ZL型立式多级泵中的应用

ZL型立式多级泵的水轴承，过去采用橡胶材料制作。橡胶轴承上设有螺旋沟槽，其走向符合圆周运动和水流方向，轴承始终有水润滑，否则，起动时无润滑的橡胶会因摩擦因数大和导热性较差而损坏。PTFE具有极优越的化学稳定性、热稳定性，良好的润滑性、减摩性，以及长期使用温度范围宽等性能。但PTFE的力学强度、刚度和硬度、热导率、耐磨性较差。向PTFE中填充石墨、二硫化钼、青铜粉、玻璃纤维等能改善PTFE的物理性能和力学性能。研究表明，填充青铜粉的PTFE拉伸强度为15~38MPa，弯曲强度为20MPa，压缩强度为16.5~20MPa，硬度为25~35HBS，摩擦因数为0.03~0.15，承载能力为100MPa，使用寿命可达15000h（为纯PTFE的2倍）。随青铜粉加入量的增加，填充PTFE的拉伸强度和伸长率下降。青铜粉的加入能改善PTFE的导热性，降低线胀系数（比纯PTFE降低约15%）。压缩强度增加，摩擦因数增大，青铜粉粒度大，填充PTFE的使用寿命低，反之，则提高其使用寿命。根据一系列填充改性试验，得出最佳配方为PTFE∶青铜粉=1∶1（质量比），青铜粉的平均粒径为500μm。

轴承的长径比为1.0较理想（一般不宜超过1.5），此时热量容易散发，摩擦因数最小。PTFE的壁厚既要保证强度和轴承的成型工艺，又要保证压配时不引起内圆变形，同时在轴承座孔中有足够的张紧力。实验确定壁厚为其内径的0.18～0.2较为合适。在轴承内壁上还开有润滑冷却沟槽。槽的形式采用直线形，这种形状对于排除磨屑、泥沙等有利，直线形槽对称开3个。水轴承结构如图5-16所示。

PTFE轴承外径应比轴承座孔的内径稍大一些。这样可以使衬套压入轴承座后具有适当的张紧力，使之牢固地固定在里面，防止衬套随轴转动和长期使用后松动。塑料轴承的配合间隙，不能采用一般金属零件间隙配合的润滑理论来计算，它应比金属零件大，可以参考表5-37来确定。

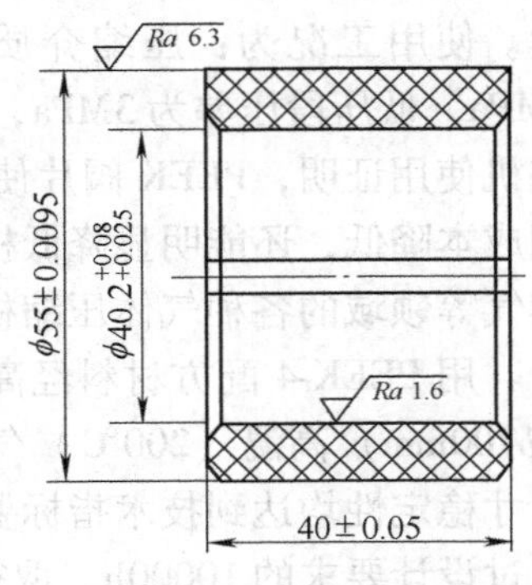

图5-16 水轴承结构

填充PTFE轴承只能用冷压烧结成型。为了使填充PTFE轴承在工作时，将薄薄一层PTFE转移到与轴承相配的下轴护套上，形成PTFE与PTFE的摩擦，提高对轴承组合的使用寿命，表面粗糙度*Ra*应控制在8～16μm。

表5-37 PTFE轴承设计间隙 （单位：mm）

轴径	$\phi6$	$\phi12$	$\phi20$	$\phi25$	$\phi38$	$\phi50$
间隙量	0.050～0.100	0.100～0.200	0.150～0.300	0.200～0.375	0.250～0.450	0.300～0.525

纯PTFE材料与钢镀硬铬对磨一段时间后，纯PTFE磨损量是镀铬表面磨损量的10～20倍。ZL型立式多级泵水轴承采用填充PTFE制作的轴承（轴承与表面镀铬层0.01mm的下轴护套相配），连续工作1年后，填充PTFE轴承无磨损，轴护套磨损0.5mm。实际应用证明，填充PTFE轴承耐磨性好，自润滑性能优良，具有较好的力学性能，耐咬焊，耐酸、碱、强氧化剂及有机液体的腐蚀，热导率比纯PTFE提高5倍，轴承寿命是橡胶轴承的2～2.5倍，可大大减少蠕变现象。

第6章 工程塑料在汽车中的应用

6.1 汽车塑料件

6.1.1 塑料件应用概况

汽车是现代工业文明的产物，汽车的发明和普及又促进了人类文明的进步。作为重要的交通运输工具，汽车也是国家综合工业的产物，社会经济发展的重要标志。但是随着汽车用量的增加，排放的污染物也随着增加。另一方面，汽车还是能源消耗大户，为了降低能耗，汽车的轻量化和节能是汽车工业的重要课题。要使汽车实现轻量化，就必须采用轻质材料，其中最重要的轻质材料就是工程塑料。

汽车零部件塑料化的目的是轻量化，节省能源，提高零部件的功能，简化制造工艺，提高汽车的质量和舒适性，增加安全性，降低成本，提高设计自由度。汽车选用轻质的塑料材料有助于解决安全和节能两方面的问题。用可吸收冲击能量的弹性体和发泡塑料制造的保险杠、仪表盘、座椅、头枕等制品，在发生交通事故时，可减轻对人体的伤害，提高汽车的安全系数。用密度仅为钢材1/8的塑料制造汽车零件，可有效地降低汽车的自重，从而达到节能的目的。近年来为了满足汽车减轻自重、提高舒适性和安全性的要求，汽车塑料件的品种和用量都呈现快速增长的趋势。汽车零部件的塑料化，首先是从比较容易的内外装饰件开始，用通用塑料代替金属材料。之后汽车冷却系统的风扇及护罩、散热器水箱，进气系统进气歧管开始采用玻璃纤维增强的聚酰胺、PPS、PBT、SMC、BMC、PP等。现在汽车发动机的许多周边部件、燃油箱、各种软管均采用工程塑料制造。汽车零部件塑料化的趋势，已从内外装饰件为主，扩展到功能件和结构件，由通用塑料扩展到强度高、冲击性能更好的工程塑料及塑料合金。

用塑料材料制造汽车制品的优点如下：

1）减轻质量，绝大多数塑料的密度为0.8~2.0g/cm^3，而钢板为7.8g/cm^3，铝为2.7g/cm^3，因此，车身材料塑料化是提高车身轻量化的最有效手段，可达到节能的目的。

2）塑料材料可有效地吸收冲击能量和振动能，减少汽车在撞击时对人体的损伤，提高汽车的安全系数。

3）提高汽车的功能性，如用塑料材料制造的保险杠，对吸收冲击能大有改善，用塑料制造的燃油箱，提高了耐蚀性。

4）成型加工容易，用金属材料制造的燃油箱，需要20道工序，而用塑料材料制造，则只用一道工序即可。

不同品种的塑料，由于其力学性能、加工工艺的不同，在汽车工业中的应用范围各异。塑料在汽车上的主要应用场合见表6-1。工程塑料在桑塔纳轿车上的应用情况见表6-2。

表6-1 塑料在汽车上的主要应用场合

材料	应用场合
PP	保险杠、蓄电池壳、仪表壳、挡泥板、嵌板、采暖及冷却系统部件、发动机罩、空气滤清器、导管、容器、侧遮光板
PU	坐垫、仪表板垫及罩盖、挡泥板、车内地板、车顶棚、遮阳板、减振器、护板、防撞条、保险杠
PVC	电线电缆包材、驾驶室内饰、嵌材、地板、防撞系统、涂料
PE	内护板、地板、燃油箱、行李箱、冲洗水水箱、挡泥板、扶手骨架、刮水器、自润滑耐磨机械零件
PMMA	后挡板、灯罩及其他装饰品
PF	化油器
ABS	收音机壳、仪表壳、制冷与采暖系统部件、工具箱、扶手、散热器格栅、内饰车轮罩、变速器壳
PA	散热器水室、转向器衬套、各种齿轮、带轮、发动机零件、顶盖、燃油箱、油管、进气管、车轮罩、插头、轮胎帘布、安全带
PC	保险杠、前轮边防护罩、车门把手、车身覆盖件、挡泥板、前照灯、散光玻璃
POM	燃油系统、电气设备系统、车身体系的零部件、线夹、杆塞连接件、支撑元件
PPO	嵌板、车轮罩盖、耐冲击格栅
PET	纺织物、盖、传动带、轮胎帘布、气囊、壳体
PBT	电子器件外壳、保险杠、车身覆盖件、刮水器杆、齿轮

表6-2 工程塑料在桑塔纳轿车上的应用情况

材 料	汽车零部件名称
PA6	转向盘法兰、排挡手柄、油管夹头、车门内饰板夹头、加速踏板限位器、前座椅调整杆轴套、嵌件凸块、电线束夹头(六件)、内扳手(左右两件)、摇窗球形把手
PA66	隔套、软管夹头、内楔形垫块、冷凝器保护栅支架、Y形三通、螺母塞、支撑夹头
PA12	油管(左右两根)、备用燃油箱
ABS	转向盘开关壳体、烟灰盒盖、车门锁杆按钮、仪表板开关饰板、车门头道密封压板、仪表板插片、起动拉索手柄、靠背框架、空调出风口、百叶窗(两件)、出风口阀板、内盖密封片、后视镜内盖、拉手盖板(两件)、衬里支架(两件)、车门搁手(左右各一)、散热器罩(左右各一)、散热器格栅、除霜器喷嘴(左右各一)、杂物箱及内饰总成、杂物箱中间饰板、刮水器挡风薄膜
POM	夹头(三件)、套管、角度杆(左右两件)、锁拉杆、支承套、隔套、导向杆(两件)、护盖、导向片(两片)、滑块、保险杠支架(四件)、支撑铆钉、电线束夹头(五件)、衬套、出风阀门操纵杆
PC	仪表板中加热板、点烟器夹紧套
改性PPO	出风百叶窗、各种电线夹头、车轮饰盖

塑料汽车配件一般可分为三类：内饰件、外饰件和功能（结构）件。内、外饰件对塑料材料的性能要求不高，可用普通的塑料材料即可；而结构件对所用塑料的性能要求则高，常用优质工程塑料及其合金。

6.1.2 内饰件

内饰件指轿车内部的装饰件。汽车常用的内饰件及所用材料见表6-3。

表6-3 汽车常用的内饰件及所用材料

内饰件	主要材料	性能要求	可替代材料
转向盘	PP、PU、HDPE等	耐热、手感好	热塑性弹性体
仪表板	金属骨架＋半硬发泡PU＋ABS或PVC皮、ABS、ABS/PVC、PPO/ABS、增强PP等	耐光、强漆性	冷硫化PU、SMA、PC/ABS等

（续）

内饰件		主要材料	性能要求	可替代材料
仪表板芯		ABS	强度、涂漆性	增强 PP
仪表盖板		ABS	尺寸稳定，耐热	增强 PP
杂物箱		PP	铰链特性	
烟灰缸		PF	耐热	GFPBT
仪表板底托架		PP	低价格	
车门内手柄		ABS、PVC 皮 + PU + PE	韧性好	热塑性 PU
坐垫、靠垫		软发泡 PU	回弹性高，柔软	
头枕芯		半硬发泡 PU	柔软	
暖风机壳		ABS、增强 PP	耐热、强度	
暖风机叶轮		POM	强度	
车门内饰板	表皮	PVC	柔软、耐寒	
	填料	发泡 PU	隔热、隔声	发泡 PE 及 PS
	芯材	硬纸板	价格低	PP + 篓纸
车顶棚衬里	表皮	PVC 膜或壁纸	柔软、耐寒	布
	填料	发泡 PU	隔热、隔声	发泡 PE 及 PS
	芯材	塑料毡 + PF	价格低	PS 泡沫

6.1.3 外饰件

外饰件除具备内饰件的性能外，还要具有高强度、高韧性、耐环境性及耐冲击性等。

外饰件的品种及使用材料如下：

1）前后保险杠，选用 PP/EPDM、RIM-PU、TPU、PC/PBT、EPDM、SMC（UP）、MPPO 等。

2）车身、顶棚，选用 SMC、PC/ABS 等。

3）外门板，选用 SMC、ABS、增强 PP、RIM-PU 等。

4）挡泥板，选用增韧 PP、RIM-PA 及 PBT 等。

5）轮罩壳，选用增韧 PP、ABS、PPO/ABS 等。

6）镜框，选用 PP、PU、PS 等。

7）灯罩，选用 PMMA、PC、SMC 等。

8）散热器隔栅，低档选用 ABS、增强 PP、SMC 等，高档选用 MPPO、改性 POM 等。

9）遮阳板面料，选用软 PVC 片等。

10）遮阳板固定架，选用改性 PP 等。

6.1.4 结构件

结构件对所用塑料材料的性能要求很高，不仅要求材料的强度要高，而且耐热性要好。

结构件的品种及使用材料如下：

1）发动机及周边零件，要求耐热 160～200℃，选用 GF-PA66 及 GF-MPPO 等，发动机罩可用 SMC 等。

2）蓄电池壳，选用改性 PP 等。

3）风扇叶，选用增强 PP 等。

4）车轮，选用 SMC 等。

5）传动轴，选用玻璃纤维或碳纤维增强 EP 等。

6）座椅架，选用增强 PP 等。

7）燃油箱，选用 HDPE/PA/HDPE 及 UHMWPE 等。

8）燃油管，选用 PA11 及 PA12 等。

9）密封条、圈，选用 EPDM、PVC、PU 等。

10）窗玻璃，选用 PC、PMMA。

6.2 工程塑料汽车配件

与通用塑料相比，工程塑料在强度、刚性、耐热性、耐冲击性和尺寸稳定性等方面具有优势。随着工程塑料及其合金的迅速发展，工程塑料在汽车内饰（装）件、外饰（装）件和功能（结构）件上的应用日益增多，汽车工业已经成为工程塑料的第二大市场。

在内饰件方面，汽车和内饰件制造商正不断推出新型内饰材料，在不增加费用的情况下，满足用户舒适性和安全感方面的要求。聚酯/ABS（PC/ABS 塑料）等合金是最适合用于汽车内饰件的材料，如仪表板及其周围部件、防冻板、车门把手、托架、转向柱护套、装饰板等汽车零部件。

在外饰件方面，聚酯（PBT）和聚酯/聚碳酸酯（PC/PBT）合金，尤其是弹性体增韧 PC/PBT 合金和 PC/PET 合金，是制造汽车外饰件的理想材料，它们适合制作汽车车身板、汽车侧面护板、挡泥板、汽车门框等。

在各种功能零部件上，工程塑料的应用更是越来越广泛。例如：尼龙可用于汽车发动机及发动机周边部件；改性聚甲醛（POM）一般用于制造轴套、齿轮、滑块等耐磨零件；改性聚苯醚（PPO）则主要用作汽车轮罩、前照灯玻璃嵌槽、尾灯壳等对耐热性、阻燃性、耐冲击性、尺寸稳定性、力学强度要求较高的零部件。表6-4列出了常用工程塑料的性能特点及在汽车上的典型用途。

表6-4 常用工程塑料的性能特点及在汽车上的典型用途

材料		特点	典型用途
ABS(丙烯腈-丁二烯-苯乙烯共聚物)		价廉，尺寸稳定性好，力学性能良好，易于加工，表面粗糙度值低，可以电镀，耐寒性好，易受很多溶剂浸蚀，材料在阳光下变脆	车轮罩、镜框、仪表板、转向柱套、喇叭盖、散热器面罩、收音机壳、杂物箱、暖风壳、百叶窗等
PA(尼龙)	尼龙6	优良的抗蠕变性和抗疲劳性，坚韧，耐磨，耐各种化学溶剂，吸湿性大，在干燥环境中冲击强度低	轮胎帘布、安全带，经纤维和矿物填料改性可用于正时轮胎、前照灯壳、空气滤清器
	尼龙66	拉伸强度高，吸湿性大，在干燥环境中冲击强度低	轴承保持架、各种仪表齿轮、油底壳等
	尼龙610	比尼龙6和尼龙66吸湿性低，比较坚韧；比尼龙6、尼龙66强度低，价格较高	刷子硬毛、电缆包皮、特殊的模压制品
	尼龙11、12	比尼龙610吸湿性低，耐低温性好，价格较高	软管(制动软管、燃油管)，涂料
POM(聚甲醛)		强度高，坚硬，热空气中长期使用温度为105℃，摩擦因数小，易于加工，难于黏结，阻燃性差，中等价格	板簧吊耳衬套、拉杆球碗、仪表齿轮、半轴垫片及各种耐磨衬套
PET(聚对苯二甲酸乙二醇酯)		抗蠕变性优良，抗疲劳性好，中等价格，难于模压成型	纤维和薄膜、轮胎帘布、中空吹塑瓶等
PBT(聚对苯二甲酸丁二醇酯)		抗蠕变性、抗疲劳性好，耐化学腐蚀，耐热(163℃)，优良的润滑性和模塑性，中等价格，在热水(38℃)中水解，稳定性差，缺口冲击敏感	电器元件、汽车车身部件、分电器盖、刮水器杆、齿轮等
PC(聚碳酸酯)		透明，特别坚韧，尺寸稳定，耐热(121℃)，容易应力开裂，中等价格，耐溶剂性差	安全玻璃、灯玻璃、安全帽、仪表标牌等
PI(聚酰亚胺)		耐316℃，优良的耐磨性和介电性，价格较高，难于加工	悬架支撑盘、耐磨轴承、液压泵活塞、齿轮、止推垫片
PTFE(聚四氟乙烯)		耐高温，化学稳定性好，摩擦因数小，介电性好，价格较高，强度低，难于加工	减摩衬套、各种密封垫圈、阀座等

6.2.1 ABS

ABS是汽车上使用最多的工程塑料，可用于车内和车外部件。其中车内部件占60%左右，包括门窗内板、转向盘、导油管及把手和按钮等小部件；车外部件包括前散热器护栅和灯罩等。表6-5列出了桑塔纳轿车上的ABS塑料件。

表6-5 桑塔纳轿车上的ABS塑料件

零部件所属总成	零件名称
车内采暖及通风	空调出风口、侧通风口及导向片、中通风口及导向片、出风阀按钮、出风口阀板、除霜器喷嘴
车门	车门锁杆按钮、左车门头道密封压板、右车门头道密封压板、左遮光板内调节、右遮光板内调节、左外视境内盖、右外视境内盖
仪表板总成	仪表板左饰条、仪表板右饰条、仪表板开关饰板、开关盖、仪表板插座、盖、仪表板右饰框、仪表板左饰框
杂物箱	左边杂物箱、杂物箱及内饰总成、杂物箱中间饰板
外后视镜总成	镜框
烟灰盒总成	后烟灰盒盖、中烟灰盒
863总成	衬里左支架、衬里右支架
车身内饰	喇叭装饰罩、车门主体、左前柱内饰总成、右前柱内饰总成、左后柱内饰总成、右后柱内饰总成
座椅总成	靠背框架、内盖密封片
电器总成	转向盘开关上壳体、转向盘开关下壳体、开关盖
车身饰件	左刮水器挡风薄膜、右刮水器挡风薄膜、仪表板商标、商标(VW)、大众商标、SANTANA商标、散热器护条、散热器格栅、拉手盖板

6.2.2 聚酰胺

聚酰胺具有优异的韧性、耐冲击性、耐磨性、耐热性、耐油性、耐低温性、耐化学药品性能等，能满足热、油、药品及光照等环境的苛刻要求，在汽车工业中应用广泛，其用量居于工程塑料之首。对汽车而言，使用聚酰胺（尼龙）部件具有性能稳定、质量轻、不生锈、易加工成型、生产和维护成本低等优点。因此，尼龙部件逐渐取代了一些金属部件，尼龙在汽车上的用量也得到快速增长。表6-6列出了聚酰胺在汽车配件上的应用，所用聚酰胺的品种有PA6、PA66、PA1010、PA610、铸型PA、PA11、玻璃纤维增强PA、矿物增强PA、增韧PA等。

表 6-6 聚酰胺在汽车配件上的应用

类型	配件名称
内饰件	烟灰盘、车窗玻璃升降机杆、车窗曲柄、仪表板支架及组件、车门内部手柄、转向盘、转向盘托架、制动液罐、导线夹、熔断器盒、熔断器盒盖
外饰件	车轮盖盘、车轮饰面材料、滚珠轴承座圈、车架前端和尾端、后视镜外壳和支架、散热器护栅、阻流板、车门手柄、车门锁撞针、车灯外壳
结构件	发动机盖、发动机装饰盖、气缸头盖、定时齿轮、齿轮槽、齿轮带、油尺、滤油器外壳、甩油环、进油管、油槽盖、气缸顶盖、离合器推力轴承 风扇、风扇罩、散热器水箱、冷水管、恒温器外壳、加热器槽、燃料进入总管、燃油滤清器壳、空气滤清器壳、通气管 燃油箱的加油口盖、燃油管、燃油加油管、燃油箱通风管、气制动软管、液压制动软管、动力转向软管、洗涤器管、空调软管、真空管油管、滤油器、排油管

GFPA6、GFPA66、增强阻燃 PA6 等主要用于汽车发动机及发动机周边部件。聚酰胺具有较好的综合性能，用玻璃纤维改性后，其主要性能，如强度、制品精度、尺寸稳定性等，均有很大的提高，使 PA 成为发动机周边部件的理想选择材料。进气歧管是改性 PA 在汽车中最为典型的应用。GFPA 还用于制作汽车的轴承、齿轮等。

阻燃 PA 可用于汽车内装插接器；增韧 PA 可用于齿轮、接插件、发动机罩、汽车车身等；多元共聚 PA 可用于轮胎工业、油封垫圈、涂料等；PA/PPD 类合金在日产汽车上用作前后保险杠、后防护板、门把手、开关、整流罩的排气管等。汽车发动机盖、发动机装饰盖、气缸头盖等部件采用改性聚酰胺材料后，与金属材料相比，质量减轻，成本降低。以气缸头盖为例，质量减轻 50%，成本降低 30%。

表 6-7 列出了国内部分汽车用尼龙的主要性能。表 6-8 列出了 PA 在汽车上应用的部分实例。

表 6-7 国内部分汽车用尼龙的主要性能

性能	SINOPEC PA6 合金	SINOPEC PA6G10	SINOPEC PA6G20	黑龙江尼龙厂 PA66G30	黑龙江尼龙厂 PA610
密度/(kg/m^3)	1.08	1.28	1.26	1.39	1.08
吸水性(24h,%)	1.5		1.4		0.3
拉伸强度/MPa	55	123	120	170	50
弯曲强度/MPa	72	206	188	200	700
弯曲模量/MPa	2016	5100	5800	5500	
断裂伸长率(%)	70	3.6	4	11	

（续）

性　　能	SINOPEC PA6 合金	SINOPEC PA6G10	SINOPEC PA6G20	黑龙江尼龙厂 PA66G30	黑龙江尼龙厂 PA610
缺口冲击强度/(kJ/m²)	31	134J/m	12	11	3.2
洛氏硬度(R)			122		
热变形温度(1.82MPa)/℃	78	190	219 (0.46MPa)		
成型收缩率(%)			0.8		
线胀系数/(10^{-5}/℃)					10

表6-8 PA在汽车上应用的部分实例

部　件　名　称	所　用　材　料	成型方法与特点
渗漏连接管、MSC弯路管	PA6	注射成型，降低成本
摇臂杆盖	GFPA6	注射成型，降低成本
齿轮带罩	PA66	注射成型，降低成本，防噪声
滤清器	PA6，PA66	轻量化，降低成本，注射成型
遮阳板托架	PA6，PA66	注射成型，轻量化
刮水器齿轮	GFPA6，PA66	注射成型
计数齿轮、调速齿轮	PA66	注射成型，降低成本，防噪声
前灯壳、雾灯壳	GFPA6，PA66	注射成型
自动调节座椅框架	GFPA6，PA66	注射成型，轻量化
门把手、手触摸部件	抗菌GFPA6	注射成型，抗菌防霉
蓄电池外壳	PA6	注射成型
发动机安装架	GFPA66	注射成型
空气袋外壳	GFPA6	注射成型
座椅支撑架	GFPA6	注射成型
后视反射镜夹具	GFPA6	注射成型
车轮饰盖	GF或MPA6，PPO/PA6，改性PA66	注射成型
车身外板(挡泥板、前端板、后端板、阻流板)	PPO/PA，PA/ABS，无定型PA	PIM
散热器格栅	PPO/PA	
月牙锁	GFPA66	注射成型，强度高，外观好
炭罐	PA66	耐热，耐油，防止燃油箱油蒸发扩散到大气中

（续）

部 件 名 称	所 用 材 料	成型方法与特点
转向盘法兰	PA6	
排挡手柄	PA6	
门内饰板夹头	PA6	
加速踏板限位器	PA6	
前座椅调节杆轴套	PA6	
摇窗球形把手	PA6	
软管夹头	PA66	注射成型
冷凝器保护栅支架	PA66	注射成型
螺母塞	PA66	
塑料支架	PA66	注射成型
支撑夹头	PA66	注射成型
加速踏板轴承套	30% GFPA66	
空调出风口操作杆	30% GFPA66	注射成型
蜗轮	GFPA66	注射成型
车门反射镜托架	GFPA66	高刚性，外观好
车顶导流板	GFPA66	高刚性，轻量
车顶雨水沟道	GFPA66	注射成型，轻量，耐久
调节控制凸轮	GFPA66	注射成型，轻量，耐久性强度好
恒温箱盖	GFPA66	
燃油滤清器	GFPA6	
水泵叶轮	GFPA66	注射成型，降低成本
刮水器	PA11	注射成型
车灯遮板	PA11	注射成型
驻车制动把	PA11	注射成型
手柄	GFPA66	
传动轴十字节衬套	PA1010	代替滚针轴承、耐磨
集控门锁器中的压板、滑水板、固定螺钉等	PA1010	
传动轴保持架	石墨 PA1010	可长期在 80 ~ 85℃下，2500 ~ 4000r/min
发泡成型燃油箱浮标	PA12	
座椅靠背的摆背	GFPA66	节省 1/3 费用

（续）

部件名称	所用材料	成型方法与特点
座椅中腰部调节器	PA	质量减轻67%
各种车轮、罗拉、齿轮	MC尼龙、GFPA	要求强度高，耐磨、耐候性、滑动性优良

汽车上使用的各种聚酰胺软管，包括轿车、轻型车、载货车上所用的各种输油管，制动系统、离合器、空调器等装置的软管、螺旋管，均采用PA11、PA12、PA1212，其中最主要的是PA11。PA11最适合作为汽车用的各种管材，该材料耐油性、耐磨性优良，内外表面光滑，在有灰尘、沙土和锉屑的情况下，不影响其使用性能；PA11热容较大，可承受突发瞬间高温；还耐潮湿，耐水侵蚀，耐久性良好，不受霉菌侵蚀，是汽车输油管和其他用途管材的最理想材料。利用这些聚酰胺材料可以制作主输油管、发动机管路、真空管、燃油箱及空调、制动系统的油压离合器管、冷气管路、气控管路、车门调整管路、制动管等。欧美国家广泛使用PA11作为汽车的制动管和输油管。我国大部分汽车也采用PA11输油管，这是因为用PA11制作的管路具有质量轻、耐腐蚀、不易疲劳开裂、密封性好、内壁光滑、阻力小、易安装和维修等特点。PA11具有较好的耐热性，可以经受汽车发动机运转等产生的高温和环境的高低温变化；有优良的耐油性，可以经受汽车上使用的汽油、机油、齿轮油和制动液；耐化学药品，不受汽车冷却液、蓄电池电解液等的腐蚀；具有高强度，也是汽车发动机、传动部件及受力结构部件的理想材料。汽车工业是目前PA11最大的应用领域，年消耗量约占PA11总产量的1/2。

6.2.3 聚甲醛

聚甲醛（POM）具有优异的抗疲劳性、抗蠕变性、耐磨性、耐蚀性，耐化学药品性良好，电性能较好，耐电弧性很好。但易燃烧，耐候性较差。

POM生产的汽车部件质量轻，噪声低，成型装配简便，在汽车制造业获得越来越广泛的应用。POM在汽车中主要用于散热器箱盖、燃油箱盖、燃油箱加油口、散热器排水管阀门、排气控制阀门、水阀体、水泵叶轮、燃油泵、化油器壳体、加速踏板、加热器风扇、空压机阀门、加热器控制杆、组合式开关、洗涤泵、门锁零件、遮光板托架、速度表壳体、车窗调节手柄、反射镜支持板、刮水器枢轴轴承、刮水器电动机齿轮等。汽车门锁中外手柄部分的外手柄、外手柄固定板、支承板、外手柄卡扣，内手柄部分的内手柄、内手柄壳、内手柄座，连接件部分的转动臂、转动臂套、卡轴、连接套、卡扣、垫圈，锁体部分的爪支座、护罩和轴套都可用聚甲醛制作。

下面介绍聚甲醛的应用实例：

（1）暖风叶轮总成 原金属叶轮总成由底板、顶圈、轮叶、轴承、顶螺钉组成，质量为179.5g。改用聚甲醛后由叶轮、锁紧螺母、螺母构成，质量为78.5g。

（2）转向柱组合开关 由节气门、闪光灯、前照灯、刮水器、玻璃清洗、停车灯等的多功能开关组装而成，其壳体采用30%玻璃纤维增强PA66注射成型，零件采用PA零件和POM零件匹配。

（3）车门锁壳体 采用POM注射成型的一体结构代替原来的多件组合，具有质量轻、成本低、不生锈的效果。

（4）车门窗玻璃升降机构 机构的托架、导轨、滑轮、摇把等全由POM制成，噪声小，自润滑好。

6.2.4 聚碳酸酯

聚碳酸酯（PC）的耐冲击性是塑料中最高的，聚碳酸酯有优异的抗蠕变性和电性能，阻燃性好，使用温度范围大。但聚碳酸酯的耐药品性、耐碱性欠佳。通过改性能够提高PC的耐蚀性。

PC在汽车中主要用于：汽车上盖、柱罩、仪表盘、车身板、底盘、电器及机械零部件、风窗玻璃、安全玻璃、车灯、前灯座、保险杠、车轮盖、后视镜、前照灯、车尾灯、转向灯，以及车厢内照明灯的各种灯罩。

PC经过改性具有较高的力学性能和良好的外观，主要用于汽车外装饰件和内装饰件，用途最为广泛的是PC/ABS合金和PC/PBT合金。

PC/ABS合金具有优异的耐热性、耐冲击性和刚性，良好的加工流动性，适合用于汽车内装件。PC/ABS合金的热变形温度为110～135℃，完全可以满足热带地区炎热夏天的中午汽车在室外停放的受热要求。PC/ABS合金有良好的涂饰性和对覆盖膜的黏附性，因此，用PC/ABS合金制成的仪表板无须进行表面预处理，可以直接喷涂软质面漆或覆涂PVC膜。

PC/ABS合金用来制造汽车仪表板周围部件、防冻板、车门把手、阻流板、托架、转向柱护套、装饰板、空调系统配件等汽车零部件。PC/ABS合金制作的汽车外装件有汽车车轮罩、车身外板、反光镜外壳、尾灯罩等。PC/ABS具有良好的成型性，可加工汽车大型部件，如汽车挡泥板。

PC/PBT合金和PC/PET合金既具有PC的高耐热性和高耐冲击性，又具有PBT和PET的耐化学药品性、耐磨性和成型加工性，是制造汽车外装件的理想材料。PC/PBT汽车保险杠可耐-30℃以下的低温冲击，保险杠断裂时为韧性断裂而无碎片产生。弹性体增韧PC/PBT合金和PC/PET合金更适合制作汽车车身板、汽车侧面护板、挡泥板、汽车门框等。高耐热型PC/PBT合金和PC/PET合金的注射成型外装件可以不用涂漆。PC/PET合金可制作汽车排气口和牌照套。

6.2.5　改性聚苯醚

改性聚苯醚（MPPO）的耐热性高，一般品级的热变形温度为136℃（0.45MPa）；电性能好，温度、湿度和频率对电性能的影响小；具有自熄性；吸水性小，耐水解性好；成型加工性良好；收缩率低，线胀系数小。但耐有机溶剂性和耐磨性较差。

MPPO在汽车上主要用作对耐热性、阻燃性、电性能、耐冲击性、尺寸稳定性、力学强度要求较高的零部件。例如，PPO/PS合金适用于潮湿、有载荷和对电绝缘要求高、尺寸稳定性好的场合，适合制造汽车轮罩、前照灯玻璃嵌槽、尾灯壳等零部件，也适合制造连接盒、熔丝盒、断路开关外壳等汽车电气元件。

PPO/PA合金由于具有优异的力学性能、尺寸稳定性、耐油性、电绝缘性、耐冲击性，可用于制作汽车外部件，如大型挡板、缓冲垫、后阻流板等。PPO/PBT合金的热变形温度高，对水分敏感度小，是制造汽车外板的理想材料。

MPPO在汽车上可用于制作仪表板、仪表罩、副仪表板、杂物箱、音箱格栅、后视镜壳、立柱护盖、熔丝盒、继电器壳、闪光灯壳、前照灯反射壳、车轮罩、装饰条、通风格栅、散热器面罩、后视镜壳、侧密封条、阻流板、散热器水池等。

6.2.6　热塑性聚酯及其合金

热塑性聚酯的品种较多，但90%以上是对苯二甲酸丁二醇酯（PBT）和聚对苯二甲酸乙二醇酯（PET）。PBT和PET具有优良的力学性能、电绝缘性、耐热性、耐化学药品性、抗蠕变性、抗疲劳性及耐磨性。但结晶度较低，小于30%；PBT和PET的T_g较低，相应的高载荷下的热变形温度也不高，从而限制了纯树脂的应用。PBT和PET经过玻璃纤维增强改性后力学性能、热性能显著提高。

在汽车制造领域，PBT广泛地用作质量轻、耐磨、耐冲击的各种零部件，如保险杠、齿轮、凸轮、发动机放热孔罩、电刷杆、化油器组件、挡泥板、扰流板、火花塞端子板、供油系统零件、仪表盘、汽车点火器、刮水器支架、各种电器插接器、配电盘盖、车内灯座、车窗固定器、后侧天窗、后车身装饰板、传动阀、冷风扇、门锁手柄、车后拉手、加速器及离合器踏板等部件。PBT的抗吸水性优于PA。在相对湿度较高、十分潮湿的情况下，由于潮湿易引起塑性降低，电器节点处容易引起腐蚀，常可使用改性PBT。在80℃、90%相对湿度下，PBT仍能正常使用，并且效果很好。

GE公司的PBT/PC合金，商品名为Xenoy1731。该塑料合金的耐热性好，耐应力开裂，具有优良的耐磨性、耐化学腐蚀性，低温冲击强度高，易加工和涂饰性好，主要应用于高档轿车保险杠、车底板、面板和摩托车护板等。

PET具有优良的力学性能、电绝缘性、耐热性、耐化学药品性、抗蠕变性、抗疲劳性及耐磨性等，在力学性能和耐热性能上都优于PBT，其综合性能优于PA和PC，价格比PBT、PC、PA等工程塑料低。联合信号公司开发的Petra系列PET工程塑料，除具有PET一般的性能外，还具有优良的耐高温性能和优异的低温冲击强度，经得起200℃以上的电喷着色处理。由该原料制得的制品具有很好的表面性能，可用于生产汽车的内、外装饰件，如车门、门支撑架、引擎盖等，主要性能见表6-9。

增强PET可用于制作配电盘罩、点火线圈、各种阀门、排气零件、分电器盖、雾灯支架等。PET纤维编织物广泛用作汽车内饰面料。

表6-9 联合信号公司Petra 330 FR B-112 PET性能

性能	试验方法ASTM	数值
密度/（g/cm^3）	D792	1.67
洛氏硬度（R）		118
拉伸断裂强度/MPa	D638	135
弯曲强度/MPa	D790	215
弯曲弹性模量/MPa	D790	9930
缺口冲击强度/（J/m）	D256	90
熔点/℃	D3418	250
热变形温度（1.8MPa）/℃	D648	223
成型收缩率（%）		0.3
体积电阻率/Ω·cm	D257	$>10^{15}$
介电强度（短时，1.5mm）/（kV/mm）	D149	29

我国开发的PET工程塑料具有耐热性好，耐老化性好，强度和刚性高，韧性好，耐油耐化学性、尺寸稳定性、电器绝缘性好等优点。可用于生产汽车的行李架、进气隔栅、发动机罩、继电器、传感器、刮水器电动机座、风扇叶片架、开关。

6.3 汽车内饰件

6.3.1 汽车仪表板

汽车仪表板是汽车上的主要内饰件之一，要求具有一定的强度、刚度，能承受仪表、管路和杂物等的载荷；能抵抗一定的冲击，有良好的韧性和冲击能量吸收性；有良好的尺寸稳定性，在长期高温下不变形、不失效；有良好的耐久性，耐冷热冲击、耐光照；能耐汽油、柴油和汗液的腐蚀；有适当的装饰性。

汽车仪表板是汽车上的重要功能件与装饰件，是一种薄壁、大体积、上面有很多安装仪表用的孔和洞、形状复杂的零部件。用钢板制造时，不仅成本高，而且还须经过剪切、冲压、钻孔、喷漆等十余道工序。而用塑料制造，只需一次注射或吸塑即可成型，其优点、经济效益及发展前景都是可观的。

汽车仪表板的结构和用材多种多样，基本上可以分为硬质和软饰仪表板两大类。硬质仪表板多用于载重汽车及客车，采用直接注射成型，一般不需要表皮材料。这种仪表板尺寸较大，表面质量要求高，并要求高温耐热、刚性，可用的材料有改性 PPO、ABS 树脂、填充 PP。ABS 树脂的耐热性、窗玻璃模糊性、玻璃上的倒影等问题有待解决；填充 PP 需要改善制品表面的缩孔和窗玻璃模糊性。注射成型的整体塑料仪表板生产率高，材料成本低，但外观和手感较差。目前，国产的微型车和轻型车大都采用改性聚丙烯或 ABS 一次注射成型的仪表板。

一些国产车的仪表板用 ABS/PVC 合金制成，有一定的力学性能和耐候性，价格便宜，但是耐冲击性低，手感差。国外较好的车种都采用档次较高的塑料合金制作，如 HONDA/CR-X（本田）、HONDA/SATURN 的仪表板用 PC/ABS 合金制成，材料具有高的冲击强度（是 PVC/ABS 的 3 倍以上），优良的其他力学性能（也是 PVC/ABS 的数倍），耐气候老化，但价格稍贵。

软饰仪表板由表层、缓冲层和骨架构成。表层可采用 PVC/ABS 片材真空吸塑成型、粉末 PVC 搪塑成型；仪表板骨架可采用钢板、玻璃纤维增强聚丙烯、改性 PPO、玻璃纤维增强 ABS、超耐热 ABS、ABS/PC 合金、PC/PBT 合金塑料制作。南京依维柯和二汽 EQ 153 型车的仪表板骨架材料为 ABS/PC 塑料合金。

6.3.2 门内板

门内板的构造基本上类似于仪表板，由骨架、发泡材料和表皮构成。以小红旗轿车和奥迪轿车为例，门内板的骨架部分由 ABS 注射成型，再把衬有 PU 发泡材料的针织涤纶表皮以真空成型的方法，复合在骨架上形成一体。

中低档轿车的门内板，可采用木粉填充改性 PP 板材或废纤维层压板表面复合针织物的简单结构，即没有发泡缓冲结构。有些货车上甚至使用直接贴一层 PVC 人造革的门内板。

目前门内板的材料也已多样化。例如，德国 Audi 公司 TT 车的门内板已采用 Bayer 公司专门为其研制的 2443 ABS。此材料有良好的流动性，在注射成型中不易产生质量问题。

6.3.3 侧窗防霜器

由于车厢内外温差而造成侧窗玻璃模糊，影响驾驶员的视线，侧窗防霜器孔中可喷出冷热气体，以消除侧窗的模糊。桑塔纳轿车的防霜器是用 PC/ABS 制成的。

6.3.4 座椅

P L Porter 公司在生产自动座椅的靠背调节系统时，使用 LNP 工程塑料公司的 Verton RF（长玻璃纤维增强 PA66）制作倾斜摇臂，拉伸强度和压缩强度均符合要求。对于两门车和货车座椅的靠背调节系统，使用该公司的 LubricantRFL（玻璃纤维增强 PA66）制作倾斜杠杆，可减少磨损。通过使用这两种复合材料，P L Porter 公司将座椅倾斜装置和靠背调节系统一体化，降低了 1/3 的成本。

6.3.5 门锁

在汽车门锁机构中，塑料件已成为汽车门锁的重要构成部分，在汽车门锁中起到连接、支撑、传动、消声、减振和密封的作用。塑料件采用的材料主要有聚碳酸酯（PC）、聚甲醛（POM）、尼龙（PA）、ABS、聚丙烯（PP）、聚乙烯（PE），以及它们的改性材料。汽车门锁主要包括内、外手柄部分，连接部分和锁体部分。表 6-10 列出了塑料在汽车门锁零件中的应用情况。

表 6-10 塑料在汽车门锁零件中的应用情况

零件名称		POM	PA	PC	ABS	PP	PE
外手柄部分	外手柄	✓		✓			
	外手柄固定板	✓		✓			
	支撑板	✓		✓			
	外手柄卡扣	✓	✓				
内手柄部分	内手柄	✓	✓				
	内手柄壳	✓	✓		✓	✓	
	内手柄座	✓	✓				
	装饰板				✓	✓	
	内手柄卡扣		✓				
连接件部分	转动臂	✓					
	转动臂套	✓	✓				
	心轴	✓	✓			✓	
	卡轴	✓	✓				
	连接套	✓	✓				
	卡扣	✓	✓				
	支撑座		✓				
	垫圈	✓	✓				

（续）

零件名称		POM	PA	PC	ABS	PP	PE
锁体部分	护罩	✓					
	消声垫		✓				
	减振块		✓				
	轴套	✓	✓				
其他	车门安全钮				✓	✓	
	护套						✓
	压块					✓	

6.4 汽车外饰件

6.4.1 汽车保险杠

汽车保险杠要求材料具有足够的强度、刚性和耐冲击性，以吸收汽车相撞时的冲击能量，同时应具有耐振性、耐磨性、耐热性、耐气候性、耐污染性，以及良好的外观。保险杠按所用的材料分为金属材料保险杠和非金属材料保险杠。金属材料保险杠一般用高强度钢板冲压而成，常用于客车和货车。非金属材料保险杠一般用于轿车，所用塑料的品种有PP/EPDM、PC/PBT、PC/ABS、MPPO、热塑性聚氨酯和SMC等。保险杠采用的材料不同，其结构也不同。PP/EPDM、MPPO、PC/PBT及SMC片状模塑料，由于材料本身的强度和韧性较高，可不加钢衬单独成型。而PU材料韧性高而强度不高，需要加钢衬支撑。

PP/EPDM具有质量轻、较好的耐冲击性和刚性，加工方便、成本低、废品可回收利用等特点；但涂装性能较差，强度较低。PP/EPDM保险杠主要在中低档轿车上应用。

国际上一些高档轿车大多采用PC/PBT制作保险杠。PC/PBT塑料合金具有高刚性、高耐冲击性、较好的焊接性、优良的涂装性及良好的表面光泽性，其低温冲击强度特别好。用PC/PBT材料制成的保险杠，车身和保险杠可一次涂装，成为同一色彩。德国Mercedes-Benz的190型、德国Opel的Manta型、美国FORD的ESCOT型等均采用PC/PBT合金保险杠。

美国GE公司开发了汽车专用品级PC/PBT合金Xenoy 1101，用于制作汽车前后保险杠。该牌号是在PC与PBT共混物中再加入少量弹性体，经熔融挤出造粒而制得的，具有优异的耐冲击性。表6-11列出了几种PC/PBT合金的性能。巴斯夫的PBT/PC合金商品牌号是Ultrablend，它不仅具有PBT的耐化学药品性、耐油性及流动性，又具有PC的低温韧性、耐热性及高的力学性能，尤其突出的是高耐冲击性，已经大量用于制造保险杠。

表 6-11 几种 PC/PBT 合金的性能

性能	试验方法	日本 GE 塑料			帝人		
	ASTM	Xenoy1100	Xenoy1101	Xenoy1200	H7300	H7500	H7500s
吸水率(23℃浸渍24h,%)	D570	0.25	0.25	0.25	0.10	0.11	0.10
热变形温度(0.45MPa)/℃	D648	110	106	99	128	127	127
线胀系数(20~80℃)/(10^{-5}/K)	D696	9.5	9.0	9.9	8	8	8
拉伸强度(23℃)/MPa	D638	52	54	35	49	51	44
伸长率(23℃,%)	D638	120	120	100	250	210	218
弯曲强度(23℃)/MPa	D790	86	86	60	76	79	66
弯曲模量(23℃)/10^4MPa	D790	2000	2000	1700	2100	2100	2700
悬臂梁缺口冲击强度(δ=3.2mm)/(J/m)	D256	800	720	850	800	740	890

PC/ABS 塑料合金也可用于制作汽车保险杠。PC/ABS 合金具有 PC、ABS 两者的优良性能，并改善了各自的不足，在性能价格比上有优势。美国 GE 公司开发的 Cycolon800 PC/ABS 合金具有较好的冲击性能、挠曲性能、刚性、耐热性，广泛用于制作汽车保险杠。

6.4.2 车身部件

车身部件材料要求具有较高的拉伸强度、刚度、耐冲击性，良好的耐挠曲性和耐湿热老化性；制品的尺寸稳定性好，连接简单；制品表面光洁，能精加工，涂装性能良好。用于制作汽车车身部件的材料有非结晶型聚酰胺、RIM 聚氨酯、玻璃纤维增强不饱和聚酯树脂片状模塑料，以及 PPO/PA、PC/ABS、PC/PBT 工程塑料合金等。工程塑料合金与 RIM 聚氨酯相比，成品外观品质好，耐热性高，韧性好，注射成型周期短，成本低；与 SMC（片材模塑材料）相比，成品冲击强度高，外观品质好，质量轻，加工成本低。工程塑料合金在汽车的前端板、后侧板、挡泥板上都有应用。表 6-12 列出了这几种工程塑料合金的性能。表 6-13 列出了工程塑料合金车身外板应用实例。

表6-12　用于车身外板的工程塑料合金性能

性　　能	Noryl GTX-910 (PPO/PA)	サイコロイ800 (PC/ABS)	Xenoy 1100 (PC/PBT+弹性体)
密度/(g/cm³)	1.10	1.12	1.22
拉伸强度/MPa	58	58	56.9
伸长率(%)	60	100	145
弯曲强度/MPa	102	90	86.3
弯曲弹性模量/GPa	2.14	2.70	2.09
悬臂梁缺口冲击强度/(J/m)	250	550	810
热变形温度(1.82MPa)/℃	143	118	95

表6-13　工程塑料合金车身外板应用实例

材　料	部件名称	材料特点
PC/ABS	前挡泥板、门下端装饰件、前护面板	高韧性
PPO/PA、MPPO/PA	前挡泥板、门外围板、后围板	高强度、耐高温、涂装性
PPO/PBT	挡泥板、门外围板	耐湿性、涂装性

Daimler-Chrysler公司的新型Smart微型轿车的车体面板，采用GE公司的Xenoy PC/PBT合金制作。非结晶的PC保证了面板的耐冲击性和韧性；高结晶的PBT提高了面板的耐蚀性、抗紫外线性能和高温（190℃）条件下的尺寸稳定性。制成的面板外观光滑、色泽耐久，比金属面板质量减轻50%，降低了油耗，面板的颜色多达七种，可省去汽车生产过程中的喷漆涂装工序。

2001年NISSAN（日产）公司的Xterra车门顶盖活动式行李架由GE Plastics公司提供，材料为ABS/PC合金。这种行李架能够承载18kg的物品，比原来尼龙制行李架质量减轻61%。

美国通用电器公司通过PET与PBT、PC等共混，开发了Valox 800 PEF工程塑料。该工程塑料具有良好的表面光泽和成型性，能在220℃的高温下使用，冲击强度达648 J/m，可用于制造轿车车身。

德国BTE公司用玻璃纤维增强的PET工程塑料，研制出了坚固的可供日常使用的塑料车轮。它的最大优点是不生锈，可以全年使用。塑料车轮较轻，可减轻汽车的非悬架件的质量，使汽车更易于操纵、更舒适。但目前价格较贵，是同样尺寸铝制车轮的3倍，影响了该产品的推广应用。

6.4.3　车灯罩与车灯框

工程塑料聚碳酸酯和聚芳酯可以用于制作汽车车灯罩。聚碳酸酯和聚芳酯与有机玻璃相比，耐热性、力学强度和耐冲击性要高得多。聚碳酸酯车灯罩能承受汽车行驶中跳起碎石的猛烈撞击。聚芳酯是所有透明材料中综合性能最好的品种之一，表6-14列出了用于制作车灯罩的聚芳酯的性能。

表6-14 用于制作车灯罩的聚芳酯的性能

性　能	数　值
密度/（kg/cm^3）	1.21
吸水率（24h,%）	0.25
拉伸强度/MPa	68
伸长率（%）	80
弯曲强度/MPa	90
弯曲弹性模量/GPa	2.1
悬臂梁缺口冲击强度/（J/m）	450
洛氏硬度（R）	120
线胀系数/（10^{-5}/℃）	6.3
热变形温度（1.82MPa）/℃	155
阻燃性（UL94）	V-2
光线透过率（厚度2mm,%）	90

荷兰DSM公司开发的轿车头灯框专用PBT的牌号为Arnite TV4 220。该PBT是金属灰色粒料，含质量分数为10%玻璃纤维，可耐160℃的温度。先进的配方和配色技术使其加工的部件达到了制品要求的综合性能，包括具有耐高温、高强度、高刚性、尺寸稳定和抗蠕变等特性。这种专用料加工性良好，制品表观质量好，可见熔合纹少，良好的流动性使其适于制造复杂形状的车前灯框，成型时间短，并可与大部分塑料着色剂、其他助剂和填料配混，使用方便。

DSM公司还开发出汽车头灯架用金属色聚碳酸酯（PC），牌号为XantarRX 1045。特点为熔体流动性好，加工制品低翘曲和表面平滑，具有优良的耐冲击性和耐环境应力开裂性，符合汽车外饰件工作条件下的各项性能要求。

这两种头灯专用材料PBT Arnite TV4 220和PC Xantar RX 1045的加工部件，已组合用于Audi A3型轿车，金属灰色部件表面质量达A级。

6.4.4 散热器格栅

散热器格栅是为了冷却发动机而设置的开口部件，位于车体最前面，往往把汽车的铭牌镶嵌其间，是表现一辆轿车风格的重要零件，目前轿车上一般用ABS或PC/ABS合金，经注射成型制成。桑塔纳轿车格栅是用ABS制成的，由于ABS耐候性差，须加入耐候性助剂，色泽为黑色。小红旗轿车的格栅用ABS/PC

合金经注射成型，再喷漆涂装。而档次高的轿车则使用 MPPO 或改性 POM 制成。

6.4.5 刮水器片组件

刮水器片是汽车风窗玻璃电动刮水器（由电动机、刮水器片和刮杆组成）的配件之一，由刮架、导条和胶条装配而成。虽然其结构看似简单，但其刮拭效果的好坏直接影响到行车的安全性，因此是汽车配件的一个安全件。根据部件的使用要求，可选择 PA 作为刮架的主体材料。这是因为 PA 具有坚韧、耐磨、耐溶剂、耐油和使用温度范围广等特点。刮架采用 30% 玻璃纤维增强 PA1010 注射成型。

塑料导条位于刮架与胶条之间，除应具备刮架的使用要求外，还应具有一定的刚性、弹性及弯曲变形小等特性。聚碳酸酯的刚性和硬度很高，而且还有突出的耐冲击性、高韧性。因此，选择日本帝人化成公司牌号为 Panllte 的聚碳酸酯作为导条主体材料，挤出时加入黑色母粒着色。导条成型采用单螺杆挤出机连续挤出、定长切割。

6.4.6 后导流板

后导流板要求质量轻、高刚性、设计新型并呈流线型。根据客户和不同车种，可采用 SMC（片材模塑材料）、MPPO 等材料，也可用改性 PP 和 ABS。经中空成型的导流板成本低，而且表面易涂装。

6.4.7 其他零件

车外门把手一般用 POM 制作，电镀件采用 PC/ABS 合金；门锁一般使用刚性好的 POM；玻璃升降器的支架机构及手摇把材料为 POM，刮水器的杆可用 PBT 或 POM；球碗采用 POM，微电动机上的小齿轮采用 POM；车轮罩使用改性 PA 或 PA/PPO，要进行表面涂装。汽车轮胎固定罩是汽车外装结构件，要求有较高的强度，良好的可涂性，室外的耐候性，尚要耐冰雪、雨水的侵蚀，国外一般用 PPO/PBT 合金制造。

6.5 汽车结构件

6.5.1 发动机及周边零部件

汽车发动机及周边零部件的塑料化是汽车轻量化的一个重要方面，但是其难度较大。发动机及周边零部件要能承受 -40 ~ 140℃ 环境温度的变化，还要能耐砂石冲击、盐雾腐蚀、各种油和洗涤剂的侵蚀。用于制造汽车发动机及周边零部件的材料必须满足耐高温、刚性高、尺寸稳定性好，以及对振动、冲击有阻尼性等要求，适用的工程塑料主要有玻璃纤维增强PA、玻璃纤维增强PPS及氟塑料。表6-15列出了一些用工程塑料制作的发动机周边零部件，可以看出玻璃纤维增强PA是主要采用的材料。表6-16列出了汽车发动机内室部件所用PA品种和生产厂商。

表6-15 用工程塑料制作的发动机周边零部件

零件名称	材料	车型
发动机气缸罩盖	PA66 + GF + M（无机矿物粉）、SMC	一汽大宇发动机
发动机装饰盖	PA66 + GF	Audi V6
散热器内室	PA66 + GF	Audi、捷达、桑塔纳
冷却风扇	PP + GF、PA + GF	CA141、捷达、桑塔纳
护风圈	PP + GF、PA66 + GF	CA141、小解放
吸气管接头	PA66 + GF	Audi V6
燃油分配管	PA66 + GF	国外车
化油器零部件	PBT + GF、PPS + GF	各种车型
进气歧管	PA66 + GF	国外车
空气滤清器壳	PP + GF	捷达、桑塔纳
燃油滤清器壳	PA6	国内各种柴油机
油气分离器	PA66	各种载货车
机油滤清器壳	PP + GF、PA66 + GF	各种车型
炭罐	PA66、PP	国内外各种汽车
燃油管	PA11、PA12	各种大小车
节气门脚踏板	PA66 + GF	捷达
水泵蜗轮	PA66 + GF	国外轿车
燃油箱	PE、PE + PA	捷达、桑塔纳
燃油箱液面计	POM	捷达、桑塔纳
点火线圈	PBT + GF	各种车型
电子点火控制器壳	PBT	电控喷油车型
蓄电池托盘	GMT	国外轿车
正时齿带上、下罩盖	PA66 + GF + M	Audi 6
正时齿带防护块	PA66 + GF	小红旗、小解放
各种线束插座	PBT、PA、POM	各种车
导流盖板	PA、PP + M	各种车

表6-16 汽车发动机内室部件所用PA品种和生产厂商

部件品名	PA品种	生产厂商和牌号
进气歧管	PA66GF、PA6GF	Durethan AKV和BKV，可焊接品种KU2-2140/30
盖罩类	PA6GF/矿粉	Durethan BM29X
汽油系统	PA66	Durethan AKV
车身前端	PA6GF	Durethan BKV
散热槽	PA66GF、HR（抗水解）	Durethan AKV HR
散热槽周围部位	PA66GF、PA6回收料	Durethan AKV和BKV
空气导管	PA6和PA6GF吹塑成型品	Durethan LPDU
滤油器帽罩	PA66GF	Durethan AKV
张力辊筒	PA6GF	Durethan BKV
辅助空气泵	PA66GF	Durethan AKV
恒温槽箱罩	PA66GF、HR（抗水解）	Durethan AKV HR
活门盖罩	PA66GF、PA6GF	Durethan AKV和BKV
水管类	PA66GF、HR（抗水解）	Durethan AKV HR

1. 进气歧管

进气歧管位于发动机室的中央位置，常用铸铁或铸铝制成。进气歧管塑料化的目的，除减轻质量（减轻40%~60%）外，还由于塑料进气歧管内外表面光滑，空气流动阻力小，从而提高燃油效率，改善发动机的性能。此外，在降低油耗、降噪声方面也起到一定的作用。

1990年德国宝马汽车公司，首先将以玻璃纤维增强PA为原料制造的进气歧管应用在六气缸发动机上；后来，美国福特与杜邦公司合作，共同用玻璃纤维增强PA66制造的进气歧管应用在Modular V6发动机上；随后世界各大汽车公司纷纷跟进，改性PA进气歧管得到广泛的应用。欧洲BMW325i、525i车型，Porsche，Audi，Benz，Citroen，Renalt等轿车都采用了BASF公司的Ultramid A3HG7玻璃纤维增强PA66制的进气歧管。美国的通用、福特和克莱斯勒三大汽车公司也于1993年开始使用PA进气歧管。

Rover（罗孚）公司与BMW（宝马）、BASF等公司联合开发的2L-4缸涡轮柴油发动机进气歧管组件，由进气歧管、发动机外壳和空气净化器罩组成。所有部件都使用BASF公司的PA树脂注射成型。进气歧管采用35%玻璃纤维增强PA66，这种材料能承受很高的发动机温度及高温汽油或柴油的侵蚀，并保证高强度和刚性。空气净化器罩使用内肋结构，以降低凸轮轴、气门和喷油嘴产生的噪声，其材料是BASF Ultramid B3GM24（10%玻璃纤维和20%矿物纤维增强PA66）。气门罩由Ultramid A3WGM53（25%玻璃纤维和15%矿物纤维增强

PA66）制成。这种进气歧管组件使用标准的注射成型工艺和振动焊接制造，每件仅重6kg。BMW集团的Rover V6车进气歧管采用Du Pont公司的Zytel（33%玻璃纤维增强PA66）制成，这也是该车首次使用塑料进气歧管，比铝质进气歧管约轻30%，制造简便并能输出更大的转矩。

福特公司在杜邦公司的协助下，采用杜邦公司的Zytel材料生产进气歧管，并应用到福特公司2000年F-130/350货车的4.6 L发动机上。使用这种进气歧管可减少工件数量和工序，使结构简化，改善发动机性能。

克莱斯勒公司的Dodge Stratus车和Chrysler Sebring车采用Siemens公司的PA进气歧管，材料为BASF Plastics公司的Ultramid（35%玻璃纤维增强PA66），使进气歧管减轻2.7kg。这种材料还可用于制造发动机水箱盖和风扇等部件。Dana公司在为Dirge Neon车和Rover R50车的发动机生产零部件时，采用Du Pont公司的Minlon矿物纤维增强PA制作发动机摇杆盖。

红旗轿车上的4缸发动机使用BASF的PA6材料Capron制成热塑性材料进气歧管，该材料是33%玻璃纤维增强的PA。

制造汽车发动机进气歧管所用的材料，现在几乎全部采用玻璃纤维增强的PA66和PA6。用熔芯法成型进气歧管，大多采用玻璃纤维增强PA66。用振动焊接法成型进气歧管，主要采用后加工性能优良的玻璃纤维增强PA6。振动焊接法是先用聚酰胺树脂注射成为几个单独的壳体，然后再振动焊接，将几个壳体连接在一起，对几个壳体的焊接接触面要求很高。也有少量进气歧管用PA46制造。

2. 摇臂盖

摇臂盖又称气门室盖，该部件的塑料化可减重30%，成本降低50%，并大大降低噪声。可选用的材料有玻璃纤维增强PA、玻璃纤维增强PET，如美国杜邦公司的Minlon21 C（PA66 + 玻璃纤维和矿物填充剂）、Rynite935（PET + 玻璃纤维），其性能见表6-17。这些材料具有翘曲小、热稳定、高冲击强度和尺寸稳定的特点。

表6-17 发动机气门室置材料性能

性 能	Minlon21C	Rynite935
拉伸强度/MPa	120	96.5
伸长率（%）	4	2.2
弯曲弹性模量/MPa	6.210	9.645
热变形温度（1.8MPa）/℃	232	215
悬臂梁缺口冲击强度/（J/m）	48	64.1
线胀系数/（10^{-5}℃）	3.6	
熔点/℃	259	252
成型收缩率（%）	0.5	0.4~0.8

3. 散热器水箱

散热器水箱位于发动机附近，在汽油蒸气环境下工作，工作环境温度高、振动严重。散热器上下水箱的工作条件要求材料能耐热水和长效防冻液，以及有较高的抗蠕变、抗疲劳、抗振动等性能，尤其不能有变形翘曲等现象。为减轻质量，提高耐蚀性、耐热水、耐防冻液、抗蠕变、抗疲劳、耐振动不变形等性能，散热器上下水池材料逐渐以塑料代铜，其材料采用30%玻璃纤维增强的PA66注射成型，并以机械方式与水箱装配，通过橡胶密封圈使其密封及防振。桑塔纳、捷达、小红旗等轿车的散热器水箱，大部分采用PA66 + 30% GF来制造。

4. 节气门和离合器脚踏板

工程塑料制成的汽车节气门和离合器脚踏板，已在欧洲汽车上使用。我国生产的捷达轿车节气门脚踏板是由30% GF增强的PA66注射成型。塑料制品与钢板焊接而成的金属脚踏板相比有许多优点，塑料脚踏板成本低，减轻质量50%~70%，吸振性好。塑料脚踏板是整体结构，运动间隙小，灵敏度高。将来的发展趋势是做成节气门、离合器、制动踏板连成一体的塑料制品。

工程塑料踏板的材料可采用德国BASF公司的Ultramid A3ZG6和A3WG7。A3ZG6是PA66在增韧的基础上，加30%玻璃纤维增强的材料；A3WG7是PA66在热稳定的基础上，加35%玻璃纤维增强的材料。杜邦公司的ZYTELST801是增韧高强材料，适合于制造加速踏板和离合器、制动踏板。

5. 发动机气缸罩

塑料发动机气缸罩盖的优点是成型方便，成本低30%，质量轻（减少50%）和低噪声。材料可选用PA66 + GF或PET + GF、SMC等。奥迪C3V6发动机和一汽大宇发动机气缸盖罩就是由塑料注射成型制造的。

6. 炭罐

随着环境保护要求的提高，我国已经限制汽车燃油蒸发排放污染量，在汽车上增加了炭罐。所谓炭罐实际上是塑料罐内装着活性炭，安装在燃油箱和发动机之间。在停车时，吸附从燃油箱蒸发出来的油气，防止其扩散到大气中去。罐体材料要求耐热、耐油且易焊接，一般采用PA制成。

7. 其他工程塑料件

燃油输出管采用PA66 +33% GF材料经注射成型，由于隔热性好，可保持燃油温度不升高，并减轻质量，降低成本。

日本Daicel化学公司生产的一种复合结构供油管，外层为PA11或PA12，内层是含40%聚酰胺和含45%聚四甲基二醇的共聚结构，柔软又具有韧性和强度。

塑料模塑的谐振腔式消声器采用PPO/PA合金（NORYL GTX）、玻璃纤维填充PA6和玻璃纤维填充PP。

1995年英国Rover牌汽车采用PA注射成型制作了化油器节气门段。

日本采用PA6、PA11、PA12加入增强填充剂玻璃纤维、氯化钙，制作汽车发动机部分外护板，利用玻璃纤维增强聚氯乙烯制作汽车内板，强度高、质量轻。

6.5.2 汽车底盘件

汽车底盘件大多承受较大的载荷，不易塑料化。底盘上的塑料零件，仅限于汽车转向制动、传动悬挂系统中需要耐磨的运动件。这些零件要求材料具有高强度、摩擦磨损性能好，因此，多用玻璃纤维增强PA、改性POM、PBT等材料制造，如转向组合开关、变速器操纵机构偏心架。

意大利菲亚特汽车公司1995年在Ducao车上首先使用聚酰胺踏板组件，它包括玻璃纤维增强PA离合器踏板和加速踏板、复合材料支架及钢制踏板。与原钢组件相比，总质量减轻2.85kg，成本降低20%，而且易装配，不需润滑。加速踏板和离合器踏板用30%玻璃纤维增强PA66制造，质量减轻50%~70%，价格便宜，吸振性好。由于采用整体结构组件，运动间隙小，灵敏度高。表6-18列出了一些工程塑料汽车底盘零件。

表6-18 一些工程塑料汽车底盘零件

零件名称	材　料	应用车型
转向组合开关	POM、PA	捷达、桑塔纳
转向拉杆球碗	改性POM	CA141、捷达、桑塔纳
变速操纵机构球阀	PA66+GF、POM	捷达、桑塔纳
变速器操纵机构偏心架	PA66+GF	捷达、桑塔纳
变速器操纵杆滑动套	PBT+玻璃微珠	捷达、桑塔纳
万向节衬套	POM	CA141
行星齿轮垫片	POM	CA141
半齿轴轮垫片	POM	CA141
制动泵阀套	PBT	捷达、桑塔纳

6.5.3 汽车转向盘

汽车转向盘已全部采用塑料。根据结构可分为硬质转向盘和半硬质转向盘两种。硬质转向盘采用注射成型，成本低，质感差，多用于载货车及低档轿车；半硬质转向盘是低压发泡自结皮结构，手感好，安全，多用于轿车。转向盘是安全件之一，要求具有一定强度，而且可耐-40~90℃反复冷热的变化。采用的塑料有 HDPE、PP、PU、改性 ABS。

6.5.4 汽车燃油箱

汽车燃油箱是储存燃油的地方，是车上重要的功能与安全部件。传统的燃油箱用金属制造，随着塑料在车上应用范围日益扩大，塑料燃油箱正逐渐取替金属燃油箱。塑料燃油箱最主要的优点有：

1）质量轻。塑料的密度仅为金属的 1/7 左右，所以与同容积的金属燃油箱相比，质量可以降低 1/3～1/2。

2）造型随意。形状设计自由度大，空间利用率高。

3）不会爆炸。金属燃油箱在发生火灾时很容易发生爆炸，危险性大。由于塑料燃油箱采用高分子量聚乙烯（HMWHDPE）材料制造，热传导性很低，仅为金属材料的 1%，隔热性好，遇火升温慢。同时高分子量聚乙烯富有弹性，又具有刚性，当发生撞击与摩擦时不易发生火花，降低了爆炸和燃烧的可能性。即使汽车不慎着火了，也不会因塑料燃油箱受热膨胀而发生爆炸。

4）耐蚀性、耐冲击性、强度好。在 -40～60℃ 环境下，仍具有优良的力学性能，耐久性能优良。

5）燃油渗漏量少，排放到大气中的燃油蒸发污染物少，有利于减少环境污染。

6）生产工艺简便，生产率高，成本低。

塑料燃油箱大体有两种类型：一种是用超高分子量聚乙烯采用中空吹塑一次成型的单层结构燃油箱，为了进一步降低汽油渗透率，箱体内壁须进行不同方法的表面处理。另一种是以超高分子量聚乙烯为基材，辅以阻隔材料或黏合树脂吹塑成型的多层复合结构的塑料燃油箱。

我国商业化的塑料燃油箱大多数是采用超高分子量聚乙烯吹塑成型的单层燃油箱，例如，桑塔纳轿车的燃油箱质量为 5.36kg，是用超高相对分子质量高密度聚乙烯经吹塑成型制成的。这类燃油箱满足欧洲标准 ECE34 的规定，即燃油箱的汽油渗透量不允许超过 20g/24h。但美国规定的是整车挥发的碳氢化合物气体量不能超过 2g/24h，因此，发展了多层塑料燃油箱技术和其他阻隔技术。日本和德国的复合吹塑机能够生产出五层塑料燃油箱，即多层塑料燃油箱，其汽油渗透量不超过 2g/24h。

多层复合塑料燃油箱制作时，利用多个喷嘴同步供应流体材料，并分层次组成型坯进行共挤出吹塑成型。三层复合塑料燃油箱的组成为：PA（内层）/黏合层/HDPE（外层）。五层复合塑料燃油箱的组成为：HDPE（内层）/黏合层/PA/黏合层/HDPE（外层）。六层复合塑料燃油箱的组成为：HDPE（内层）/黏合层/阻隔层（PA 或 EVOH）/黏合层/回收料层/着色 HDPE（外层）。各层厚度占总壁厚的百分数为：46%（内层），2.5%（黏合层），3%（阻隔层），40%（回收料层），6%（着色 HDPE 外层）。

多层复合塑料燃油箱中，PA 和 EVOH 作中间层，起阻隔燃油渗透作用。黏合层用的黏合树脂对阻隔材料和 HDPE 有强的黏合力、良好的黏合耐久性能和加工性能。

6.5.5 油路阀门系统用塑料制品

油路阀门系统中的很多零部件采用工程塑料制作，表 6-19 列出了油路阀门系统中用塑料制作的零部件。

表 6-19 油路阀门系统中用塑料制作的零部件

零件名称	材料
油底壳	PA66 + GF、阻尼钢板
滤油器座（垫）	PP + GF
加油口盖、油面尺	PA66、PBT + GF、PET + GF
同步带轮罩	PA66 + GF、PA6 + GF、PP + GF
带张紧轮	PA66 + GF
链导槽	PA66 + GF
凸轮链轮（齿轮）	PE + GF

6.5.6 冷却系统

表 6-20 列出了冷却系统中塑料制品名称及所用工程塑料。在汽车冷却系统中，散热片是基本部件，既要承受发动机释放出的高温，又要抵御在散热片中使用冷却液的腐蚀。由于 PA 具有耐高温的特性，可以使散热器的底盘保持完整而不会产生任何的弯曲，不会减少散热器的气体流动。PA 的轻质和易伸缩性使散热片底盘可由更小的部件组成，因而可以减轻整体质量。由 PP 制成的散热器底片和由 PA 制成的底盘特点相似，目前都比较流行。PA 和聚苯硫醚（PPS）都有很强的耐蚀性和耐高压的性能，是制作水泵的理想材料。

表 6-20 冷却系统中塑料制品名称及所用工程塑料

零件名称	材料
散热器水室	PA66 + GF、PA66/612 + GF
散热器支架	SMC、PA66 + GF
水泵出水管	PA66 + GF、芳香族 PA + GF
耐热螺栓衬垫（罩盖）	芳香族 PA + GF、PPS + GF
冷却风扇	PP + GF、PA66 + GF、PA6 + GF
风扇护罩	PP + GF、PA66 + GF、PA6 + GF

第 7 章　工程塑料在电气电子工程中的应用

7.1　电气电子用绝缘工程塑料

7.1.1　电气电子用绝缘工程塑料的性能要求

塑料在电气电子工业中的广泛应用对电气电子工业的发展起着十分重要的作用。塑料具有优异的电绝缘性能，以及质量轻、物理化学性质稳定、易成型加工、成本低等特点，广泛用作电气电子设备及元器件的壳体材料、包覆材料、基质材料、介电绝缘层材料等。此外，近年来随着科技的发展，具有导电、导磁、电磁屏蔽等功能的塑料及其复合材料，也正逐渐取代一些传统的电气电子材料，以满足这一领域不断增长的需求，进一步拓宽了塑料在电气电子行业中的应用范围，并创造出巨大的经济和社会效益。对各种不同的电气电子产品，具体应从产品的使用要求、成型加工和经济性等方面综合考虑选用适宜的材料。

作为电气电子产品绝缘材料使用的塑料，主要应考虑材料的电气绝缘性能（体积电阻率、表面电阻率）和介电性能（介电常数、介质损耗角因数、介电强度）。绝缘用工程塑料必须具有高电阻率、高介电强度、低介电常数、低介质损耗角正切。各种塑料由于结构的不同，电性能有很大差异。表 7-1 列出了常用电气塑料的电性能，可以看出工程塑料有较好的电绝缘性能。除了电性能外，还应考虑材料的力学性能（强度、模量、伸长率、硬度、耐磨性、耐撕裂性、抗挠曲性、抗疲劳性），耐热性，耐老化性，耐低温性，耐辐射性（耐电子射线、γ 射线、中子射线），阻燃性，化学稳定性（耐蚀性、耐有机溶剂性、耐湿性），黏合性，杂质含量等。

表 7-1　常用电气塑料的电性能

材料	介电常数			介质损耗角正切			体积电阻率/Ω·cm	表面电阻率/Ω	介电强度/(kV/mm)
	50~60Hz	10^2Hz	10^6Hz	50~60Hz(×10^{-3})	10^2Hz(×10^{-3})	10^6Hz(×10^{-3})			
聚乙烯	2.3		2.3		0.1~0.6	0.1~0.5	10^{17}~10^{19}	10^{17}~10^{19}	60~160
聚苯乙烯	2.4~2.6		2.6	0.1~0.6		0.1~0.4	10^{17}	10^{14}	120~160
聚丙烯	2.2~2.6	2.2~2.6	2.2~2.6	0.3~0.7	0.5~1.8		10^{15}~10^{17}		20

（续）

材料	介电常数			介质损耗角正切			体积电阻率/Ω·cm	表面电阻率/Ω	介电强度/(kV/mm)
	50～60Hz	10^2 Hz	10^6 Hz	50～60Hz（$\times 10^{-3}$）	10^2 Hz（$\times 10^{-3}$）	10^6 Hz（$\times 10^{-3}$）			
硬聚氯乙烯	3.4			11			10^{16}		14
软聚氯乙烯	4.0～4.9			80～160			10^{12}～10^{14}		12
环氧（无填料）	3.5～5	3.5～5	3.5～5	2～10	2～20		10^{12}～10^{17}		20
酚醛（本色）	5.2	4.9	4.6	40	25	13	10^{13}		15
聚碳酸酯	3.17	3.02	2.96	0.9	2.1	10	8.2×10^{16}		16
共聚甲醛	3.7	3.7	3.7	3		4～5	1×10^{13}		48
聚苯醚	2.58		2.58	0.35		0.9	10^{17}	10^{15}～10^{6}	
热塑性聚酯	3.3	3.2～3.4		2～3	1.4～5		10^{15}		16～20
ABS	2.4～5	2.4～4.5	2.4～3.8	3～8	4～7	7～15	1～48×10^{16}		13～20
聚砜	3.14	3.13	3.1	0.8	1.1	5.6	3×10^{16}		88
聚酰亚胺			3～4	3			10^{16}		16
聚苯硫醚			3.26			1.9	2.5×10^{16}		21.6
聚四氟乙烯		2.1	2.1		0.2	0.2	10^{18}		20～22

工程塑料用于制作各种电器元件时，为保证电器设备的安全工作，要求工程塑料具有良好的耐热性。用作电气绝缘材料的塑料按耐温高低分为Y、A、E、B、F、H、200、220、250九个等级。工程塑料的耐热等级普遍高于通用塑料。

7.1.2 电气电子用绝缘工程塑料类型

用热塑性塑料制造各种电气、电子零部件是目前电气电子工程应用塑料的一个发展方向，使用最多的是聚碳酸酯和尼龙。而改性聚苯醚（如Noryl）已成为尼龙有力的竞争对手。通用工程塑料制造电气电子零部件年消耗量，要占工程塑料总产量的30%左右。通用工程塑料还将会继续取代金属和热固性塑料在电气、电子部门的应用。生产插头零部件的塑料正从热固性塑料迅速地向热塑性塑料，特别是向工程塑料过渡。对比热固性塑料，使用热塑性塑料的优点是加工成型容易，能够成型形状复杂和壁薄的制品，如用热塑性塑料注射成型插座制品，其成型周期时间只需15～30s，而用热固性塑料则需1min以上。

1. 聚酰胺

聚酰胺的电绝缘性能良好、耐电弧，制品易加工，力学性能优良，使用温度宽；缺点是吸水性大、尺寸稳定性较差。常利用填充、增强方法加以改性，其电绝缘等级通常处于E～B级。在电气电子绝缘中应用较多的PA6、PA66、PA11、PA1010、PA610等及其改性品种、增强（填充）品种。聚酰胺的冲击强度比较高，虽有吸水性，但少量吸水后冲击强度变大且能保持良好的电绝缘性能，广泛用于通用电子、电器零件的制作。PA经阻燃化处理后其阻燃等级能达UL94 V-0，且韧性高。PA66还具有优良的耐焊锡性。PA6因介电常数较大，故不宜用于高频率低损耗方面。

玻璃纤维增强的PA大量用于电动工具，如电钻、电锤的外壳。增强PA6、PA66，阻燃PA6、PA66，阻燃增强PA6、PA66，阻燃增强PA46或阻燃尼龙合金等品种主要用于制造电动机罩、电器框架、线圈绕线柱、电机叶片、电视机调谐零件（要求阻燃PA66）、电能表外壳、各种线圈骨架、继电器零件、电器外壳、热敏元件、各种接线柱及插座、插接器、高压断路器连接杆、限位开关、电线分路盘、继电器开关、电动机凸轮、电视机偏转器零件、熔丝盒、航空器接线盒、变压器、脉冲计数器、静电伏特计、遥控静电电子组件、熔断器盖、空气断电器等各种电气元件。透明聚酰胺可用来制作高压安全开关、流量计透明罩、油面指示计、熔断器罩、速度计等部件。

PA11在电气电子行业有广泛的应用。PA11的热性能良好，能够承受突发性的局部瞬间高温，且PA11的平均线胀系数与轻合金极为相近。因此，带有金属嵌件的PA11制品可以在高温下使用，且不易开裂，可用来制作插接件、接线柱、电器电源装置和继电器外壳等。无增强剂及添加剂的PA11具有自熄性能，故适于制作接线盒。PA11极易注射成薄片，可用于制作开关盒。由于这种PA薄片的交替弯曲性能和柔软性都非常高，所以通过薄片的上下活动就可以操纵开关机械。在0～80℃的情况下，这种薄片可以使用数百万次。

2. 聚碳酸酯

聚碳酸酯具有综合均衡的力学性能、热性能及介电性能，耐冲击性为一般热塑性塑料之首，透明度高，抗蠕变性、尺寸稳定性好，介电性能好，耐热性好，可在-60～120℃下长期使用，自熄性好，吸水性小，是一种高韧性的E级绝缘塑料。聚碳酸酯较多的被注射成型为插接件、线圈框架、矿灯的电池壳、电话机壳。玻璃纤维增强的PC成型收缩率小，适于加工尺寸精度要求高的电子计算机、录像机、彩色电视机上用的部件。

PC 薄膜可制作电容器电容介质、录音带、录像带等。

PC/ABS 合金添加改性剂后，可以满足电气电子部件所需的耐热性、电性能、力学性能、阻燃性能的要求，适合电气电子不同部件的需要。PC/ABS 合金可用来制作安全开关、强电插头、配电盒元件、插头、插座、整流器外壳、吸尘器罩壳、电熨斗外壳、照相机壳体、节能灯夹头等。PC/PS 合金具有良好的耐水解性和耐热性，可用于制造洗衣机内筒。PC/PET 合金可用于收音机外壳、传声器网架、电气开关、插接器、家用洗衣机定时器、吸尘器外壳等。玻璃纤维增强 PC 可用于生产印制电路板插座、继电器卡片，以及仪表工业上使用的线圈骨架、接线座、尾座等。PC/ASA 合金耐候性好，特别适宜制作室外使用的电子器件。PC/PBT 合金尺寸稳定性好，可用作电气插接件、强电插头的外加套环等。

3. 聚甲醛

聚甲醛有良好的抗疲劳性、耐磨性和耐电弧性，在电器工业方面可制作电动工具的外壳、电扳手外壳、手电钻外壳、煤电钻外壳、开关手柄等。

4. 热塑性聚酯

PET 薄膜主要用于电气绝缘材料，如电容器、电缆绝缘、印制电路板布线基材、电机槽绝缘等。PET 薄膜也应用于真空镀铝（也可镀锌、银、铜等）制成金属化薄膜，如金银线、微型电容器薄膜等。

玻璃纤维增强的 PBT、PET 具有优异的电性能，体积电阻率为 $10^{16}\Omega\cdot cm$，介电强度大于 20kV/mm。表 7-2 列出了 GFPET 在不同温度下的电性能。表 7-3 列出了 PBT 的电性能。

表 7-2 GFPET 在不同温度下的电性能

性能		试验方法 ASTM	温度/℃ 20	100	140
介电常数	60Hz	D150	4.26	4.66	4.88
	10^3Hz		4.20	4.50	4.76
	10^6Hz		3.78	4.26	4.53
介质损耗角正切	60Hz	D150	3×10^{-3}	2×10^{-2}	1.5×10^{-2}
	10^3Hz		4.5×10^{-3}	1.5×10^{-2}	1.3×10^{-2}
	10^6Hz		1.6×10^{-2}		2.2×10^{-2}
体积电阻率（DC1000V）/Ω·cm		D257	1.5×10^{16}	2×10^{-2}	6×10^{12}
表面电阻率（DC1000V）/Ω		D257	5.0×10^{15}	8×10^{14}	
介电强度（0.5mm）/（kV/mm）		D149（短时间）	30~35		
耐电弧（钨电极）/s		D495	90~120	25~28	

表 7-3 PBT 的电性能

性能	未改性 PBT			改性 PBT			改性 PBT		
				30%玻璃纤维增强			阻燃型		
	6PROA	Valox 310	KR400	Celanex 3300	6G91A	Valox 420	Celanex 3310	Valox 420-SEO	Valox 420-SEO
介电常数（10^6Hz）	3.2	3.1	3.3	3.6	3.5	3.7	3.7	3.7	3.3
介质损耗角正切(10^6Hz)	0.023	0.020	0.012	0.020	0.020	0.020	0.014	0.020	0.020
体积电阻率/Ω·cm	2×10^{15}	4×10^{16}	4×10^{16}	4×10^{16}	4×10^{16}	3.2×10^{16}	4.9×10^{15}	3.4×10^{16}	4×10^{16}
介电强度/（kV/mm）	16.8			20	24		21		
耐电弧性/s	125	190		125		130	12.3	80	63

阻燃增强、抗静电阻燃 PBT、PET 被广泛用作电子设备的插接件，如计算机插接件、电器变压器线圈骨架、断路器骨架、低压电器各种端子、节能灯外壳、计算机风扇、电熨斗部件。

PBT、PET 合金在电器部件的应用，如吸尘器、电动剃须刀、空调器电控部件、聚焦电位器外壳、电器元件外壳，都已得到推广。

改性 PBT 在通信器材中的应用有 PBT 合金、增强 PBT、阻燃 PBT。主要用途是电缆光缆护套、程控交换机部件。

PBT/PET 合金具有综合性能好、价格低、低温耐冲击性好的特点，可用于汽车内装件、家电外壳、电气电子和仪器仪表零件等。

PBT 具有优良的电性能，玻璃纤维增强后其耐热变形温度可达 200℃，在加入阻燃剂后，可开发出优良的耐燃品级。其广泛地用于输出变压器骨架、高压包及点火器、电刷支架、电器开关、集电环、电动机外壳、电子设备外壳、电子设备风叶、电容器外壳、负载断路开关、微动按钮、发光管显示器、系列端子板、继电器、线圈骨架、接插件、电路插接器、集成电路基座、显像管座、吸尘器件、电源适配器、灯插座、电话分配箱、电话按键等。电视机、收音机、收录机所用的线圈骨架、插接件、高压包均可由 PBT 塑料制成。增强 PBT 可制作继电器和电容器外壳、微电机换向器的转子支架、护盖、刷架、可变电阻器的耐热部件、带焊片嵌件、电位器、耐焊性较好的开关外壳、电绝缘性良好的玻璃釉电位器，以及选频电位器等。PBT/ASA 具有低翘曲、外观好、耐漏电痕迹性好、密度低的特点，可用于电子继电器、开关等。

增强 PET 适用于耐高温的白炽灯座，汽车灯座灯罩，要求耐热、化学稳定的印制电路底板，各种变压器和线圈骨架，继电器、硒整流器、电视机、半导体、录音机等零件和外壳。

5. 聚苯醚

聚苯醚（PPO）具有一系列优异的力学性能，如热变形温度高（190℃），使用温度范围较广，具有优良的耐水解性和耐酸、碱、盐水性能，吸湿性低，有突出的抗蠕变性，尺寸稳定性好，电绝缘性能优良，自熄，无毒等。

改性PPO在家用电器电子元件中的应用包括无线电、电视、立体声元件、扬声器、电话和烟探测器罩的部件配线装置、电路开关盒、继电器开关底座和彩色电视机元件、电视机和无线电设备的外壳。改性PPO在工业用电子电器中可制作插接器、线骨架、继电器、开关、继电器插座、调谐器零件、发光二极管、电容器、发动机和发电机罩、计时器和警报器的固定变压器外壳、插座等。

6. 特种工程塑料

聚苯硫醚（PPS）在电气电子领域大量使用，用作电器设备元件的占其总量的60%～65%。聚苯硫醚具有优异的性能，特别是在200℃仍具有良好的刚性和尺寸稳定性，以及高温、高频条件下具有优良的电绝缘性能，所以它特别适合制作电动机和发动机、电视机等电器的元件，以及高温高频条件下的电器元件。可用于制作高温、高压、高精度的电器元件，如高电压插座、端子板、插接件、变压器、阻流器、继电器中的骨架、H级各种绕线架、线圈管、开关、插座、电视频道旋钮、固态继电器、电动机转筒、电容器护罩、刷柄、磁传感器感应头、微调电容器、熔线支持件、接触断路器、印制基板、电路片支持物、电子零件、VTR零件、熨斗零件、电子零件洗涤处理器以及热敏电阻、IC插座、IC和LS封装、电刷、电刷托架、启动器线圈、屏蔽罩等。

增强聚苯硫醚制品可用于变压器骨架、线圈骨架，在受热条件下工作的管座和带有金属嵌件、薄壁零部件。

聚砜制品可用于印制电路板、芯片载体、衬板、线圈骨架、接触器、套架、电视机零件、电容器薄膜、高性能碱电池外壳。

聚酰亚胺薄膜主要用作柔性印制电路板基材或电动机和电容器的绝缘材料，例如，宇航用柔性印制电路板、电绝缘、电线电缆等。热塑性聚酰亚胺用于电器的高温插座、插接器、印制电路板和计算机硬盘、集成电路晶片载流子等。

聚醚酰亚胺用于高强度和尺寸稳定的连接件、普通和微型继电器外壳、电路板、线圈、软性电路。

聚芳醚酮（PAEK）具有良好的电绝缘性，可用作电线和电缆的覆盖材料、插塞连接器、印制电路板、半导体晶片浇注架等。

聚醚醚酮（PEEK）作为C级绝缘材料，具有耐高温高湿及可采用多种方式进行二次加工的优点。因此，在一些相关的C级绝缘中得到了成功的应用，如绝缘薄膜、线圈骨架、印制电路板、高温插接件等。PEEK在电子行业中的一个独特应用，就是试制成功超纯水的输送、储存设备，如管道、阀门、泵、容器等，现已在日本等国的超大规模集成电路生产中得到推广。

液晶聚合物（LCP）是近些年发展最快的高性能全新结构的特种工程塑料，具有高强度和高模量的特点，加之耐热性、阻燃性、减振性和电绝缘性优良，因而在电气电子工业中的地位和作用日趋重要，发展速度很快，应用需求量增加很快。LCP在电气电子领域适于制造各种插接件、开关、印制电路板、绕线圈、线圈架和线圈封装、集成电路和晶体管的封装成型品、录像机部件、继电器盒、传感器护套、微型电动机的换向器、电刷支架和制动器材等。

随着以表面安装技术（SMT）和红外回流焊接技术为代表的高密度循环加工工工艺的发展，日益要求树脂能经受250℃以上高温，并要求制品薄壁、高强度、轻量化、微型化及高的尺寸精度，以降低光学畸变。LCP以其低的熔流黏度，最小的成型收缩率，高温下优良的力学性能，以及对几乎所有化学品的惰性等优异特性，使其成为模塑精细的高密度电气插接件（或接线盒）及其他复杂电子电气部件的必选材料。日本东丽公司开发了耐250℃高温的LCP，已用于电器的插头插接件、光盘拾音器等。美国Eastman化学公司开发了用Themx LG431型LCP精密注射成型的电路板连接器、数据通信转接器和无线电插接器，可用于高性能电子插接器的领域。

7.2 工程塑料绝缘薄膜的应用

绝缘薄膜主要用作电机与电器的绝缘，如线圈绕包、槽绝缘、绝缘垫圈及垫片等，也被大量用作电容器的介质材料。绝缘薄膜主要有聚酯薄膜、聚丙烯薄膜、聚四氟乙烯薄膜、聚酰亚胺薄膜、聚酰亚胺-聚全氟乙丙烯复合薄膜等。除聚丙烯外，其余均以工程塑料为原料。

1. 聚酯绝缘膜

聚酯绝缘膜由PET经熔融加工成厚片，再经双轴定向拉伸制成，是一种高强度绝缘薄膜，具有较高的拉伸强度、良好的介电性能、以及优良的耐有机溶剂性，最高长期使用温度为120℃，适用于E级绝缘的中小型电机做槽绝缘、匝间绝缘、线圈绝缘及其他用途的电工绝缘材料。聚酯绝缘薄膜的性能见表7-4。聚酯绝缘薄膜在摩擦时易产生静电，吸附周围空气中的尘埃，导致薄膜介电性能的下降。因此，在分切、裁剪薄膜时，环境应保持清洁，分切裁剪设备应带有静电消除器。

表7-4 聚酯与聚酰亚胺绝缘薄膜的性能

性能	聚酯	聚酰亚胺
厚度/mm		0.03、0.05

（续）

性能		聚酯	聚酰亚胺
密度/（g/cm^3）			1.40
熔点/℃		≥256	
表面电阻率/Ω			$\geqslant 10^{14}$
体积电阻率/Ω·cm		$\geqslant 10^{16}$（25℃） $\geqslant 10^{13}$（130℃）	10^{15}（25℃） 10^{12}（200℃）
介质损耗角正切	50Hz	≤0.005	≤0.01
	10^6Hz	≤0.020	
介电常数	50Hz	3.2	≤4
	10^6Hz	3.0	
介电强度/（kV/mm）	25℃	≥130	100
	130℃	≥100	60
收缩率（150℃，%）		≤3.5	
拉伸强度/MPa		≥147	≥98.1
断裂伸长率（%）		40～130	≥20

2. 聚酰亚胺绝缘薄膜

聚酰亚胺绝缘薄膜由均苯四甲酸二酯和4、4′-二氨基二苯醚缩聚成聚酰胺酸溶液，然后采用流延法或浸渍法成膜，经烘焙、高温脱水和亚胺化制成。它具有优良的介电性能，良好的耐磨性、耐电弧性和耐辐照性能。耐高低温性能优异，可在220℃下长期使用，300℃下短期使用，在液氦温度下（－269℃）仍能保持柔软性。它耐有机溶剂和酸等化学药品，但不耐强碱。聚酰亚胺绝缘薄膜的性能见表7-4。

聚酰亚胺绝缘薄膜主要用于电机电框线圈的主绝缘、对地绝缘，并广泛用于铝线和电缆绝缘。

3. 聚四氟乙烯绝缘薄膜

聚四氟乙烯绝缘薄膜分不定向、半定向和定向薄膜三种。由聚四氟乙烯树脂经模压烧结成毛坯，然后车削制成的为不定向薄膜；由不定向薄膜压延制成的为半定向和定向薄膜。聚四氟乙烯绝缘薄膜具有对称的分子结晶结构，为非极性体，它介质损耗小，介电和耐电弧性能优良，不吸水，耐候性和耐化学药品腐蚀性优异，可在－60～250℃温度范围内长期使用。各种型号聚四氟乙烯绝缘薄膜的性能见表7-5。

聚四氟乙烯绝缘薄膜主要用于H级以上的电机、电器的绕包和用作电容器绝缘介质材料及绝缘衬垫等。在用于电机线圈绕包时，应采用钠萘处理或辐照处理的办法先对表面进行活化。

表7-5　各种型号聚四氟乙烯绝缘薄膜的性能

性　　能	SFM-1	SFM-2			SFM-3		SFM-4
	定向	定向	半定向	不定向	定向	不定向	不定向
体积电阻率/Ω·cm	≥10^{17}	≥10^{16}	≥10^{16}	≥10^{16}	≥10^{16}	≥10^{16}	≥10^{15}
介质损耗角正切	≤3×10^{-4}				≤3×10^{-4}		
介电常数	1.8~2.2				1.8~2.2		
介电强度/（kV/mm）	≥200	≥100	≥60	≥40	≥60	≥30	≥20
拉伸强度/MPa	≥29.4	≥29.4	≥19.6	≥9.8	≥29.4	≥9.8	≥9.8
断裂伸长率（%）	≥30	≥30	≥60	≥100	≥30	≥100	≥150

4. 聚酰亚胺-聚全氟乙丙烯复合薄膜

聚酰亚胺-聚全氟乙丙烯复合绝缘薄膜分别由聚酰亚胺薄膜单面或双面涂覆聚全氟乙丙烯树脂复合而成。单面复合称HF薄膜；双面复合称FHF薄膜。它们兼具聚酰亚胺和聚全氟乙丙烯的性能，在高温下（300~400℃）能自熔密封，并具有优良的电性能和力学性能（见表7-6），是一种优异的耐高温绝缘材料。

HF和FHF薄膜主要用于H级绝缘电机、电器的线圈绕包，以及用于制造H级薄膜导线。H级薄膜导线广泛用于电气机车和内燃机车的电动机，以及潜油、潜卤的电动机中。

表7-6　聚酰亚胺-聚全氟乙丙烯复合绝缘薄膜的电性能和力学性能

性　　能	HF薄膜	FHF薄膜
总厚度/mm	0.045	0.047
F层厚度/mm	0.010	0.007
表面电阻率/Ω	≥10^{14}	≥10^{14}
体积电阻率/Ω·cm	≥6×10^{15}	≥3×10^{15}
介质损耗角正切	≤0.0054	≤0.0053
介电常数	3.0~4.0	3.0~4.0
介电强度/（kV/mm）	≥176	≥153
拉伸强度/MPa	≥88	≥78
断裂伸长率（%）	≥40	≥40
剥离强度/（N/25mm）	3.9	3.9

7.3　工程塑料在电器设备结构件上的应用

7.3.1　电器结构件

1. 插接件

电器设备中广泛采用插接件作为各分机间、分机与其他器材间的电气连接，电子管、氖气管等与其他电子元件间的电气连接，天线、高频电缆和仪器之间的电气连接等。插接件主要部分有接触件（插针和插孔等）和绝缘件两部分。接触件起电气接触的作用，采用铜、锡磷青铜和其他弹性材料，表面镀银或镀金；绝缘件大部分采用塑料件。

对塑料件的要求应具有优良的介电性能，有足够的力学强度，有良好的耐溶剂性能，不会产生腐蚀性气体，有较高的耐热性，有高的尺寸精度和尺寸稳定性。低频插接件和管座要求材料绝缘电阻高和介电强度高，适合的工程塑料有聚碳酸酯、增强聚碳酸酯、聚砜及聚酰胺等，它们具有生产率高、介电性能好、力学强度高的特点。高频插头座选用的材料有矿物粉填料的酚醛塑料粉、聚苯乙烯、聚乙烯、聚丙烯和聚四氟乙烯等。

2. 变压器骨架

变压器骨架用塑料材料要求具有足够的力学强度、良好的耐溶剂性、较好的介电性能和较好的耐老化性能，可选用增强 PET、增强 PBT、聚碳酸酯、聚砜、聚苯硫醚等。

3. 高频线圈骨架

高频线圈骨架除要求有足够的力学强度、较高的耐热性、良好的耐溶剂性、较好的介电性能和耐老化性能外，还要求高频介电性能好，即在高频电场中，材料介质损耗角正切值小，介电常数小，同时要求在使用过程中高频介电性能稳定。

7.3.2　压制成型与注射成型工程塑料结构件

模塑料实际是树脂预浸料，采用不同填料或纤维增强材料，与树脂基体浸渍或掺混制成的一种坯料形式。模塑料的基本类型有粉料、粒料、片状料、预浸纤维料和预成坯体等形式。模塑料的成型工艺主要有压制成型和注射成型两种。模塑料可直接放入模具内，在一定的温度、压力和时间内，成型成各种形状、规格的绝缘用零部件或结构件。模塑料中的主要绝缘成分为树脂基体，由于绝缘制品要求耐热性较高，通常选用热固性树脂或耐热性能好的热塑性树脂，填料可选用无机填料、木粉、石粉、石棉、云母等，此外还必须添加固化剂、促进剂、润滑剂、着色剂等。表7-7列出了一些工程塑料绝缘模塑料的特点与用途。表7-8列出了一些注射成型的电气结构件。

表7-7　一些工程塑料绝缘模塑料的特点与用途

材　料	耐热等级	密度/（g/cm³）	特点及用途
增强聚碳酸酯（GR-PC）模塑料	E～B	1.35～1.52	注射加工，电性能良好。配制成阻燃级，制作各种绝缘零部件
GR-PET模塑料	B	1.57～1.63	可制作各种耐热绝缘零部件
GR-PBT模塑料	B	1.53～1.62	可制作耐热绝缘零部件
改性聚苯醚（MPPO）模塑料	F～H		电性能优异，可用于高压部件
		1.06	普通阻燃型
		1.27	玻璃纤维增强型
		1.32	增强阻燃型
聚酰亚胺模塑料	H		用于宇航的电动机部位，制造耐辐射、耐高低温的电器绝缘结构件，如航天飞机的结构件、集成电路基板、电器插座、插接器、开关、高频电器结构件等
聚醚砜（PES）模塑料	H	1.37～1.60	自熄性好，低烟，注射及挤出成型，用于耐高温插接器、衬垫、电器部件框架
聚四氟乙烯模塑料	200～250		优异的耐高低温性、电气绝缘性、耐化学药品性、阻燃性能和自润滑性能，用作耐腐蚀和耐磨电器设备结构件、高频电器设备结构件、印制电路板、电池隔膜、电子管插座、接线柱
聚苯硫醚（PPS）模塑料	200～220	1.6～1.9	含40%（质量分数）玻璃纤维，阻燃性耐热性及尺寸稳定性优异，用于耐高温高力学强度的场合
聚醚醚酮（PEEK）模塑料	200～220	1.30～1.32	耐高温阻燃性优异，用作高温接线柱及接线板
聚醚酰亚胺（PEI）模塑料	H	1.27～1.51	力学强度及尺寸稳定性好，耐紫外线及γ射线，阻燃性好，低烟，热变形温度高，用于耐高温绝缘零部件、插接器、防爆罩等

表 7-8　一些注射成型的电气结构件

材　　料	性能特点与结构件类型
聚砜	优异的耐高低温性、化学稳定性、介电性能、抗蠕变性、耐蚀性及自熄性，可在 -100 ~150℃温度范围内长期使用，可用作集成电路架、插接器、线圈绕线管、仪表开关、电子组件外壳、灯具插座、灯罩
聚苯硫醚	具有优异的阻燃性、耐焊锡性、耐热性、抗蠕变性和介电性能，尺寸稳定性好，吸水性小，易于成型加工，特别适宜于用作耐高温的电绝缘结构件。可用作飞机天线、变压器及高频线圈骨架、接触器转鼓片、铝电解电容器盖板、插头、插座、仪表开关等
增强 PET	PET 用玻璃纤维增强后具有优良的介电性能，介电强度大于 20kV/mm，体积电阻率大于 $10^{16}\Omega\cdot cm$，即使在高温和高湿环境条件下仍能保持良好的电绝缘性能。增强 PET 可用于制造插接器、线圈绕线管、集成电路外壳、电容器外壳、变压器外壳、电视机变压器配件、调谐器、开关、计时器外壳、自动熔断器、电动机托架和继电器等
增强 PBT	PBT 采用玻璃纤维增强后力学强度高，吸水率低，尺寸稳定性好，耐磨性优良，成型加工性好，可在 130℃温度下长期使用，具有优良的介电性能，体积电阻率为 $1.2\times10^{16}\Omega\cdot cm$，介电常数为 3.60，介质损耗角正切为 1.7×10^{-2}，即使在高温高湿环境下介电性能的变化也很小。广泛用于制造各种电器设备结构件，如插接器、线圈骨架、插座、转换开关、继电器、电动机组件、自动电路阻断器、熔断器、端子板、高压电容器零件、阴极射线管基座等
聚醚酰亚胺	注射型聚醚酰亚胺具有优异的耐热性、耐辐射性、耐磨性、力学性能和介电性能，可在 -160 ~180℃温度范围内长期使用，介电强度为 33 ~35kV/mm，介电常数为 3.5，介质损耗角正切为 $(1\sim4)\times10^{-3}$，体积电阻率为 $10^{16}\sim10^{17}\Omega\cdot cm$，在 150℃以下其介质损耗角正切和介电常数随温度的变化很小。主要用于制造对耐热性、力学性能和介电性能要求较高的电器结构件，如导弹电池外壳、核能发电站仪表零件、高温直流电机换向器、印制电路板、高压断路器支架、高精密光纤插接器等
增强 ABS	增强 ABS 由 ABS 树脂加入玻璃纤维，经混合、挤出、切粒后制成，玻璃纤维含量 10% ~20%（质量分数）。它提高了 ABS 的耐热性和力学性能，降低了成型收缩率和线胀系数，主要用于制造尺寸精度要求较高的电器设备结构件，如电器外壳、录音机机心底板、插接件、线圈骨架、电动工具零件等

7.4　工程塑料在家用电器上的应用

家用电器是热塑性塑料的一大应用领域，而且大部分是通用塑料，约占总用量的 80%，工程塑料的用量一般为 5% ~10%。冰箱、冰柜等冷藏冷冻家用电器要求所用的材料必须无毒、无臭、无味、耐低温、耐开裂、耐油脂、不粘食品、表面光滑性好、隔热等，其装饰件和内部件主要选用 ABS、HIPS、PP 混合料、发泡聚氨酯弹性体等。电视机零部件要求所用材料耐热、阻燃、耐电压、耐电晕、耐电弧、力学性能优良，采用最多的塑料是阻燃 HIPS、ABS、PP 混合料等，对要求耐热、刚性好、尺寸稳定、抗蠕变等的零部件和承受载荷与冲击的零部件，则一般使用 PA、POM、PC、改性 PPO、PET、PBT 等工程塑料，对特别要求耐热的零部件可考虑采用 PPS、PSU 等。洗衣机内桶现在大都采用 PP 共聚物，盖板采用 HIPS，排水软管用软 PVC 或 PE/PP 共混料，电动机底板用 ABS，叶轮用玻璃纤维增强的 PA、PP，其他件用 POM、PE 等。空调器所用材料要求刚性好、抗蠕变、耐冲击、耐振动、耐寒、耐候、阻燃、尺寸稳定等，外壳一般采用抗热 ABS，内部件用钢板、铝、PC、改性 PPO、玻璃纤维增强 PET、PA、HIPS、PP 等。家用电器中对于一些要求透明的部件一般采用 AS、PS、PMMA 等。

在家用电器的发展中，工程塑料用量比通用塑料少，但仍起着十分重要的作用。工程塑料具有质量轻，比强度高，耐蚀性、耐磨性和绝缘性好等优点，用于家电产品外壳和内部结构件。表 7-9 列出了家用电器用工程塑料的主要品种、性能特点及用途。表 7-10 列出了工程塑料在家电中的一些具体应用。

表 7-9 家用电器用工程塑料的主要品种、性能特点及用途

材料	性能特点	用途
ABS	耐冲击性、低温性能、耐化学药品性、尺寸稳定性、表面光洁性、易涂装和着色性、成型性	电视机、收录机、洗衣机、电冰箱、电唱机、电话机、吸尘器、空调器、电风扇等的外壳，电冰箱内衬
ABS/PVC	阻燃性、耐蚀性、耐冲击性、低温性能、尺寸稳定性、刚性、成型性	电视机、录像机、收录机、电话机等的外壳
AS（丙烯腈和苯乙烯的共聚物）	耐冲击性、耐应力开裂性、耐擦伤性、耐化学药品性	各种家用电器的开关，电冰箱的蔬菜盘
PA	耐磨性、力学强度、耐冲击性、自润滑性	各种家用电器中的齿轮、轴承、飞轮及滑动耐磨零件
PC	耐冲击性、抗蠕变性、耐气候性、尺寸稳定性、自熄性、透明性	光盘，电视机中的回扫变压器及偏转座盖，电吹风、电热器外壳，齿轮，齿条，透明罩壳
POM	耐磨性、抗疲劳性、抗蠕变性、耐冲击性、尺寸稳定性	录音机和录像机中的轴承、齿轮、轴套、滑动零件
MPPO	电绝缘性、尺寸稳定性、力学强度、耐热性、抗蠕变性、自熄性、成型性、耐冲击性、着色性	电视机中的汇聚线圈框架、电子管插座、高压绝缘罩、调谐器零件、控制轴、硒电极夹、绝缘套管，电冰箱外壳，空调器外壳，CD 转盘，头发干燥器，咖啡壶，蒸汽熨斗

（续）

材料	性能特点	用途
PET	耐热性、耐冲击性、抗蠕变性、耐磨性	PET薄膜用作录音带、录像带的基材；增强PET工程塑料用于电热器具、高频电子食品加热器、电饭锅、干燥器、电熨斗
增强PBT	耐热性、耐冲击性、抗疲劳性、耐磨性、自润滑性、尺寸稳定性、电绝缘性	电视机中的线圈骨架、变压器外壳，磁带盒
增强PPS	耐热性、耐蚀性、电绝缘性、尺寸稳定性、力学强度、刚性、成型性	电视机中的高电压元件外壳、电子管插座、绕线管、接线柱、端子板、电冰箱中的架子、果菜盒、冷藏槽，CD传感器外壳，录像机底盘，高频电子食品加热器，电熨斗
PSF	耐热性、电绝缘性、尺寸稳定性、透明性、刚性、力学强度	高频电子食品加热器用食器，咖啡壶，CD光敏感元件

表7-10 工程塑料在家电中的一些具体应用

电器名称	零部件名称	选用材料
电冰箱	门胆、内胆	ABS、ABS/HIPS
	蔬菜箱、肉盘	AS
	冰块盘、冷冻室门、门把手、冰箱顶框、鸡蛋存放架	ABS
	继电器罩壳	MPPO
	果菜盒、冷藏槽	增强PPS
	把手定位器	POM
洗衣机	排水闸门	ABS
	叶轮	玻璃纤维增强PA
	带轮	玻璃纤维增强PA、POM
	变速器齿轮、行星齿轮、大凸轮、卡爪、杠杆、上下凸轮	POM
	电动机底板	ABS
空调器	室内机横流风机	20%～30%（质量分数）玻璃纤维增强AS
	室外机螺旋桨风机	玻璃纤维增强ABS
	进气窗、前面控制板	ABS、HIPS
	轴承架、水平散热器	玻璃纤维增强ABS
	后壳体	ABS

（续）

电器名称	零部件名称	选用材料
照相机	取景目镜、透镜板	透明 PC
	滑板	黑色 PC
	调焦圈、镜头底座、快门外壳	玻璃纤维增强 PC
	密封片、卷片筒、卷轴盖、按钮、插塞	黑色 POM
	释放按钮、开关、延迟轮、止动杆、杠杆	本色或染色 POM
	曲轴轮	增强 POM
	主体、前盖、后盖、上盖、电池盖	玻璃纤维增强 ABS
	开启环、齿轮、换向轮	玻璃纤维增强 PBT
	倒片扳手、开关、止动滑块、支架、线圈滑架	玻璃纤维增强 PA66
	转轴、齿环、制动片、提升轮、曲柄支座	碳纤维增强 PA66
烤箱	门把手	纤维增强 PET、ABS 及电镀级 ABS
	旋钮底板、给水贮槽盖	耐热 ABS
	显示盘	PC
	各种键	POM
	装饰框架	纤维增强 PET 及 ABS
	观察窗	PMMA
	贮水器	改性 PPO
	风机叶片及罩	玻璃纤维增强 PP、改性 PPO
	活动部件	玻璃纤维增强 PBT、氟塑料
	熔断器座	PF
	旋钮	ABS

第8章　工程塑料在建筑工程中的应用

建筑业是国民经济的支柱产业，在未来20年内我国建筑业仍将会有较大的发展。化学建材是继钢材、木材、水泥之后当代新兴的第四代新型建筑材料。塑料建材是化学建材的主要组成部分，主要包括塑料管、塑料门窗、建筑防水材料、隔热保温材料、装饰装修材料等。塑料建材在建筑工程、市政工程、村镇建设以及工业建设中用途十分广泛。塑料建材不仅能大量代钢代木，替代传统建材，而且还具有节能节材、保护生态、改善居住环境、提高建筑功能与质量、降低建筑自重、施工便捷等优越性。塑料建材的节能效益十分突出，其节能效益表现在节约生产能耗和使用能耗两个方面。以生产能耗计算，建筑塑料制品仅为钢材和铝材生产能耗的1/4和1/8。因此，建筑塑料的推广应用，已成为当今建筑技术发展的重要趋势，越来越受到设计、生产部门的重视和使用者的青睐。无毒、无害、无污染的塑料建材，将是21世纪市场需求的热点。

目前应用比较广泛的化学建材有聚乙烯、聚氯乙烯、聚丙烯等通用塑料，以及不饱和聚酯树脂、聚氨酯等热固性树脂，可用作水管、电气护套管、塑料门窗、壁纸、墙布、塑料地板、发泡型材、卫生洁具、装饰材料等。这类化学建材具有价格低、加工成型技术较为成熟等优点。但是随着生活水平的提高，人们对建筑材料的要求也越来越高，希望开发出更为持久耐用甚至隔声、绝缘、采光等效果卓越的化学材料，而这些要求是一般通用塑料难以达到的。相比之下，工程塑料具有优良的综合性能，其优点是质量轻，耐腐蚀，不生锈，热导率低，绝缘性能好，不结垢，易着色，施工安装和维修方便，生产、安装和维护能耗低。但由于价格较高，成型加工与通用塑料相比要求较高，因而目前在建筑领域的应用尚不普遍。但是，ABS、ASA、聚碳酸酯、改性聚苯醚、聚四氟乙烯等工程塑料，目前在西欧和美国建筑领域的应用已越来越多，其应用范围主要有工程塑料门窗、透明件、装饰板、屋顶瓦、管材等。

8.1　工程塑料门窗

门窗是建筑物的重要组成部分，其作用是采光、通风，同时也起装饰的作用。长期以来，门窗的选材多以木材为主。木门窗的价格虽低，但由于制作门窗的优质红白松100年才能成材，且容易发生火灾，截面尺寸大，透光率小等原因，我国在20世纪70年代开始启用钢门窗（主要是钢窗）。现行的钢门窗主要有空腹、实腹等类型。其中空腹钢窗应用较广，这种窗虽有截面小、透光率大等优点，但也存在易变形、密闭性差、窗户关不严等缺点，人们也越来越不喜欢这种窗型。近年来出现的彩色钢板门窗，虽然密闭性、耐蚀性、装饰效果均优于普通钢门窗，但因其价格高而无法大量采用。铝合金门窗是门窗中的高档产品，因其造价大大高于其他窗型，故多用于高档宾馆、写字楼。

塑料门窗从开始使用到现在已经有几十年的历史了。作为世界公认的最佳节能门窗，近几年塑料门窗的生产和应用发展较快，已成为门窗市场主导产品之一。德国知名研究机构Ceresana市场分析师指出，从建筑节能大局和行业发展角度来看，塑料门窗是属于高质量、高档次的产品，其主要特点是隔热、隔声、密封性能优良。无论是在寒冷的冬季，还是炎热的夏季，塑料门窗都可与空调设施相匹配，达到防寒保温和防暑降温的效果。它不仅可以节约能源、保护环境、改善居住条件、提高建筑功能，还具有施工快、价格低廉、重量轻、绝缘性能好、寿命长和维护方便等优点。因此，塑料门窗的广泛使用具有巨大的经济效益和社会效益。但用于制造塑料异型材的塑料几乎全部是硬质聚氯乙烯（PVC-U）且型材的颜色几乎全部是白色的。造成这一事实的主要原因包括两方面：一是聚氯乙烯是产量很大的塑料品种（曾经是产量最大的品种，现在仅次于聚乙烯和聚丙烯而居第三位），有极好的价格性能比（全面性能好，价格便宜）；二是除白色以外的其他颜色的聚氯乙烯异型材，都很容易发生褪色或变色现象。

显然，这种白色PVC一统天下的现状，远远满足不了人们在材料性能和建筑美学等方面的要求。除了颜色单调外，耐热性不高也是PVC的不足之处。因此，人们始终没有放弃新的塑料异型材的研究开发工作。很多工程塑料都可以用来生产异型材，但只有那些基本具有PVC的优良性能，在某些方面甚至超过PVC，且能满足更高的要求，同时价格不是特别高的塑料才可能成为可选择的材料。

随着工艺技术、原料配方、模具设计、五金配件、产品标准等方面的不断开拓，塑料门窗将呈现以下发展趋势：

1）门窗形式“个性化”。加拿大皇家集团的门窗型材有2000余种，充分体现了用户的“个性”。

2）发展环保型门窗。在门窗制品中不允许含铅。

3）开发节能型塑料门窗。塑料门窗节能的最主要原因是密封性好。建筑门窗热对流能耗大大高于热传导能耗。

4）研制复合型塑料门窗。

住宅与汽车、家电制品相比，要求有更长的使用寿命，现在人们认为应有30~50年之久。考虑到要经受大雪、台风、光照及剧烈的温差变化等自然力的作用，耐候性材料应是窗框、门板等外装建材的首选材料。目前门窗使用较多的工程塑料是 ASA 和 ABS。

8.1.1 ASA/ABS 门窗

1. ASA/ABS 门窗的性能

ASA 和 ABS 都是通用工程塑料，它们都是橡胶增韧的苯乙烯-丙烯腈共聚物（SAN）。ASA（丙烯腈-苯乙烯-丙烯酸酯共聚物）是用丙烯酸酯橡胶增韧的共聚物，而 ABS 则是用聚丁二烯橡胶或丁苯橡胶增韧的共聚物。作为窗用异型材的首要条件是具有优良的耐老化性能，国外 PVC-U 窗的质量保证大多数为15～20年，在这么长的时间内，型材的颜色和力学性能都不能发生明显的变化。但是 ABS 因为其分子链中的丁二烯组分含有双键，容易氧化降解和光降解，在经过不长时间的光照后颜色就会发黄，所以 ABS 不适宜用于室外。

ASA 树脂与 ABS 树脂相比，由于用丙烯酸酯橡胶代替了聚丁二烯橡胶，分子结构中不再含有不稳定的双键，大分子链中的羰基和腈基具备较强的耐紫外线能力，而苯环是典型的稳定结构，很难发生光化学反应，所以 ASA 具有极强的耐紫外线能力，颜色稳定，耐候性优。ASA 树脂的成型品在室外暴露15个月后，冲击强度和伸长率几乎没有下降，颜色变化也很小，而 ABS 树脂成型品的冲击强度则下降了60%以上。ASA 树脂具有良好的耐化学药品性，耐碱、稀酸、矿物油、植物油及各类盐类溶液。ASA 树脂的着色性良好，可以染成各种鲜艳的颜色。它还具有高强度、高刚性、良好的化学稳定性，以及优良的可回收再生性等。此外，ASA 树脂还具有优良的成型性，真空成型、异形挤出成型、热成型、吹塑成型和注射成型等各种成型加工方法均能使用。因此，在西欧和美国，ASA 树脂已被广泛用于制造各类住宅的窗框和门板，也用于制造住宅的浴槽及卫生间的冲洗水槽等。ASA、ABS 和 PVC-U 的耐候性比较如图 8-1 所示。ASA 和 ABS 共挤出型材的缺口冲击强度如图 8-2 所示。

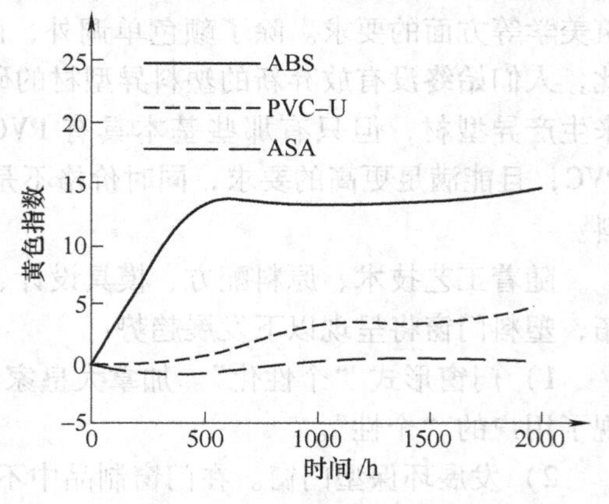

图 8-1 ABS、ASA 和 PVC-U 的耐候性比较

由图 8-1 可见，ABS 的耐候性很差，而 ASA 和 PVC-U 的耐候性都很好。由于丙烯酸酯类价格很高，所以 ASA 的价格要比 ABS 和 PVC-U 贵得多。将来的趋势是发展外表为 ASA、内层为 ABS 的共挤出型材。图 8-2 表明，ASA/ABS 共挤出型材的缺口冲击强度变化不大。

表 8-1 列出了作为窗用异型材的 ASA、ABS 与 PVC-U 的性能。由表 8-1 可

见，ASA、ABS与PVC-U的性能相近，有几个方面更加突出。首先，ASA和ABS的密度更小，对单位体积异型材的成本是有利的；其次，ASA和ABS的维卡软化温度更高，这一点对深色的窗来说是非常重要的，因为在夏天，深色窗上的温度可能达到70℃以上。另外，由图8-1可见，ASA耐候性甚至比PVC更好。用ASA异型材制造的窗样品，在一栋建筑上使用15年仍然完好如初。

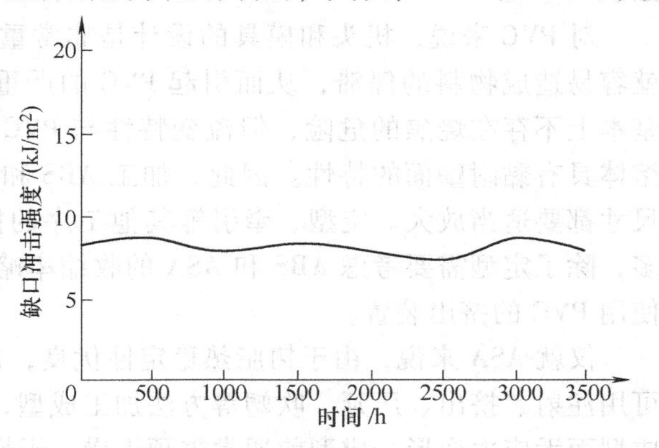

图8-2 ASA和ABS共挤出型材的缺口冲击强度

与PVC-U相比，ASA/ABS共挤出型材具有如下优点：更高的耐热性；可以制造彩色异型材，而且色彩稳定；很好的耐候性；型材表面光滑，光泽度高；更好的加工性，在加工时没有PVC那种分解烧焦的危险。

表8-1 窗用材料的性能比较

性能	PVC-U	ABS	ASA
密度/（g/cm³）	1.4～1.5	1.06	1.07
拉伸强度/MPa	45	50	48
维卡软化温度/℃	79	101	98
拉伸弹性模量/MPa	2500	2500	2600
简支梁缺口冲击强度/（kJ/m²）	35	27	15
热导率/［W/（m·K）］	0.16	0.17	0.17
线胀系数（23～80℃）/（10^{-5}/℃）	8	8	8
吸水率（23℃，24h，%）	<0.1	0.4	0.4
耐候性	需选用光温度的牌号	不能用于室外	需选用光温度的牌号

2. ASA/ABS的生产工艺

ABS和ASA一般都是以粒料的形式供应的，可以方便地用单螺杆挤出机进行加工。因此，对于新的异型材加工厂来说，不必购买价格昂贵的双螺杆挤出机。由于ABS和ASA分子中含有极性组分，易于吸潮，最好是用具有排气功能的单螺杆挤出机。如果没有排气挤出机，则物料在挤出前应进行干燥。

当然，ABS和ASA也可以用双螺杆挤出机进行加工。但是由于ABS和ASA的维卡软化温度较高，物料在加料段对螺杆产生很大的分离力，可能使螺杆在机筒上摩擦而加剧设备的磨损，所以最好还是采用单螺杆挤出机进行加工。

对 PVC 来说，机头和模具的设计是非常重要的，因为流道设计稍有不慎就容易造成物料的停滞，从而引起 PVC 的严重分解（烧焦）。而 ABS 和 ASA 基本上不存在烧焦的危险，但流变特性与 PVC 仍有很大的不同，ABS 和 ASA 熔体具有黏附壁面的特性。因此，加工 ABS 和 ASA 时，流道尺寸和流道入口尺寸都要适当放大。定型、牵引等其他工序的操作和 PVC 的挤出工艺都差不多，除了定型需要考虑 ABS 和 ASA 的收缩率略有不同外，其他部分可以直接使用 PVC 的挤出装置。

仅就 ASA 来说，由于树脂热稳定性优良，加工过程不泛黄，成型性良好，可用注射、挤出、压延、吹塑等方法加工成型，经挤出的片材可进行快速真空成型而无应力变形。成型前通常需预干燥，干燥条件：温度 80～85℃，时间 3～4h。表 8-2 列出了 ASA 树脂注射成型的工艺参数。

表 8-2 ASA 树脂注射成型工艺参数

工艺参数	数　值	工艺参数	数　值
螺杆转速/（r/min）	20～60	保压压力/MPa	50～80
喷嘴温度/℃	190～220	注射时间/s	3～8
机筒温度/℃	210～250	保压时间/s	15～30
模具温度/℃	50～85	冷却时间/s	15～30
注射压力/MPa	80～100	成型周期/s	40～70

型材的焊接性是一个重要的指标。焊接性与该材料的熔体在一定温度范围内的黏度特性有密切关系。与 PVC 一样，ABS 和 ASA 都非常适合于热板焊接，但要注意的是，ABS 和 ASA 容易吸潮，因此，焊接之前最好进行干燥。

用作窗户的异型材必须满足很高的要求，最主要的指标包括刚性（可以用弹性模量来表征）、韧性、耐热性、尺寸稳定性、耐候性及可加工性。PVC 是一种经过了几十年考验的优秀材料，新材料性能若能达到 PVC 的指标，就可以是一种理想的窗异型材材料。总的来说，ASA 是一种性能特别突出的材料。

8.1.2 工程塑料与 PVC 共挤门窗

1. 双色共挤法

双色共挤技术是一种新型的塑料门窗型材成型工艺。采用这种技术生产的型材只在可视面上共挤一层彩色物质。由于共挤层很薄，因此基本不影响型材的力学性能，相应增加的成本较少。PVC 本身并不是一种耐候性强的材料，共挤技术的出现使型材向阳面完全耐候性成为可能。

与通体法不同，选用共挤法首先需要一台共挤机，另外，需要购置新模具或改造现有模具。共挤模具与原色型材模具的最大不同在于口模板上的共挤通道，共基层材料由共挤机进入口模板上共挤通道，实现型材的彩色表面。

2. 应用实例

20世纪80年代欧洲开发了ASA与PVC双色共挤技术，使塑料门窗拥有了极高的耐候性和丰富稳定的色彩。ASA树脂耐候性和加工性能十分优良，许多性能与ABS十分接近，可以大幅度提升塑料门窗的耐候性、光泽度、耐蚀性、耐热性等性能。ASA树脂耐热温度比PVC提高了20℃，在-30℃仍能保持75%的常温耐冲击性，它与PVC相容性好，共挤层厚度稳定，在温差较大境况下，也不会产生扭曲、分层、翘曲等现象，生产和运输过程废品率低。采用这种工艺还可以生产双彩色门窗，即两个可视面（门窗的内外两面）可以是不同颜色，更好地解决了装饰装修个性化及与环境的适应性。坐落于北京东燕郊的“星月·云河”项目一期工程即选用了这种通过ASA共挤出的窗户异型材。这种材料的使用不但开创了北京地区房地产项目使用共挤式塑钢窗的先河，而且在使用效果上强化了用材的人文作用，为入住业主在对物业外观的感受方面发挥了积极影响。外窗玻璃采用双色中空玻璃，外层为透明白玻璃，凸显档次，内层为淡绿色玻璃，双层共同使用可达到阻挡紫外线、避免楼宇对视、减少反射等作用，并能够有效提高保温和隔热性能，达到节省能源的目的。

由大连实德与德国巴斯夫合作，历经6年开发成功的PVC/PBT聚酯合金门窗型材，已在大连实德实现量产。这一世界首创的塑料门窗型材产品取消了塑料门窗中的钢衬，与目前市场上的塑钢门窗和铝合金门窗产品相比，节能效率提高15%~20%。该聚酯合金门窗系统是一种高保温、高隔声性的门窗系统产品，具有优良的节能性能、成窗强度性能、绿色环保性能，以及应用寿命延长，加工工艺便捷等突出优点。

8.1.3　工程塑料与PVC共混合金门窗

PVC具有低温脆性的弱点，为了克服其缺口冲击强度低及耐热性差的缺点，人们使用了很多化学改性方法，即通过化学反应（如共聚合和接枝、分子状态混合、PVC复合材料、PVC与其他高聚物共混）使PVC的结构发生某些变化而达到改进某些性能的目的。

1. MBS增韧改性PVC

MBS树脂是1956年由Rohm & Hass公司最先取得专利权的。由于MBS含有与PVC有较好的相容性的甲基丙烯酸甲酯及苯乙烯成分，同时有一个橡胶核存在，所以MBS与PVC有很好的相容性，是良好的PVC增韧剂，可以作为

PVC 的冲击改性剂。

2. ABS 增韧改性 PVC

ABS 是一种优良的工程塑料，具有较高的冲击强度与表面硬度。由于其溶解度参数与 PVC 接近，具较好的相容性，所以两者熔融共混制成的 PVC/ABS 合金冲击强度高、综合性能好。

3. ACR 增韧改性 PVC

ACR 是以聚丙烯酸丁酯交联弹性体为核，其外层接枝上甲基丙烯酸甲酯-丙烯酸乙酯聚合物，形成一种具有核壳结构的共聚物。ACR 抗冲体系的型材色泽好，手感细腻，刚性强，低温冲击强度高，耐候性好。ACR 核-壳式结构聚合物中的核是低度交联的弹性体，壳为具有较高玻璃化温度的高聚物，粒子间容易分离，可以均匀地分散于 PVC 基体中，并能与 PVC 基体相互作用，不仅不容易被破坏，反而能改进 PVC 的冲击性能。我国越来越多的型材生产厂家开始使用 ACR 体系来改善 PVC 的冲击性能。

4. VC-VAC 对 PVC 增韧改性

PVC 与 VC-VAC 有良好的相容性，氯酯共聚物做 PVC 冲击改性剂比 EVA 具有更好的性能。在 PVC 中加入氯酯共聚物，其制品耐冲击性随氯酯共聚物量的增加而提高，选择的氯酯共聚物的平均聚合度越高，耐冲击性越好。另外，在聚氯乙烯中加入1%（质量分数）氯酯共聚物就可有效地抑制制品的光降解现象。

8.2 透明件

在建筑领域，聚甲基丙烯酸甲酯（有机玻璃）已广泛用于室内高级装饰材料、大型吸顶灯具及防护玻璃等透明件的制作。但作为透明工程塑料的聚碳酸酯，其热性能和力学性能远优于有机玻璃。例如：聚碳酸酯的热变形温度为132℃，比有机玻璃高 30℃以上；拉伸强度和断裂伸长率也显著高于有机玻璃；在各种透明材料中，聚碳酸酯具有超群的耐冲击性，聚碳酸酯在室温下的冲击强度是浇铸有机玻璃的 16 倍，是定向拉伸有机玻璃的 5 倍；聚碳酸酯自身具有阻燃性能、耐紫外辐射性能良好的特性；可以实现光线选择性透过，获得更多的可见光，同时减少热量进入；在气温较低的季节，能够减少热量向外散发，从而保持温度并达到节能效果，使工业和住宅建筑实现智能化和节能化成为可能。因此，近年来在建筑领域聚碳酸酯已部分取代有机玻璃用于透明件的制造，例如各种宾馆、商厦的防护玻璃，采光用顶棚板，以及高级装饰材料等。聚碳酸酯在建筑中的应用占相当重要地位，其中约有 1/3 聚碳酸酯用于各种玻璃制品的替代。其中 15 万 t 用于窗用玻璃；3 万 t 用于商业玻璃，汽车、轮船、飞机及火车门窗玻璃；20万m^2用于屋顶透光板、太阳能收集器及防弹玻璃；中空板可用作公路或建筑物的隔声板、防护板等。

聚碳酸酯（PC）板按外观形状可分为实心板、空心板和浪形板；按外观颜色可分为无色透明板和彩色透明板；按表面形状可分为光面板和压纹板；按性能可分为普通板和抗紫外线板（UV板），按抗紫外线的UV助剂使用情况还可分为整体抗紫外线、单面抗紫外线和双面抗紫外线等不同品种。另外，PC板本身也有一些缺点，如易刮出痕迹等。针对这些不足，对PC做接枝共聚或共混改性，将产生一些新品种，如改性PC板等。从将来的发展趋势看，UV板将取代普通PC板，以防止PC板长年使用后颜色发黄，质量变差等现象。

8.2.1 聚碳酸酯板的性能

聚碳酸酯是一种透明并具有异常强韧的无定形树脂，其主要成分（质量分数）为碳（C）75.58%，氧（O）18.87%，氢（H）5.55%。它是一种热塑性塑料，借热作用使其柔软而可模塑成不同形状。用它制成的板材集透明、轻质、保温、抗冲击、隔声、耐候、耐久为一体，成为近年来建筑装饰业最理想的采光材料之一，广泛应用在大型公共设施的屋顶采光，商业建筑、安全建筑的幕墙或高侧窗带、屋面采光带或采光天幕，建筑配套设施等领域。其颜色有多种，透明茶色、灰色、乳白、蓝绿等通用标准色，还可根据用户要求而生产非标准颜色。PC板是一种新型的高强度、透光建筑材料，透光性与玻璃类似，但比玻璃更安全，设计自由度更大，且具有节能、质轻和持久耐用等特性，是取代玻璃、有机玻璃的最佳建材。这种板材有单层实心板（厚度为2.0mm、3.0mm和4.5mm）、双层板（厚度为6.0mm、8.0mm、10.0mm）和三层以上多层组合板（厚度一般为12.7mm，最厚者可达16mm）。PC板比夹层玻璃、钢化玻璃、中空玻璃等更具轻质、耐候、超强、阻燃、隔声等优异性能，成为深受欢迎的建筑装饰材料。其优点主要有：

（1）耐冲击性　聚碳酸酯俗称防弹胶，具有优良的耐冲击性。据试验证明其冲击强度比玻璃高250倍，比有机玻璃高15倍。这主要是与其分子组合有关。它被拉断时的伸长率为110%，承受的冲击力可高达270MN以上，经得起台风、暴风雨、冰雹、大雪、热气流的考验，非人力可以打破，是良好的安全、防盗材料，为目前韧性最好的透明建筑材料。表8-3列出了PC板与其他透明板材的冲击强度。通过数据可以看到，4mm厚的PC实心板的冲击吸收能量分别达160J和400J，分别约为普通玻璃的80倍和200倍，安全玻璃的16倍和40倍以上，具有打不破、敲不碎的特点。PC板用3 kg落锤从2m坠下冲击也无裂痕，有“不碎玻璃”和“响钢”的美称。并且，PC板不会像钢化玻璃那样发生自爆现象。因此，PC板使用安全性极高。

表 8-3 PC 板与其他透明板材的冲击吸收能量比较

板 材	厚度/mm	冲击吸收能量/J
玻璃	4	2
安全玻璃	6	10
有机玻璃	4	12
PC 空心板	6	160
PC 实心板	4	400

一般情况下，采光材料安装在户外，用于大型公共场所（如购物中心和展览中心）的建设。这类采光材料的安全性是十分重要的，露天除了人为的破坏外，就是自然界的风霜雨雪和冰雹等的破坏，所以采光材料抗冰雹冲击破坏的能力也成为一项比较重要的性能指标。表 8-4 列出了 GE 公司的 PC 板与其他采光板在模拟雹击试验的冰雹极限速度。

（2）耐磨性 经抗紫外线镀膜处理后的 PC 板，耐磨性可提高数倍（见表 8-5），与玻璃相近。热成形可冷弯成一定弧度而不致出现裂纹，并可再进行切割或钻孔。

表 8-4 GE 公司的 PC 板与其他采光板模拟雹击试验的冰雹极限速度

（单位：m/s）

项目	厚度/mm	雹直径/mm		
		$\phi10$	$\phi20$	$\phi30$
有机玻璃多层板	16	16~20	7~14	4~10
浮法玻璃板	4	30	10	8
多层 PC 空心板	10	>50	>44	>28
	16	>50	>44	>28
雹平均速度		14	21	25

表 8-5 不同材料耐磨性的比较

试验方法 ASTM D1044	混浊度（%）		
泰伯磨耗	普通 PC 板	抗紫外线镀膜处理 PC 板	玻璃
100 周	35.0	0.8	0.5

（3）防盗、防枪击 PC 可以与玻璃一起压成安全窗，用于医院、学校、图书馆、银行、使馆和监狱，其中玻璃能提高板材硬度和耐磨性。PC 也可以与其他 PC 层或丙烯酸酯压合，用于传统的安全应用领域。

（4）防紫外线　可防超强紫外线，只有某些单层板表面在长时间阳光照晒下变黄或变朦。

（5）热性能　PC板材料的热导率低，多层板具有中空结构，隔热性远远优于其他实心建材，甚至中空玻璃，所以它是一种节约能源的材料。其线胀系数为6.75×10^{-5}/℃。在无载荷的短期最高工作温度可达121℃，在无载荷的长期工作温度可达82℃。PC板通常在-40～120℃范围内保持各项性能指标的稳定性。其热变形温度为132℃，受载荷的影响不大，是良好的耐热材料，低温脆化温度为-110℃，也宜用作耐低温材料。PC板具有优良的隔热性能，例如：3×/16mm多层板的传热系数为2.2W/（m^2·℃），遮蔽系数为0.71；而6mm+9mm+6mm中空白玻璃的传热系数为2.87W/（m^2·℃），遮蔽系数为0.81。在相同厚度条件下，PC板的隔热性能比玻璃高16%左右，能有效阻隔热能传输，无论冬天保暖，还是夏季阻止热气侵入，PC板都可减少取暖和制冷成本，有效降低建筑能耗，从而节省了能源，提高了能源利用率。

（6）防燃烧性能　PC板具有良好的阻燃性，燃烧时不产生有毒气体，其烟雾浓度低于木材、纸张的烟雾浓度，被确定为一级难燃材料，符合环保标准。经过30s的燃烧样品，其燃烧长度未超过25mm，在热空气高达467℃时，才分解出易燃气体。故经过相关测定，认为其消防性能是合格的。如果辅以少量的阻燃剂，聚碳酸酯就能达到最高级别的防火标准，同时，还不会损失其优良的光学性能与力学性能，这是其他塑料产品根本做不到的。

（7）抗化学物质能力　对酸、酒精、果汁、饮料无任何反应；对汽油、煤油也有一定抵抗能力，在接触48h内不会出现裂纹或失去透光能力。但对某些化学物（如胺、酯、卤代烃、油漆冲淡剂）的耐化学腐蚀性差。

（8）质量轻　聚碳酸酯的密度为1.2g/cm^3左右，比玻璃轻一半，如制成中空PC板，其质量为有机玻璃的1/3，为玻璃的1/15～1/12。中空PC板具有绝佳的挺性，支撑龙骨小巧美观，可避免大量笨重结构杆件产生的凌乱线条和阴影，可做骨架构件。PC板的轻量化，使施工更安全、更便利，可大大节省搬运、施工的时间和成本。因此，PC多层板和实心板特别适合于大型公共建筑的大跨度的屋顶、悬吊罩棚和幕墙。可插接的多层板更适合于大面积有隐框要求的幕墙铺装。

（9）隔声性能　PC板与玻璃、有机玻璃相比，具有较高的隔声性。在相同条件下，PC板的隔声比玻璃提高3～4dB，广泛用作高速公路的隔声屏障。

（10）耐候性　一般来说，未经特殊处理的PC板虽然坚固，但受阳光中紫外线的照射后会引起表面老化，造成透光率下降、雾化及黄变等不良现象。而经抗紫外线特殊处理后的PC板，具有优良的长效耐候性，即使在室外阳光曝晒下也能光洁如新，经久保持其本身的光学性能、力学性能等，同时使室内物品不易受紫外线照射而损坏。表8-6所示是普通PC板与抗紫外线镀膜处理PC板的耐候性比较。

表8-6　普通PC板与抗紫外线镀膜处理PC板的耐候性比较

项目	普通PC板	抗紫外线镀膜处理PC板
黄变（%）	15	3
雾化（%）	57	3

（11）透光性　普通PC板为无色透明，与玻璃一样，具有良好的透明度。根据用户要求，可制成各种有色透明板或半透明板，如茶色、灰色、宝石蓝、绿色、乳白色等，以适应各种创意设计及提供遮挡阳光的效能。PC板的透光性与板厚及色彩有一定关系，见表8-7。

表8-7　PC板的透光性与板厚及色彩的关系

板厚/mm	透光率（%）			
	无色透明	蓝色	茶色	乳白色
3	86	45~65	25~42	15~45
4.5	84	45~65	25~42	15~45
6	82	45~65	25~42	15~45
10	79	45~65	25~42	15~45

（12）加工性　PC板的加工成型性良好，可手工切割、钻孔、铣槽，不易断裂，施工简便，既可在室温下进行冷弯成型，也可在加热状态下进行弯曲成型、真空成型、冲压成型，甚至还可进行多次成型，以配合建筑设计的要求，最小弯曲半径小，如16mm厚的三层加强型PC板的最小弯曲半径为2800mm。因此，可依设计图样在工地现场采用冷弯方式，安装成拱形、半圆形等曲线结构，从而满足建筑物多姿多彩的造型需求，使建筑师的设计构思得以实现。

PC板的抗挠曲、抗风力应根据要求选择不同厚度、颜色和安装工艺，也可达到较理想水平。PS、PVC、PMMA等树脂虽能做成透明板，但它们的耐冲击性和耐候性比PC板差很多。无机玻璃的透光率比PC板稍好，但它密度大，在保温性、抗冲击性及安全性方面都不如PC板。

（13）节能环保　每平方米16mm厚的PC板综合能耗为290MJ，CO_2排放量为15.75kg；而每平方米6mm厚的双层中空玻璃的质量为30kg（玻璃的密度以2.5g/cm^3计算），生产综合能耗为360MJ，生产过程中CO_2排放量为34.11kg。因此，生产每平方米16mm厚的PC多层板与生产每平方米6mm厚的双层玻璃相比，综合能耗节约20%，CO_2的排放量降低54%。PC板生产过程中能耗、CO_2 排放量低，如果再考虑使用过程中的能源消耗，PC 板将具有更大的优势。因此，从环保和生态的角度更体现出 PC 板的可持续性和环境友好性。

但是 PC 板在工程上大量使用的同时，也出现了一个十分严重的问题：用 PC 板做的采光顶普遍漏水严重，有些是安装好后立即发现漏水，有些是半年或者是一两年后漏水。造成这些问题的原因是使用者对 PC 板的特性了解较少，沿用玻璃采光顶的经验而造成的。PC 板的物理性能与玻璃铝材及石材差别很大，其热膨胀系数约为普通玻璃的 7 倍，造成 PC 板板间接缝变化比普通玻璃或铝材大得多。这时要注意合理留设接缝，并且选用具有足够位移能力的密封胶。由于 PC 板密度小，与玻璃相同体积时，其质量只是玻璃的 1/15 ~ 1/12，因此，其易于搬运、安装，可减轻建筑物的自重。但是，正是由于 PC 板具有质轻的特点，安装时应考虑到风荷载或其他外力作用而引起的板面变形，避免引起密封接缝变形、开裂。购买密封胶时，必须考虑密封胶的位移能力及密封胶对 PC 板材的黏结性，有条件的话可通过黏结性试验判断密封胶是否适用，以保证工程的质量。

8.2.2 聚碳酸酯板的生产工艺

PC 板的生产工艺为挤出成型，所需主要设备为挤出机。因为 PC 树脂的加工比较困难，所以对生产设备要求较高。我国生产 PC 板的设备大多是进口的，其中大部分来自意大利、德国和日本。所用的树脂大多是从美国的 GE 公司和德国的 Bayer 公司进口的。在挤出之前，物料应严格干燥，使其含水量在 0.02%（质量分数）以下。挤出设备应配备真空干燥料斗，有时需串联几个。挤出机的机身温度应控制在 230 ~ 350℃，由后向前逐步提高。所用的机头为平挤的狭缝式机头。挤出后再经压光冷却。近年来，为满足 PC 板抗紫外线性能的要求，常在 PC 板的表面覆一层含抗紫外线（UV）助剂的薄层，这就需要采用两层共挤工艺，即表层含有 UV 助剂而底层不含 UV 助剂。这两层在机头里复合，挤出后成为一体。此种机头设计比较复杂。有些公司采用了一些新技术，如 Bayer 公司采用的是在共挤系统加有特殊设计的熔体泵及合流器等技术。另外，有些场合对 PC 板有无滴漏的要求，所以在另一面应有防滴漏涂层。还有的 PC 板需两面皆有抗紫外线层，此种 PC 板生产工艺更为复杂。

一般来说，板材生产厂所购的树脂有两种，一种是普通的 PC 树脂，另一种是含有抗紫外线助剂的 PC 树脂。所选择的抗紫外线助剂大致有以下几类：

（1）水杨酸酯类　如水杨酸对叔丁基苯酯（TBS）。

（2）二苯甲酮类　如 2-羟基-4-甲氧基二苯甲酮（UV-9）；2-羟基-4-甲氧基-2′-羧基二苯甲酮（UV-207）；2-羟基-4-正辛氧基二苯甲酮（UV-531）。

（3）苯并三唑类 如2-（2′-羟基）-3′，5′-二叔丁基苯基苯并三唑（UV-320）；2-（2′-羟基-5′-叔辛基苯基）苯并三唑（UV-5411）等。

PC板极易产生内应力，板材有无内应力可用四氯化碳浸泡和偏振光来检验。板材存在的内应力可以用退火的方法来消除。

8.2.3 应用实例

1. 体育馆屋顶采光板

LEXAN力显太阳控能产品是由单层和多层聚碳酸酯薄片制成的。单层产品为LEXAN力显TMEXELLV太阳控能IR板材，多层产品为LEXAN力显THERMOCLEAR太阳控能板材。该种新型板材在很大程度上可减少光能的传输，同时提供高程度光透射，并在降温和增亮效果中使能源成本得到控制，已广泛应用于圆屋顶、天窗、走道、温室，以及其他需要高光且需将余热限制到最低程度的建筑物等场所。

举办过2004年亚洲杯足球锦标赛数场比赛的中国西部最大的体育馆——重庆体育馆，在屋顶采光方面，首次采用了GE高新材料结构板材的全新聚碳酸酯LEXAN力显THERMOCLEAR易洁板材（见图8-3）。LEXAN力显THERMOCLEAR易洁板材为体育馆屋顶提供了理想的品质，轻盈多层的X结构提供了出色的强度，改善了载荷强度与抗冲击能力，同时能为客户大幅度节省成本；外表面融合了GE高新材料的专业涂层技术，减少了板材的表面张力，普通PC板接触角为66°，而易洁板材接触角可达到100°，使水能在板材上凝聚成较大的水滴，冲走灰尘，为这种板材创造出遇水自洁的性能，使清洗工作的需求降至最低；高透光性和突出的耐候性等独特性能使这种材料能够长期暴露于日光和恶劣天气下。这款呈金属灰色的板材是应重庆体育馆建筑师的要求特别制作的，其颜色不会影响到LEXAN力显THERMOCLEAR的出色透光性，还有助于制造出特殊的金属视觉效果。

图8-3 LEXAN力显THERMOCLEAR易洁板材

2. 防弹玻璃

现代社会中，持械与持枪暴力事件时有发生，犯罪工具也逐步升级。这就促使安全防范领域中使用更高等级的采光材料。美国通用电气（GE）公司发明并生产的LEXGARD组合防弹采光板和LEXAN历新MR5防盗防砸采光板可以满足这种要求。LEXGARD组合防弹采光板是嵌弹式防弹，它是由多层LEXAN板材与LR胶膜经高温组合在一起，表面为GE专利的MARGARD防磨表层。其特点有：防弹等级高，有效阻止由各式手枪到AK47步枪的近距离射击；不跳弹不产生溅射，为嵌弹式防弹，完全吸收子弹的冲击动能；防密集射击，经多发子弹密集射击不产生严重裂纹，保持受弹部位四周清澈透明；防撞击，聚碳酸酯材料有着大于100%的拉断伸长率，重物击打不破不裂。

由美国防弹测试机构 H. P. White Laboratories 测试证明：LEXGARDRS-1250 组合防弹板符合香港警察防止罪案科（Ref. DID/CPB 5/2）对中国制五四式7.62mm 手枪所用实心钢弹头，在3m 射程距离能抵抗3发子弹的要求；LEXGARDMP-750 能承受六四式手枪的射击，符合美国（Underwriters Laboratories）U1.752 MPSA 防弹规范。

3. 暖房节能双壁PC顶板

GE 欧洲建筑产品公司与农业和环境工程学院（IMAG），共同开发了一种全新的锯齿形结构双壁聚碳酸酯（PC）板 Lexan ZigZag 用作暖房屋顶，具有与单层玻璃同样的透光率，锯齿形结构又能反射光到暖房，提高暖房温度。双壁锯齿形结构板比一般双壁PC板强度高，且保温性更好。这种新板透光好，不会减慢作物生长速度，种植者可以因其比单层玻璃保温效果高而受益，因以前暖房热量损失大，一般认为多损失1%能量会降低1%产量。而且种植者在不降低产量前提下，完全可以满足降低能耗（因而降低成本）方面的要求。由于双壁锯齿形PC屋顶板保温性好，根据不同作物种类热量和通风要求，减少峰能（能耗最高时）消耗最多可达50%，每年能节省能源20%～40%，因而返回 Lexan ZigZag 生产装置投资，实际上可能比传统玻璃屋顶装置更快。目前GE公司在奥地利工厂有 Lexan ZigZag 生产线，2003年1月开始供应欧洲市场。

新产品优点除节能外，还有高抗冲击性，长期耐冰雹、无破碎危险，阻燃性、强度高；不需支架即可安装，质量轻，仅为4kg/m^2，而玻璃板为10kg/m^2；不发雾，因其生产时内壁涂防雾剂和防滴剂，外层经防UV处理，不会因UV辐照而损坏；容易清洗，表面有防灰、防污涂层，用喷射头冲洗即可。

4. 国际大型体育场馆的看台罩棚

PC板已经成功应用在很多国际大型体育场馆的建设中，建成的看台罩棚和外墙具有透明度高，确保充足的日光照射，最大程度地减少了支撑结构。因此，PC板轻盈而透明，为体育场馆建造出了非同寻常的屋面和面墙造型。

天津奥林匹克中心体育场（见图8-4）是2008年北京奥运会的比赛场馆之一，体育场建筑面积为15.8万m^2，南北长380m，东西长270m，标高53m，占地约7.8万m^2，可同时容纳8万人观看比赛。体育场造型是椭圆形的“水滴”形。“水滴”的屋面由三种材料组成，屋面系统由内向外类似于3个椭圆形的环套在一起，内圈为模克隆® PC实心板，中圈为金属板，外圈为高强玻璃。俯瞰整个体育场，PC板、金属板、高强玻璃自上而下分层铺设形成“水滴”顶部透明、中间一圈封闭，下边一圈透明的变换视觉效果，以此来充分表现“水滴”的时尚动感之美。

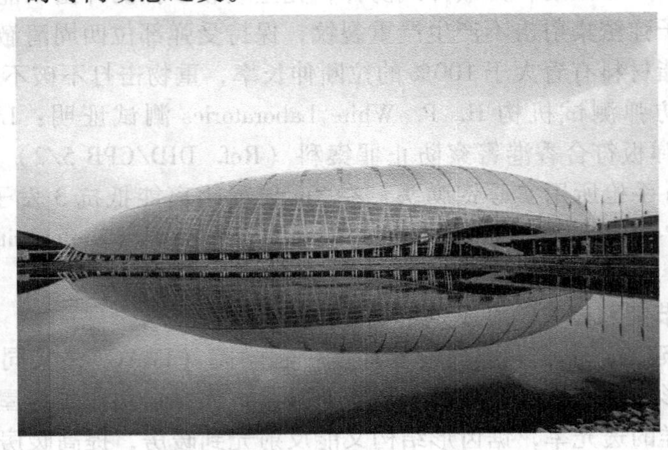

图8-4 天津奥林匹克中心体育场

5. 建筑物外墙

PC板除了加工容易，能够设计成各种复杂形状外，其颜色的选择性丰富，可以根据需要选用不同颜色、不同透明度的产品，从而设计出具有各种艺术效果的建筑风格。德国驻华大使馆的INFORM艺术装置采用白色、红色、蓝色防紫外实心板，利用热成型方法构造出三维立体艺术装置，面积超过$1300m^2$，每张板均由手工制成。

新加坡PILL城市娱乐中心幕墙采用防紫外线PC透明板，利用热成型方法，用四个不同的模块创造出每张板的形状和颜色，令人联想起怪诞的水晶体和埃舍尔画中的不规则碎片图形，赋予人们一种美的享受。

多层PC板的中空结构和智能化设计，使光线选择性透过，可以获得更多的可见光。因此，PC板及其构件应用在建筑的屋顶和外墙等领域，能充分发挥其时尚、透光、温馨怡人的特点，不仅能满足人们对现代建筑物艺术表现力的需求，而且大幅降低CO_2气体排放量，降低能源消耗，是一个可持续发展的解决方案。

6. 家具用的透明阻燃聚碳酸酯

据“www. ptonline. com”报道，透明家具因外表美观和视觉亮度而越来越受欢迎，从而引发家具行业对阻燃级透明材料的需求日益上涨。这些透明材料必须有阻燃性，符合DIN4102 B类和UNI9177 1要求，可应用于公共建筑上。德国拜耳材料科技公司推出了两种新型聚碳酸酯牌号产品，达到了这些标准要求。聚碳酸酯Makrolon FU1007流动性好，适合定制设计。聚碳酸酯Makrolon FU1007有较高的机械负载性能。这两种牌号的聚碳酸酯均具有防紫外线功能，加工简易，着色方便，可使用在公共建筑中要求有阻燃性的场合。

美国在每年消费的约40万t PC原料中有20%～30%用来制造板材。2011年，我国市场对PC板材的需求约为11万t，其中多层板约占50%，主要用于屋面和立面。随着PC合成技术、加工技术和建筑装饰业的发展，随着人们生活水平的提高，PC板的应用领域将会不断扩大。

8.3 管材

建筑物内供水管道采用传统的镀锌钢管已有100多年的历史了。随着我国经济的迅猛发展，人们的生活水平不断提高，对自来水水质的要求也日趋提高。但大量的监测数据表明，导致管网水质恶化的主要原因是建筑物内给水管道的严重锈蚀。原国家建设部、化工部、轻工总会、国家建材局和中国石化总公司，于1987年3月就关于加速推广应用化学建材和限制、淘汰落后产品做出了若干规定，明确指出新建多层建筑必须使用塑料给排水管。

近十多年来，塑料管材因具有质量轻、耐腐蚀、不生锈、易着色、隔热保温性能好，以及外观美观等金属管材无可比拟的优点，而得到了较快的发展。各种新型塑料管材相继推出，由最先的PVC管材逐步发展到高密度聚乙烯（HDPE）管、铝塑复合管、聚丁烯（PB）管、无规共聚聚丙烯（PP-R）管等。这些管材已在不同领域得到越来越广泛的应用。

但这些塑料管材在高温高压性能、环保、回收利用、原料来源、加工工艺等方面不同程度地存在着一些不足，不能充分满足实际使用的要求。近几年来开发的改性丙烯腈-丁二烯-苯乙烯共聚物（ABS）管材可解决上述问题，它不但具有其他塑料管材的共同优点，还能克服ABS树脂耐候性差等缺陷，所以美国每年用在建筑给水管方面的ABS树脂近10万t。在这方面我国起步较晚，最近十几年才开始用ABS树脂制作给水管材。近年发现超高分子量聚乙烯（UHMWPE）几乎集中了所有塑料的优点，具有其他工程塑料所无可比拟的耐磨性、耐蚀性、自润滑性、吸收冲击能量及拉伸强度等优异的综合性能，为此它正日益受到世界各国的重视。

8.3.1 ABS管

ABS树脂是以苯乙烯丙烯腈共聚物（AS）或聚苯乙烯（PS）为连接相，丁二烯衍生橡胶（BS、BA、PB）为分散相的两相体系聚合物，不单纯是丙烯腈、丁二烯、苯乙烯三种组分的共聚物或混合物。丙烯腈组分使ABS具有良好的耐化学腐蚀性、热稳定性及表面硬度；丁二烯组分使ABS具有韧性和耐冲击性；苯乙烯组分则赋予ABS刚性和良好的加工性与染色性。由于三组分各显其能，故ABS塑料具有优良的综合性能，主要特性为无毒、无味、不透水，冲击强度很高，抗蠕变性、耐磨性良好。一般ABS热变形温度为93℃，耐热级可达115℃，ABS制品使用温度范围为-40~95℃。由于ABS塑料的综合性能好，加工容易，收缩率小而价格相对低廉，从20世纪80年代初ABS塑料制品就在美国、日本、韩国等国家得到广泛应用。而我国对ABS塑料的认识和应用，只是近十几年才不断扩大，已广泛应用于建筑、电子、环保、化工、民用等行业，特别是作为建材前景极为广阔。它的主要特点是表面硬度高，性能稳定、耐热、耐腐蚀，且无毒无味，可替代不锈钢管、衬胶管、镀锌钢管等。ABS管表面光滑，管具有优良的抗沉积性，能保持热量，不使油污固化、结渣、堵塞管道，因此被认为是卫生系统中下水、排污、透气的理想管材。ABS管比纯铜管、黄铜管更能保持热量并有极高的韧性，能避免严寒天气装卸运输的损坏。在受到高的屈服应变时，能回复到原尺寸而不会损坏。因此，可取代不锈钢管、铜管等管材。用于管和管件的ABS，其中丁二烯的最小含量为6%（质量分数，下同），丙烯腈最小含量为15%，苯乙烯或其代用物的最小含量为25%。

1. ABS管的性能特点

ABS树脂的冲击强度、抗蠕变性及耐蚀性都很好，使用温度为-40~95℃。与金属管及其他塑料管相比，ABS管有突出的综合性能。ABS管具有如下优点：

1）ABS管的质量只有铸铁管的1/8、PVC管的5/6、钢管的1/7，极大地减轻了建筑物的负荷，从而也可降低了建筑成本。其使用冷胶冷溶法对接，对接后可与管材融为一体，结实牢固不外漏，且施工容易，节省工期，极大地节省了施工费用。

2）耐化学腐蚀性好，化学稳定性高，使用寿命长。

3）保温性好，ABS塑料管的热导率为金属管的1/200，减少的能量损失为铸铁管的200倍，可提高节能效果，节省保温成本。

4）ABS塑料管内壁光滑，可提高管内流质的流速，减少能量损失，降低成本。

5）节能效益突出，主要表现在节约生产能耗和使用能耗两个方面。以单位生产能耗计算，仅为钢材生产能耗的1/4，铝材生产能耗的1/8，铸铁管材生产能耗的1/3；在使用能耗方面，输水能耗可比金属管材降低1/20。

6）物料可回收利用，在生产管材及管件过程中产生的废料，经清洁破碎后可回收利用。

ABS管与市场上主要的塑料给水管材的性能特点见表8-8。从表8-8可以看出，ABS管具有使用温度范围宽，冲击强度高，抗蠕变性、耐磨性、耐蚀性好，连接简单等优点，但其耐候性较差。

表 8-8 几种主要塑料管材的性能特点

名称	使用温度/℃	耐最小爆破压力/MPa		连接方式	性能特点
		23℃	93℃		
PVC-U管	-30~65	1.6	0.6	承插式、黏结式、法兰式	阻燃性好，价格便宜 强度低，质脆，单体聚氯乙烯有毒，只适于65℃以下范围使用
铝塑复合管	冷-40~60 热-74~110	7.0	3.5	夹紧式	强度高，阻燃性、耐热性和耐老化性能好 价格高，成型工艺复杂，只适于生产ϕ63mm以下的管材，密封性不理想
PP-R管	-35~95	3.2	1.0	热熔式、夹紧式	耐化学腐蚀性好，耐高温性好 耐候性与耐应力开裂性较差
HDPE管	-40~60	1.0	0.6	热熔式	价格便宜，交联后物理性能有较大提高 长期耐水压，长期抗蠕变性差
ABS管	冷-40~60 热20~95	8.0 7.6	2.0 6.0	冷溶式	冲击强度高，抗蠕变性、耐磨性、耐蚀性都很好，使用温度范围宽 耐候性较差

注：表中数据均为ϕ15mm管测试数据。

2. ABS管的物理力学性能

ABS管在23℃±2℃持续试验压力为3.8MPa时，管道不破裂，不变形，不漏水。在低温条件下，以强大外压力冲击管道，其材质不碎化、不破裂，抗冲击性强，且耐地震力。以ABS为主要原料，加入抗氧剂、抗紫外线吸收剂等进行改性，生产了耐候性较好直径为ϕ15~ϕ200mm的冷水管及130多种规格的配套管件，直径为ϕ15~ϕ160mm的热水管及与之配套的管件。采用螺纹联接、冷溶胶接、法兰连接等多种方式进行连接，可在-40~95℃范围内使用。表8-9、表8-10分别列出ABS冷、热水管的性能。

表 8-9 ABS冷水管性能

项 目	条 件	标 准	结 果
维卡软化温度	载荷49N	GB/T 1633—2000	≥92℃
纵向回缩率	110℃	GB/T 6671—2001	≤2.0%
落锤冲击试验	23℃	GB/T 14152—2001	无破裂，合格
液压试验	螺纹联接/5.25MPa/1h	GB/T 6111—2003	无破裂，无渗漏
	黏结连接/6.72MPa/1h		无破裂，无渗漏
	法兰连接/5.25MPa/1h		无破裂，无渗漏

（续）

项　目	条　件	标　准	结　果
连接密封试验	6.72MPa/1h	GB/T 6111—2003	无破裂，无渗漏
爆破试验	20℃液体介质	GB/T 15560—1995	≥8.8MPa
	40℃		≥8.0MPa
	60℃		≥7.6MPa

表 8-10　ABS 热水管性能

项　目	条　件	标　准	结　果
维卡软化温度	载荷 49N	GB/T 1633—2003	120℃
纵向回缩率	150℃	GB/T 6671—2001	2.0%
落锤冲击试验	23℃	GB/T 14152—2001	无破裂，合格
液压试验	82℃/2.72MPa/10h	GB/T 6111—2003	无破裂，无渗漏
	95℃/2.0MPa/1h		无破裂，无渗漏
	82℃/2.0MPa/100h		无破裂，无渗漏
连接密封试验	82℃/2.72MPa/10h	GB/T 6111—2003	无破裂，无渗漏

3. 抗老化性能

ABS 化学键结构稳定，耐紫外线，可防老化。经 1000h 人工气候加速老化试验及热空气老化试验表明，ABS 冷、热水管的拉伸强度、冲击强度、弯曲强度等性能均无明显变化。

4. 适用温度范围及使用寿命

冷水管工作温度为 -40～60℃，在此温度范围内能保持品质特性不变。热水管工作温度为 20～95℃，在工作温度范围内 ABS 管保持品质特性不变。在正常状态下，室内可使用 50 年以上。

5. 卫生性能

ABS 管材不含任何重金属稳定剂，不会有金属物质渗出，因此无毒，避免二次污染，符合环保卫生要求，用于供水管道提高了生活用水水质。产品浸泡试验表明水质达到对照水质标准，Ames 试验结果为阴性，急性经口毒性（LDSO）测定属无毒物，小鼠骨髓微核试验为阴性，达到卫生产品标准。

ABS 管材采用挤出成型工艺生产，表 8-11 列出了 ABS 管材挤出成型工艺条件。

ABS 管已广泛应用于化工、石油、酿造、食品加工、水利工程中的农田灌溉及各种输水管道、矿用通风和排水、通信、轻工建筑业等领域，是以塑代钢、以塑代木极理想的替代产品。该产品涉及行业很多，使用范围广泛，可以推动石油化工、塑料加工、建材机电及建筑业等相关产业的技术进步，对优化产业结构有着十分显著的经济效益和社会效益。

表8-11　ABS管材挤出成型工艺条件

项　目		数　值
机筒温度/℃	加料段	160~170
	压缩段	170~180
	计量段	170~175
机头温度/℃	分流器	175~180
	模口	180~185
螺杆转速/(r/min)		10~12
牵引拉伸比		1.2

8.3.2　超高分子量聚乙烯管

超高分子量聚乙烯（UHMWPE）的相对分子质量根据需要控制在 150×10^4 以上。考虑到加工过程中的分子热降解，因此，只有黏均相对分子质量大于 170×10^4 的高密度聚乙烯加工成各种制品，才能具有超高分子量聚乙烯的优良性能。

1. 一般物理与力学性能

超高分子量聚乙烯的密度为0.935~0.950g/cm^3，拉伸断裂强度为30~45MPa，弯曲强度大于30MPa，热变形温度为90℃，熔点为136℃。它具有极低的摩擦因数（0.07~0.11），富有自润滑性。在水润滑条件下，摩擦因数更低，为0.05~0.10，是PA66和POM的50%，与聚四氟乙烯相当。

2. 高耐磨性

UHMWPE最引人注目的一个特性是它具有极高的耐磨性。在目前所有塑料中，其耐磨性是最好的，就连许多金属材料（如碳钢、不锈钢、青铜等）的耐磨性也不如它。UHMWPE的耐磨性比PA66高4倍左右，比HDPE和HPVC高9倍左右，比PTFE高2.5倍左右，比聚氨酯高5倍左右，比碳钢和不锈钢高4~6倍。

3. 优良的耐化学腐蚀性

UHMWPE具有良好的耐化学腐蚀特性。除浓硝酸和浓硫酸外，它在所有的碱液、酸液和盐液中都不会受到腐蚀，且可在低于80℃的浓盐酸中应用。它在质量分数小于20%的硝酸及质量分数小于75%的硫酸中是稳定的，在海水、液体洗涤剂中也很稳定。

4. 高耐冲击性

UHMWPE的冲击强度在整个工程塑料中名列前茅。它的冲击强度和相对分子质量有关。相对分子质量低于 200×10^4 时，随相对分子质量的增大，冲击强度增高，在 200×10^4 左右达到峰值，此后相对分子质量再升高，冲击强度反而会下降。它的冲击强度是 PC 的 2 倍、ABS 的 5 倍、POM 和 PBT 的 8 倍。其耐冲击性如此之高，以至于用通常的试验方法来测定其冲击强度时，难以使其断裂破坏。值得指出的是，它在液氮温度（－196℃）下也能保持优异的冲击强度，在液氦温度（－196℃）下仍有延展性。这一特性正是其他塑料所没有的。它在反复冲击后表面硬度会更高，这点对抗气蚀很有好处。

5. 优良的冲击能吸收性

UHMWPE 的冲击能吸收性在所有塑料中为最高，因而噪声阻尼性很好，具有优良的消声效果。

6. 优良的不粘性

UHMWPE 是一种类似石蜡烃的饱和碳氢化合物。化学稳定性高，表面张力小，表面吸附力非常微弱，其抗黏附能力仅次于塑料中不粘性最好的 PTFE。它的吸水率很低，小于 0.01%，表面憎水性良好，因而制品表面与其他材料不易黏附。

7. 优良的卫生性（无毒性）

UHMWPE 卫生无毒，完全符合日本卫生协会标准，并得到美国食品及药物行政管理局（FDA）和美国农业部（USDA）的同意，可用于接触食品和药物的场合。

除以上性能外，UHMWPE 还具有其他一些良好性能，例如：优良的电气绝缘性能；比 HDPE 更高的拉伸断裂强度和更优良的耐环境应力开裂性，比 HDPE 更好的抗疲劳性、耐 X 射线辐射的性能；表面硬度适中；抗老化性能好，使用寿命大于 60 年。当然，UHMWPE 的性能也有不足之处，与其他优良的工程塑料相比，它的耐热性、刚度和硬度要差一些，但可以通过“填充”和“交联”等方法来改善。从耐热性来看，UHMWPE 的熔点与普通 PE 的熔点大体相同（136℃），但因其相对分子质量极大，故其热变形性能还是要比普通 PE 好，在适当的应力下，90℃以下使用也不会发生较大的变形。如果没有应力的作用，UHMWPE 在 150～200℃下制品的形状也不会发生改变，这一点与交联 PE 的热性质相似。此外，UHMWPE 的表面硬度、刚度和抗高温蠕变性等也比 HDPE 强一些。

综上所述，UHMWPE 是所有塑料中耐磨性、韧性最好的塑料。实际上，除耐蚀性和耐热性外，UHMWPE 可与“塑料王”PTFE 相媲美，尤其是极高的耐磨性、自润滑性、耐蚀性和耐结垢性、抗冲击性、耐老化性等综合性能是其他任何塑料所无可比拟的，故它的应用价值极高。我国在这方面的研究，特别对于 UHMWPE 管道的研究已达到了一个崭新的阶段。由于 UHMWPE 管材内、外表面均耐腐蚀，故管子外表面不需涂防护涂料，也不需阴极保护。管子质量轻，安装和运输方便，费用小。管子内表面光滑，可以增加流量20%左右。耐老化，使用寿命在60年以上。由于韧性好，可减少或不用伸缩节。因此，UHMWPE管道的综合经济性能是各种管道中最好的，有望取代传统的衬胶、衬塑管道，以及其他塑料管道和金属管道，成为21世纪新一代的耐蚀、耐磨、耐结垢、耐老化、耐冲击的管材。超高分子量聚乙烯管如图8-5所示。

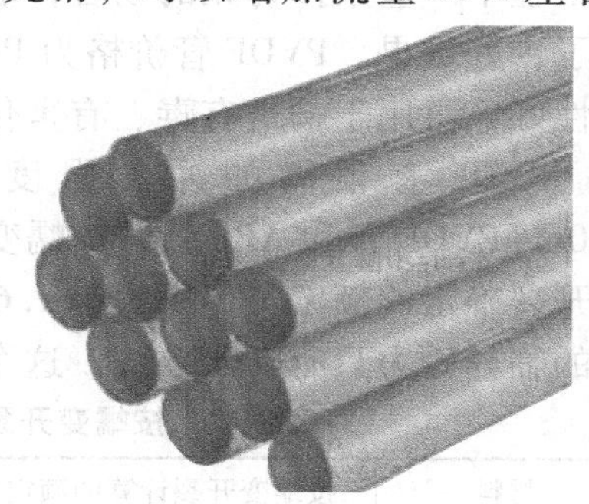

图8-5 超高分子量聚乙烯管

UHMWPE管道优异的性能使其可以应用于各种复杂工况中。对于机械振动、地基沉降或发生地震，也能承受一定程度的冲击变形而不致断裂，因此，具有较高的长期安全性，完全可以在燃气、天然气、液化气或其他气体的输送中发挥重要作用。其具有独特的低温冲击强度，在寒冷环境和意外冲击力的作用下不会发生脆性破裂，因此，在西北和东北等寒冷地区应用该管道输送各种物料也是安全的。在南方地区，地下水等其他腐蚀因素对钢管的腐蚀严重，若使用钢管既增加了防腐的费用，其使用寿命和管道的安全性又受到严重影响。而利用超高分子量聚乙烯管道代替钢管，在压力小于1.6MPa以下的燃气下游管网应用也是十分合适的。

我国对于UHMWPE管道的研究也达到一个崭新的阶段，所生产的UHMWPE管材目前已达到可以商业化可靠使用的阶段。管材直径最大为800mm，弯头、三通等管件也能配套生产，管道焊接和安装技术安全可靠；而且价格适中，比衬胶管、衬塑管低40%以上，非常有竞争力。中国科学院化学所的研究人员应用蒙脱土插层复合技术，制备出相对分子质量为250×10^4的挤出级UHMWPE纳米合金材料，力学性能和耐热性超过UHMWPE。其加工性能良好，可方便地加工成各种管材、管道，具有耐腐蚀、耐磨损、不结垢，有自润性和不粘性等特点，摩擦因数很低，可长期保持管内流体的流速和流量不减，故内径设计可比钢管减少15%左右。挤出级UHMWPE纳米合金可广泛应用于：城市煤气管道，油田原油、天然气输送，矿山、煤炭、电力等工业部门浆体输送和循环水系统，以及城市水暖工程、化工海洋工程等方面。

8.3.3 其他管材

1. 聚偏氟乙烯管

聚偏氟乙烯（PVDF）是含氟树脂中综合性能最好的一种树脂，具有耐热、耐腐蚀、耐磨、抗老化、抗紫外线辐射、力学性能好诸多特点。制品可用于防腐工程中一些条件苛刻的场合，取代钛合金、哈氏合金、蒙乃尔合金制品，获得了良好效果。PVDF 管价格为 PVC 管的 5～10 倍，由于其耐化学品性好，耐火性好，可用于输送有毒、有害化学品。

PVDF 有很高的冲击强度和抗蠕变开裂性。表 8-12 为一根直径 ϕ50mmPVDF 管和 ABS 管，按蠕变开裂和快速开裂估计的许用压力比较。按蠕变开裂确定的额定工作压力为 1.6MPa，但按快速开裂危险性由 S4 试验结果估计的临界压力只有 0.43MPa。这个差别是需要认真对待的。

表 8-12 按蠕变开裂和快速开裂估计的许用压力比较

材料	按蠕变开裂计算的额定工作压力/MPa	按 S4 快速开裂试验估计的许用压力/MPa
PVDF（0℃）	1.6	0.43
ABS（0℃）	1.0	3.86

20 世纪 90 年代我国开始生产 PVDF 产品。常州长耐化工设备制造有限公司研制了 PVDF 系列泵、阀产品。宁波市镇海化工防腐蚀设备厂研制了 PVDF 管道、管件，已投放市场的管件有 ϕ20mm×2.5mm、ϕ25mm×2.5mm、ϕ32mm×3mm、ϕ40mm×3mm、ϕ47mm×3mm、ϕ58mm×3.5mm、ϕ74mm×4mm、ϕ88mm×4.5mm、ϕ110mm×4.5mm、ϕ140mm×5mm、ϕ160mm×5.5mm、ϕ212mm×6mm 12 种规格。

2. 尼龙 6 管

尼龙 6（PA6）的快速开裂裂纹增长阻力不及 ABS 和均聚 PP，但仍属于较好之列。PA6 管件可用作输水管。图 8-6 所示为大型尼龙管道。

图 8-6 大型尼龙管道

3. 聚甲醛管

聚甲醛（POM）在建筑中主要用作管件，被称为“超钢”。POM 具有多种优良的性能，但其抵抗快速开裂裂纹增长的能力极差。用共混橡胶得到的超韧聚甲醛，抵抗快速开裂裂纹增长的能力有所提高。聚甲醛树脂可以用作淋浴喷头等装置的部件，也用于连接聚丁烯管地下农业灌溉草坪维护的喷灌设施。由于聚甲醛无腐蚀性，抗结垢，可降低维护费用，故可替代黄铜做管件。

4. 聚碳酸酯管

聚碳酸酯（PC）管是以PC为原料经挤出成型制成的。PC韧而刚，在热塑性塑料中无缺口冲击强度名列前茅，并接近玻璃纤维增强酚醛或不饱和聚酯的水平，尺寸稳定性好，电绝缘性良好；可耐水、稀酸、氧化剂、脂肪烃，但不耐碱、胺、酮、酯、芳香烃，且可溶于二氯甲烷、二氯乙烷、甲酚；长期浸入沸水中会水解破裂和脆化。PC管适宜用作输油管、绝缘套管及耐高温管。

5. 聚砜管

聚砜管是以各种聚砜（PSU）为原料经挤出成型制成。管材为微带琥珀色或象牙色的不透明体，密度为$1.24g/cm^3$，有突出的抗冲击、耐热、耐老化、耐辐射及介电性能；加工性及耐有机溶剂性欠佳，不宜在沸水中长期使用。聚砜可用作塑料水管的材料，这种水管优于金属管，包括减少饮用水的重金属含量、容易安装和成本较低。此外，聚砜管主要用作电绝缘管和耐高温管。

6. 聚四氟乙烯缠绕橡胶复合波纹管

利用聚四氟乙烯（PTFE）车削制得的薄带缠绕烧结成型这一特殊加工方法，可制造以PTFE为内衬的复合波纹管。该复合波纹管适用于高温、腐蚀性流体的输送，具有易弯曲、易移动的使用特点。

8.3.4 应用实例

1. ABS管在建筑工程中的应用

山西省建设银行综合营业大厦为37层高层建筑，在该大厦建筑工程中，采用了芯层发泡ABS复合管排水系统。该水管的安装有以下优点：从操作上，管材采用承插粘接，施工工具少，质量轻，便于运输和安装，从而大大缩短了工期，降低了人力、物力、财力的大量消耗。从使用上，ABS排水管内表面光滑，管道水流阻力小，不易造成堵塞，同时ABS排水管为夹层，隔声性能好。从维修上是采用锯割加套轴粘接即可达到维修使用要求，克服了铸铁管剔口维修，以及使用大量电气焊设备的缺陷。按以往惯用材料铸铁管，立管安装应隔层设置检查口，而采用ABS排水管，只需在立管底层和楼板转弯处设置检查口，从而大大节省材料费。该大厦采用ABS排水管，其综合经济效益明显比铸铁管好。

2. 压缩天然气专用尼龙输送管道

河北景县宏广橡塑金属制品有限公司研发成功了一种广泛用于压缩天然气

输送的高压、耐温专用尼龙管。随着我国目前压缩天然气资源的广泛应用，在实现管道长距离输送时，由于压力等难题而给输送管材质技术指标提出了相当高的要求，我国用户一直采用进口管材。然而进口管材大多采用涤纶增强线，在使用中由于刚性不足容易出现管线弯曲、产生死折，从而造成输送线路中断，形成事故隐患。为解决这一问题，河北景县宏广橡塑金属制品有限公司在国家有关科研单位的大力协助下，依靠技术创新，开发出新型压缩天然气专用尼龙管新产品。该产品具有使用压力大、耐温性能好、弯曲韧性好等特性，在 -40 ~ 120℃的温度范围内使用时不老化、不龟裂。同时，由于在生产过程中采用涤纶增强线外黏合钢丝线编织新技术，使产品刚性大大增强，解决了弯曲、打死折的问题，使用寿命比同类产品提高 10 倍以上。新型压缩天然气专用尼龙管的开发成功，将提高使用压缩天然气的安全系数，有着较好的推广前景。

3. UHMWPE 管道的应用

1）莱芜矿业有限公司业庄铁矿、谷家台铁矿 2001 年 4 月选用了 UHMWPE 管道，半年后，与 UHMWPE 管道串联并用的无缝钢管已进行了一次更换，而 UHMWPE 磨损量仅 4.85%，按磨损 30% 进行更换计算，使用寿命可达 3 年以上，避免了磨损造成堵塞。

2）热电厂水力排灰系统普遍存在管内结垢问题。灰浆经数千米以上管线输送到粉煤灰料场存放，钢管 1 ~ 2 年结垢 50 ~ 70mm，需要每两年酸洗一次，除垢后的钢管内表面锈蚀非常严重。茌平电厂、广西维尼纶厂于 2001 年、2002 年分别采用了 UHMWPE 管，从而解决了管道的磨损、结垢、腐蚀等问题。

8.4 板材

丙烯腈-丁二烯-苯乙烯共聚物（ABS）、丙烯腈-苯乙烯-丙烯酸酯共聚物（ASA）、丙烯腈-氯化聚乙烯-苯乙烯共聚物（ACS）、尼龙 66（PA66）、聚碳酸酯（PC）等工程塑料经挤出成型可制得各种规格的板材。这类板材强度高，刚性大，耐热性优良，尺寸稳定性好，又具有良好的抗疲劳性、抗蠕变性等性能。在建筑领域可用于制造各种装饰材料，如墙壁板、门板、顶棚、楼梯扶手等。另外，这类工程塑料板还大量用于制作道路指示牌、室外广告牌、展览板，以及各种家具等。

8.4.1 ACS 工程塑料板

ACS 树脂的性能与丙烯腈、氯化聚乙烯和苯乙烯三组分的比例、接枝率、相对分子质量大小及相对分子质量分布有关。一般冲击强度随氯化聚乙烯的含量及丙烯腈-苯乙烯共聚物的相对分子质量增加而提高，拉伸强度则随氯化聚乙烯含量的增加而降低，耐化学药品性和热变形温度随丙烯腈含量的增加而提高。由于ACS不仅具有卓越的力学性能，而且具有耐光变色性、耐候性、阻燃性等优异的性能，所以在建筑领域，ACS板材通常作为高档家具用材以及其他装饰板材等。

与ABS树脂相比，ACS树脂有如下三个显著的特点：

1）耐候性优异。由于ACS树脂是以氯化聚乙烯作为基质，分子结构中无双键存在，因而耐候性大大优于ABS树脂。

2）具有阻燃性。ABS树脂属于易燃树脂，其常用的阻燃方法是添加含卤阻燃剂，但这使人有慢性中毒的危险，使其使用受到了限制。而ACS树脂中的氯化聚乙烯是高相对分子质量的氯化物，本身具有阻燃性，而且不会对人体带来危害。

3）静电污染少。ACS树脂的静电污染极少，能使制品长期保持美观。ACS树脂的这种特征与其分子结构中的氯化聚乙烯有关，它能使摩擦产生的静电在短时间内散逸。

8.4.2 ASA泡沫板材

ASA泡沫板材是市场上同等体积下最轻的板材，9cm厚每平方米为42kg，11cm厚每平方米为45kg，5cm保温板每平方米为22kg，3cm保温板每平方米为11kg。轻质板材极大地减轻了对建筑主体的重力，因此提高了抗震效果。

ASA墙板还有防水的特点。就一般的板材来说，由于板材吸水能力强，把一般轻板放在水里浸泡10min后即沉入水底；而ASA轻板憎水率达到98%，在水里浸泡不会沉底。因此，该产品用在厨房、洗衣间、卫生间更有利于防潮、防漏、防水。

ASA板材隔声效果也相当显著，市场上一般的板材隔声效果是30dB以下，而ASA板材9cm厚隔声可达到39dB，11cm厚隔声达45dB。住在采用ASA板材建成的单元房里，就不用担心隔壁噪声的烦扰。ASA保温板是热导率最低的板材，特别适合北方房屋保温和有特殊保温要求的建筑采用。

ASA具有其他材料不具备的一些特性，例如：良好的韧性、刚性和尺寸稳定性，优异的耐气候性、耐老化性、耐化学性和耐泛黄性，较高的热稳定性，加工温度范围广，非常适宜长期使用，易热塑成型为平面制品，容易回收重复使用。ASA所具有的一些特性，使其在很多领域中得到了广泛的应用。北京华丽联合高科技有限公司研发了一种ASA板轻型钢框架镶嵌式节能建筑体系，该技术将广泛应用于轻钢结构住宅。

8.4.3 高阻燃性聚偏氟乙烯乳胶泡沫材料

美国亚托菲那（Atofina）化学品公司开发制造出高阻燃聚偏氟乙烯（PVDF）泡沫制品。该产品是将该公司生产的Kynar PVDF液态乳胶共聚物与玻璃纤维毡片结合，或与其他纤维增强材料结合，制成的一种开孔泡沫。这种泡沫材料在燃烧试验中只冒极小量的烟和火焰。在高温下，Kynar PVDF呈透明状，在高温下耐紫外线辐射，耐候性好，化学性能稳定。在建筑中可用作建筑物的防火板、高层建筑的通风管道密封层，以及受狂风威胁的房屋的防护挡板等。

最初的实验室试验表明，这些泡沫复合材料有优良的阻燃性。这种技术考虑了各种增强材料的结合，包括玻璃纤维、碳纤维、天然纤维，甚至导电金属纤维。

在密封一层或多层随意切取的玻璃毡片条件下取Kynar泡沫进行火焰试验。将丙烷喷灯置于离50.8mm×152.4mm（2in×6in）扁平试样50.8mm（2in）远的位置，不同密度的几种配方被暴露到相同的火焰条件下，取普通玻璃纤维片和3.175mm（0.125in）的厚铝片进行对比试验。这个试验主要测量火焰贯穿试样平面所用的时间，试验结果见表8-13。所有的增强泡沫试样与普通玻璃纤维和3.175mm（0.125in）厚铝片等参照物阻燃效果相当。充分燃烧的时间随着泡沫密度的增加而增加，随着玻璃纤维层数的增加而增加。片厚度的微小变化也可导致完全充分燃烧所用时间的很大差别。更值得注意的是，15.875mm（0.625in）厚的PVDF/2层玻璃毡充分燃烧所用的时间是9.525mm（0.375in）厚试样的2.5倍。

表8-13 PVDF/玻璃毡片泡沫充分燃烧试验

序号	厚度/mm	试样结构	密度/(g/cm^3)	充分燃烧时间/s	总受热时间①/s
1	9.525(0.375in)	PVDF/1层玻璃毡	0.33	80	
2	9.525(0.375in)	PVDF/1层玻璃毡	0.26	65	
3	9.525(0.375in)	PVDF/1层玻璃毡	0.21	45	
4	9.525(0.375in)	PVDF/1层玻璃毡	0.11	40	
5	9.525(0.375in)	PVDF/2层玻璃毡	0.27	120	>60
6	9.525(0.375in)	PVDF/3层玻璃毡	0.28	130	
7	15.875(0.625in)	PVDF/2层玻璃毡	0.26	>300	>120
8	19.05(0.75in)	玻璃毡	0.0155	4	<4
9	3.175(0.125in)	铝片	2.7	90	<10

① 片材燃烧火焰背面保持在室温下的全部时间。

8.4.4 ABS板材

采用ABS工程塑料制造的家具经久耐用，尺寸精度高，光泽度好，设计自由度高，造形美观。

采用ABS与聚甲基丙烯酸甲酯（PMMA）复合的亚克力板材可以用作卫生洁具。复合板材为PMMA/ABS/PMMA三层对称结构，其中ABS为80%，PMMA为20%。在这种结构中，上下表面为PMMA层，PMMA俗称有机玻璃，表面有着很好的光泽，使板材外观漂亮；板材的主体层为ABS材料，该材料韧性好，具有优良的耐冲击性，热加工性能优越。

由于PMMA、ABS两种材料有着各自的优点和缺点，通过共挤成型后，它们之间优点互补，成为一种性能优越的产品，故复合板材使用性能优越。

洁具专用复合板集PMMA和ABS之优点于一体，表刚里柔，具有外观华丽、高耐磨性、高光泽、高耐冲击性、高保温性、高耐化学腐蚀性、色泽稳定、易于清洁等特点。常州三联塑料厂在拥有七条从意大利引进的三层、双层和单层挤出板材流水线的基础上，又从意大利引进了有效宽度达2100mm，厚度为0.8~10mm的四层共挤板材生产线和关键生产技术。该公司采用欧洲洁具专用PMMA、HIPMMA和ABS（其耐冲击性是PMMA的20倍），以及洁具专用色母料，开发生产了PMMA/ABS、PMMA/ABS/PMMA、PMMA（超高硬度）/HIPMMA（高抗冲击）/ABS、PMMA/HIPMMA/ABS/PMMA板材。

8.5 建筑膜材

2010年上海世博会又一次集中展示了各国的新技术与新创意。各具特色的展馆建筑似乎成了世博会的第一大看点，而世博会上的膜结构建筑也继2008年北京奥运会之后再次得到完美体现。国家体育场“鸟巢”和国家游泳中心“水立方”，作为膜结构建筑的经典之作，如同站在炫目舞台上的明星，惊艳动人、光芒四射，在让人对这种新型建筑叹为观止的同时，也使得聚四氟乙烯（PTFE）、乙烯-四氟乙烯共聚物（ETFE）这样的专业词汇拥有了越来越多的出现率。上海世博会中膜结构建筑的再次大规模亮相，人们意识到膜结构是一种全新的建筑结构形式。这种日渐深刻的认识使得膜结构得到了迅速发展。在日后的发展过程中，膜结构表现出了不少特有的优势，如阻燃性能好、外形新颖美观、自重轻、跨度大、工期短等。支撑结构和柔性膜材可以使建筑物造型更加多样化；膜材自重轻，因此膜结构建筑特别适合地震多发区，也使得膜结构建筑可以实现大跨度覆盖空间；膜结构工程所有的加工和制作都可以按照设计在工厂内完成，在现场只是进行安装作业，施工周期短。膜结构优良的特性，使得它具有广泛的使用范围。

膜结构材料长期以来一直被称为“涂层织物”，这是因为先期用于膜结构的主流材料都是在纤维织物上面添加涂层而成的。业内一般按照织物基材和涂层来划分膜结构材料，常见的有：PVC 膜材、PVDF 膜材和 PTFE 膜材。随着材料科学与新兴技术的发展，20 世纪 90 年代左右，一种与传统膜结构材料不同的材料面世了，这就是 ETFE 膜材。它在膜结构中的应用，颠覆了建筑膜材“涂层织物”的传统定义，拓宽了建筑膜材的范围。ETFE 膜材之所以有别于传统膜材，是因为它不是在织物基材上面加涂层形成。ETFE 膜材是采用挤出流延方法加工成膜，采用这种挤出流延法制作的薄膜厚度、均匀性、表面平滑性都好于挤出吹塑薄膜。这种直接成型的 ETFE 膜材，透光性、阻燃性、自洁性、着色性都很好，使用寿命一般为 10 ~12 年，而且材质柔软，非常适合用于充气膜。

8.5.1 聚氟乙烯薄膜

聚氟乙烯（PVF）是结晶性聚合物，相对分子质量为（6 ~18）$\times 10^4$，是氟塑料中含氟量最低、密度最小的品种。熔点为 198 ~200℃，分解温度为 210℃，长期使用温度范围为 -100 ~150℃。由于加工温度与分解温度接近，不宜用普通热塑性塑料成型方法加工，只能加工成薄膜或配制成涂料。PVF 薄膜作为户外和室内建筑材料的保护层，由于其耐候性突出、保养费用低而受到重视。用 PVF 薄膜层压的胶合板墙覆盖物、室内光线扩散板、石棉水泥层压条和玻璃纤维增强聚酯板等建筑材料已被应用。Platal-T 薄膜层压钢板可应用于工业和民用建筑壁面、顶棚、商店、汽车停放处和候车室的外墙保护层。由于薄膜表面不易被污染，即使被污染后也容易洗净，因而特别适宜于医院、食品加工厂和公共场所的墙壁及门窗的防护层。日本关东皮革公司将 Tedlar 薄膜层压到 PVC 薄膜上，用作壁纸，这种壁纸使用寿命长，表面不会有霉菌的寄生，适用于旅馆、饭店、医院、学校、机关等部门。表 8-14 列出了聚氟乙烯薄膜的性能。

表 8-14 聚氟乙烯薄膜的性能

性　能	数　值
密度/（g/cm^3）	1.39
折射率	1.46
吸水率（%）	0.5
最大横向热收缩率（130 ~170℃，%）	4.0
拉伸强度/MPa	48 ~124

（续）

性 能	数 值
伸长率（%）	115~250
拉伸弹性模量/GPa	1.8~2.0
摩擦因数（对磨材料：金属）	0.16
熔点/℃	198~200
失强温度/℃	300
耐热寿命（150℃炉中）/h	3000
线胀系数/（10^{-5}/℃）	4.6
体积电阻率/Ω·cm	$4\times10^{13}\sim4\times10^{14}$
介电常数（10^3Hz）	8.5
介质损耗角正切（10^3Hz）	$1.4\times10^{-2}\sim1.6\times10^{-2}$
介电强度/（kV/mm）	136~140

PVF主要用于制作薄膜，可采用流延法或挤出法制膜。用挤出法加工有困难，因为在成型所需的温度（225~250℃）下PVF会分解。PVF的增塑也比较困难，但加入了5%~10%（质量分数）的增塑剂（如邻苯二甲酸二甲酯、磷酸三甲酚酯等），可起到改善挤出性能的作用。

PVF主要采用流延法制膜，通常以二甲基甲酰胺作为溶剂，配制成质量分数为8%左右的溶液，于125~130℃进行流延，可制得厚度为0.0127~0.1020mm的透明薄膜。定向度低的PVF薄膜，可用一般的热辊筒热封；定向度高的薄膜，须用介电热封或冲击热封。热封温度为204~218℃，压力为0.14MPa，停留时间为1~2s，冷却时间为3~4s。热封条件随薄膜厚度不同而稍有变化。

8.5.2 聚四氟乙烯涂层玻璃布膜材

1988年用聚四氟乙烯（PTFE）涂覆的玻璃布建筑膜材问世，从此在建筑领域内引入了新颖的建筑材料和设计理念。玻璃布保证了力学强度，而塑料涂层起到保护作用。两者的结合使这两种材料的优良性能互为补充，获得了建筑师的青睐。

涂层玻璃布建筑膜材可构建公共设施（如体育场、展览馆、娱乐中心、游泳池、溜冰场、机场、商业街、拱廊、凉亭等）的顶篷，这称为天篷式建筑，是这种膜材的主要用途。根据气候条件，天篷式建筑有单层、双层或多层结构。一般在寒冷地带采用双层或多层结构，还可在层间填充玻璃纤维格子布、薄毡等绝热材料，使其保温，节约能源。而在热带或亚热带地区则采用单层结构，利用膜材的反射性能，降低内部温度。

玻璃布建筑膜材的主要材料是用 PTFE 涂覆的超细玻璃纤维布，这种膜材结合了玻璃纤维和 PTFE 的优点。其优异特性如下所述：

1）质量轻。比以往任何建筑材料都轻，因而易于运输和安装。

2）强度高。玻璃纤维是一种高强度纺织纤维，因而膜材能够承受暴风雨和雪载荷等。

3）有一定隔声效果。

4）抗老化。膜材表面完全惰性，耐烈日暴晒并能减弱紫外线的照射，抗雨雪风沙袭击，耐腐蚀，不受霉菌、酸雨等严酷环境因素的影响。

5）透光。能让光线均匀分散，造成柔和的漫射采光而不会产生阴影，并可根据要求调整制造工艺来控制阳光反射率和透射率。

6）防火。该膜材不燃烧，也不助燃。

7）可熔焊。单块的膜材板可通过焊接制成整个大顶篷，焊缝强度比织物本身强度高。

8）柔曲性好。与硬质建筑材料不同，这种膜材可拉成动态曲线形状而不破裂。

9）寿命长。在整个使用期内只有小量降解，使用寿命可达25年。

10）易维护。在使用期间只需最少量的清洁工作。由于膜材表面的不粘性，雨水能冲洗掉表面脏物，同时保证完全不透水。

除天篷式建筑外，玻璃布建筑膜材还可用作建筑内装饰材料或外饰面材料、屋面覆盖层、天窗、室内网球场、棚式仓库、无墙车库顶篷、各种帐篷、遮篷、挡帘、旗帜、横幅等。

8.5.3 乙烯-四氟乙烯共聚物薄膜

由乙烯-四氟乙烯共聚物（ETFE）生料直接制成。ETFE 不仅具有优良的耐冲击性、电性能、热稳定性和耐化学腐蚀性，而且力学强度和硬度高、富有弹性、在载荷下不易蠕变，加工性能好。ETFE 膜材透光率可达95%，厚度通常小于0.3mm。ETFE 本身强度并不低，但由于厚度太薄，因此该材料通常用于气胀式膜结构中，由多个跨度通常不大于5m 的两层或三层充气气垫单元构成结构整体。

近年来，ETFE 膜材的应用在很多方面可以取代其他产品而表现出强大的优势和市场前景。这种膜材的透光性特别好，号称“软玻璃”，质量轻，只有同等大小玻璃的1%；因其耐气候老化性好、力学强度高、透明度好等综合原因，ETFE 多层复合膜被选作构筑“气泡”的主体材料。ETFE 韧性好，抗拉强度高，不易被撕裂，延展性大于400%；耐候性和耐化学腐蚀性强，熔融温度高达200℃；可有效地利用自然光，节约能源；良好的声学性能；耐大气作用稳定性、耐燃性、化学稳定性优异。Hoechst 公司以 ETFE 为基料制成的薄膜可通过95%的可见光和83%～85%的紫外光线，在这种薄膜制成的大棚下可以完全像室外一样晒太阳。这种薄膜制成的屋顶，易于清洗和除雪，自清洁功能使表面不易沾污，且雨水冲刷即可带走沾污的少量污物。另一优点是轻便，且承受强风和冰雹等自然灾害的能力更强。这种以 ETFE 为基料制作的薄膜可用于屠宰场、养鱼的鱼池和温室作屋面材料。另外，ETFE 膜可在现场预制成薄膜气泡，方便施工与维修。

不过，ETFE 也有如因外界环境损坏材料造成漏气、维护费用高等不足，但是随着大型体育馆、游客场所、候机大厅等的建设，ETFE 会更凸显自己的优势。

8.5.4 应用实例

1. 英国“千年穹顶”（又译作“千禧宫”）

该建筑位于英国伦敦格林尼治天文台附近的泰晤士河边，是由 PTFE 涂层玻璃布构筑成的一个高为50m、直径为ϕ325m 的拱顶。玻璃布由系在12根钢柱上的缆索张拉固定。1999年12月31日在此构筑物内举行了庆祝新千年到来的活动。

玻璃布用传统方法由经纱和纬纺织成，然后在顶面和底面涂以 PTFE。加工时把涂层布裁切成段，然后接合成144块异形膜。构筑天篷时，把这些异形膜安装成72个楔形体，每个楔形体构成拱顶的膜材固定在径向缆索上，在周围另用缆索把天篷固定在支柱上。

设计的关键之一是要保证在整个结构中无平置的膜材，以免蓄积雨水导致天篷损坏。为防止在膜材与周边缆索接合部位形成能积水的刚性区，设计人员设计了两套周边缆索，一套在膜材之上，一套在其之下，从而使膜材能在缆索之间升降。

2. 马来西亚哥打萨马拉汉清真寺

马来西亚哥打萨马拉汉清真寺位于马来西亚加里曼丹岛北部沙捞越的哥打萨马拉汉市。该清真寺选用 PTFE 涂层玻璃布构筑净跨张拉式篷顶，共使用7000m^2 膜材。在白天，柔和的光线透过膜材射入建筑物内，均匀弥散，形成明亮舒适的空间。

3. “鸟巢”和“水立方”

国家体育场“鸟巢”和国家游泳中心“水立方”的膜结构采用 ETFE 膜材，膜材采用进口产品。“鸟巢”采用双层膜结构，外层用 ETFE 防雨雪、防紫外线，内层用 PTFE 达到保温、防结露、隔声和光效的目的。“水立方”采用双层 ETFE 充气膜结构，共1437块气枕，每一块都好像一个“水泡泡”，气枕可以通过控制充气量的多少，对遮光度和透光性进行调节，有效地利用自然光，节省能源，并且具有良好的保温隔热、消除回声的效果，为运动员和观众提供了温馨安逸的环境。

4. 上海世博会中的膜结构建筑

2010 年上海世博会中的世博轴、日本馆、德国馆、世界气象馆、中国船舶馆、中国航空馆等，都是采用膜结构的典型建筑。

1）世博轴顶棚采用的索膜结构（见图 8-7)，是到目前为止世界上最大的索膜结构。膜材为 PTFE，具有不燃性、防紫外线、抗风化、高自洁性和高反射性等特点，使用寿命在20 年以上，膜材达到使用时间后更换也很方便。

图 8-7 上海世博轴的索膜结构

2）日本馆外墙的超轻膜结构采用了首次面世的“发电膜”技术。在两张 ETFE 薄膜构成枕气枕结构里嵌入了非晶体太阳电池，从而使外墙能够自主产生能源。

3）德国馆外墙使用了1. 2 万 m^2 织成网状、透气性能良好的膜材。这种膜的表层织入一种金属性银色材料，因此对太阳辐射具有极高的反射力；同时网状透气性织布结构又能防止展馆内热气的积聚，可以减轻展馆内空调设备的负担。

4）世界气象组织所建的世界气象馆外观采用亮白色膜结构，膜布上均匀布满喷雾点。外层膜结构和雾状喷泉设计可以起到降温、节能、环保的作用。

5）中国船舶馆利用江南造船厂原东区装焊车间改造完成，屋面用波浪形膜结构替换原有彩钢板屋面，形状似海浪。波浪形膜结构屋面形成了通透的半室外空间。

6）中国航空馆采用了在空间不规则的网壳上，覆盖洁白的聚氯乙烯

(PVC) 膜材，柔软、光滑、圆润、朦胧，将“云”的联想带入观众的眼帘。

另外，见诸报道的涂层玻璃布膜材建筑物还有美国洛杉矶奥林匹克露天运动场、加利福尼亚州拉弗尔学院学生活动中心、佛罗里达州奥兰多“海洋世界”娱乐场、佐治亚州克拉公园园艺中心、芝加哥闹市长廊办公楼、加拿大温哥华展览中心、德国多德蒙特一家溜冰场、埃斯林根展览厅等。

8.6 其他应用

8.6.1 结构材料

聚四氟乙烯抗疲劳性优异，与其他塑料不同，不会出现永久疲劳破坏。同时，聚四氟乙烯具有极佳的耐蚀性和良好的热稳定性，且不受氧、臭氧、紫外线的作用，不易老化，不受潮湿、霉菌、虫、鼠等的影响。因此，目前聚四氟乙烯在桥梁、建筑物上用作承重支座已经非常普遍。其广泛用作桥梁、隧道、钢结构屋架、大型化工管道、高架高速公路、大型储槽等地支承滑块（通常直径为 $\phi40\sim60$mm，厚度为5mm），允许长期载荷为 3×10^6Pa，短期载荷为 4.5×10^7Pa，位移速率为1mm/s。

聚甲醛是一种综合性能优良的塑料，它的力学强度和刚度高，自润滑性和耐磨性好，制品尺寸稳定性好，特别是具有极其优异的抗疲劳性、抗蠕变性和耐化学药品性。随着聚甲醛加工技术的不断提高，现在聚甲醛可以具有钢材的强度和模量，可用作建筑的支承材料。

尼龙具有优良的力学性能和耐候性，因此，被用于制造窗框缓冲撑挡、门滑轮、窗帘导轨滑轮；利用尼龙的耐磨性和自润滑性，还可制造自动扶梯栏杆、自动门横栏、升降机零件。

MC 尼龙是合成尼龙 6 工程塑料的一种新技术。其产品成本比钢材便宜得多，质量比钢材轻 80%，可生产圆棒、圆管、厚薄片等各种尺寸的产品。在建筑领域通常用作室内装潢。

近年来，以节能为目的，在双层隔热窗框上，为了和金属铝框隔热，采用玻璃纤维增强尼龙 66 制造了桥式隔热窗框架。由广州市白云化工实业有限公司研究成功的尼龙 66 隔热条新产品，以高性能的尼龙 66 树脂、玻璃纤维为基材，并加入偶联剂等组成原料配方，采用先进的复合工艺技术，通过精密挤出系统，将这种复合材料挤压成所需形状的产品。该工艺能使玻璃纤维均匀分散在尼龙树脂中，并赋予隔热条卓越的力学性能。该隔热条的主要优点是：线胀系数与铝型材相近，可避免由于温度变化膨缩性能不同而引起的隔热条变形、脱落；使用温度高，抗碱、弱酸，抗雾性能好；表面光滑平整，密封性能好，节能性能优异，可防止室内水分在型材表面结露。该隔热条经济适用，可满足我国绝大部分地区建筑门窗及幕墙隔热、隔冷、节能要求。

8.6.2 屋顶材料

1. 改性聚苯醚

美国GE公司于20世纪90年代，以其生产的改性聚苯醚（商品名称Noryl）为原料制造住宅屋顶瓦获得成功。由于该材料已通过UL94规定的燃烧试验，所以其市场用量逐年增加。以Noryl树脂为原料生产屋顶瓦的成型工艺，可选用注射成型或真空成型。成型时，可将数枚瓦连成一体成型，制成大型瓦板，然后用于施工。与石棉瓦等传统屋顶瓦相比，Noryl树脂屋顶瓦具有如下优点：

1）设计自由度高，可批量生产。

2）施工方便，减少劳动力，缩短施工时间。

3）厚度薄（2~3mm），重量轻，降低运输成本。

4）可简化支承屋顶重量的住宅结构。

作为住宅屋顶瓦原料的Noryl树脂，可选用耐热性好（100℃以上）、阻燃性优良的品级。表8-15列出了用于制造屋顶瓦的Noryl树脂的性能。

表8-15 用于制造屋顶瓦的Noryl树脂的性能

性 能	数 值	性 能	数 值
密度/(g/cm³)	1.06	悬臂梁缺口冲击强度/(J/m)	274
吸水率(23%,24h,%)	0.07	洛氏硬度(R)	119
成型收缩率(%)	0.5~0.7	热变形温度(1.82MPa)/℃	129
拉伸强度/MPa	65	热导率/[W/(m·℃)]	0.22
断裂伸长率(%)	60	线胀系数/(10^{-5}/℃)	5.9
弯曲强度/MPa	93	阻燃性(UL94)	V-1
弯曲弹性模量/GPa	2.48		

2. 氟塑料46（F-46）

四氟乙烯-全氟丙烯共聚物又称氟塑料46（F-46）。用其作为建筑屋顶材料，可缩短施工周期，降低建造费用；可透过太阳光线，降低照明费用。由于F-46耐候性优良，可用作永久性材料使用。另外，用F-46薄膜与铝塑板复合，作为屋顶材料，利用其摩擦因数低和不粘性好的特点，可广泛应用于北方寒冷地区建筑屋顶，用来防止屋顶积雪。

第9章 工程塑料在化工中的应用

9.1 工程塑料的耐蚀性

工程塑料作为一种新型的化工结构材料，在化工设备及化工管路上得到了广泛的应用，具有极高的使用价值。大多数工程塑料具有良好的化学稳定性，特别是在耐酸、碱、盐等腐蚀介质的稳定性方面，比很多金属材料、陶瓷材料要优越。采用工程塑料制造化工设备、化工管路、泵体、阀门等，不仅因为它们具有优良的耐蚀性，良好的成型加工性，而且因为与不锈钢、铅等贵重的防腐蚀金属材料相比，成本低许多倍，经济效益显著。据统计，1t化工防腐蚀用的通用塑料，可代替5~7t钢材；1t工程塑料可节省4~5t有色金属材料。特别是在化工设备及化工管路的防腐蚀方面，工程塑料更是起着其他材料无法替代的独特作用。

1. 工程塑料的耐蚀性分析

不同工程塑料的化学结构的组成差别很大，其耐蚀性也表现出很大的差异。分析工程塑料耐蚀性的优劣，可以归纳成以下几点：

1）在工程塑料的分子中如存在酰胺键、酯键或醚键，在酸或碱作用下容易发生水解。例如，聚酰胺易溶于强酸而被破坏；聚酯易发生酸性和碱性水解，以及在高温下的纯水解；聚甲醛在酸的作用下会加速裂解。聚苯醚的分子结构中虽含有醚键，但其两侧有两个非极性甲基基团，起着空间屏蔽作用，因而耐水性优良，并对酸、碱、盐溶液和洗涤剂等以水为介质的化学药品具有优良的抵抗性能。

2）当工程塑料的分子极性和介质极性相似或相近时，容易受到腐蚀；反之，则不易腐蚀。例如，分子中含有酰胺键的极性工程塑料聚酰胺不耐酸、碱、盐类水溶液，但能耐汽油、四氯化碳等非极性溶剂。

3）聚四氟乙烯的分子结构中，易受化学侵蚀的碳链骨架被一层键合力很强的氟原子严密地包围起来，使聚合物主链几乎不受任何化学物质的侵蚀，对于浓酸、浓碱或强氧化剂即使在高温下也不发生任何作用，其耐蚀性甚至超过贵金属。除某些卤化物或芳香烃使聚四氟乙烯塑料有轻微的膨胀现象外，醇类、酮类、醚类等有机溶剂对它均不起作用。对它起作用的仅为熔融态的碱金属、三氟化氯等，但只有在高温高压下作用才显著。

4）工程塑料除了受酸、碱、盐和水等电解质的侵蚀作用外，硝酸的硝化，浓硫酸的磺化及其氧化也是另一类重要的化学侵蚀作用。硝化、磺化易在大分子的苯环上进行，硝酸和发烟硫酸都是强氧化剂，会使大分子发生氧化反应，但由于氧化剂氧化性的强弱和工程塑料不同的抗氧化性，各种工程塑料所表现出的被侵蚀情况也不尽相同。

2. 工程塑料的耐蚀性评定标准

评定各种塑料耐蚀性的标准，目前各国尚未统一。表9-1所列的是目前我国较为通用的参考标准。

表9-1 塑料耐蚀性评定参考标准

级别	增重（%）	失重（%）	强度下降（%）	尺寸变化率（%）
一级（耐腐蚀）	<3	<0.5	<15	<1
二级（尚耐腐蚀）	3~8	0.5~3.0	15~30	1~3
三级（不耐腐蚀）	>8	>3.0	>30	>3

3. 工程塑料腐蚀性数据的测定

各种工程塑料的腐蚀性数据的测定，应通过一系列试验来进行，目前主要的试验方法有以下两类。

（1）静态浸泡试验 使工程塑料试样在一定温度下，在规定的介质中长时间浸泡，观察试样的外观、质量及力学性能的变化情况。浸泡试验的时间一般不少于1000h。

（2）动态耐介质试验 在静态浸泡试验中加入动态条件进行试验。它又可以分为以下一些试验：环境应力开裂试验、各种弯曲夹具试验、流动条件下耐介质试验、温度梯度条件下耐介质试验、恒应力蠕变试验、恒应变应力松弛试验（化学应力松弛试验）、交变应力疲劳试验（化学疲劳试验）。

4. 各种工程塑料的耐蚀性

聚四氟乙烯（PTFE）俗称“塑料王”，是目前耐蚀性最好的一种工程塑料，它几乎可耐任何浓度强酸、强碱、强氧化介质和有机溶剂，可在－60~260℃的温度下长期工作。它还具有突出的不粘性，已知的固体材料都不能黏附在其表面上，是一种表面能很小的固体材料。聚四氟乙烯在化工生产中作为管道、阀门、泵和设备衬里的应用最为广泛。

聚偏氟乙烯（PVDF）由于氟碳链的结合能高，所以具有良好的耐热性、耐蚀性，可在－40~150℃下使用不变形；化学稳定性良好，能耐氧化剂、酸、碱、盐类、卤素、芳烃及氯代溶剂的腐蚀及溶胀。聚偏氟乙烯具有优异的刚性、硬度、抗蠕变性、耐磨性和耐切割性能，它的拉伸强度是氟塑料中较高的；它的分解温度高（316℃）而熔点低（160~170T），熔融流动性好，因此适合于模压、挤出、注射或吹塑成型，且制品耐开裂性好。

其他氟塑料也有类似的耐蚀性。聚全氟乙丙烯与聚四氟乙烯有几乎相同的耐蚀性，而且更便于使用；聚三氟氯乙烯的耐蚀性稍低于聚四氟乙烯，它会被醋酸乙酯、乙醚、某些芳烃和氯化烃溶解或溶胀，对发烟硫酸、浓硝酸、液氯等的耐蚀性也稍差，但对其他大多数氧化性介质和各种浓度的酸、碱、盐，在不太高的温度下都是稳定的。

氯化聚醚的耐蚀性仅次于氟塑料，它对绝大多数无机酸、碱、盐溶液，在相当宽的温度范围内具有优良的耐蚀性，但浓硫酸、浓硝酸、液氯等强氧化剂在室温下会逐渐对它产生腐蚀。

聚苯醚具有优异的耐蚀性，对于以水为介质的酸、碱、盐溶液及洗涤剂等，不论是在室温下还是在受热情况下，一般均不受影响。但是在85℃浓硫酸中，12MPa载荷下会产生应力开裂。在卤代脂肪烃、芳香烃中，它会发生一定程度的溶胀或溶解。另外，酮类、酯类及矿物油在受力情况下也会使其产生应力开裂。

聚苯硫醚（PPS）具有优良的高温耐蚀性和极高的结晶性。其耐化学腐蚀性与号称塑料之王的聚四氟乙烯（PTFE）相近，能抵抗酸、碱、醇、酮、酯、烷烃、氯代烃等化学品的侵蚀，在沸腾的浓盐酸和氢氧化钾溶液中无任何变化，在200℃下不溶于任何化学溶剂，在250℃以上仅溶于联苯、联苯醚及其卤代物。但其不足之处是能被氧化性酸脆化，以及被氯苯、三氯乙烯引发产生应力开裂。它还具有良好的尺寸稳定性，成型收缩率（0.15%～0.3%）及线胀系数较小，吸水率低，其制品在高温高湿的环境中不变形。聚苯硫醚的加工性能好，虽然其熔融温度较高，但黏度低，流动性好，结晶速度快，成型周期短，适宜加工薄壁或精密尺寸的制品。

聚酰胺、聚酰亚胺、聚甲醛、聚碳酸酯、PBT、PET、聚砜等缩聚工程塑料，由于分子结构上的原因，在各自不同的情况下具有一定的耐蚀性。PA6工程塑料树脂为半透明或不透明的乳白结晶形聚合物颗粒，具有优良的耐磨性、自润滑性、耐热性和耐化学药品，耐油性好，力学强度高，低温性能好，易加工成型，可用注射、挤压、浇铸、吹塑与烧结等各种方法成型加工，但吸水性高，收缩率大，尺寸稳定性差。聚酰亚胺具有优良的耐有机溶剂性和耐酸性，但耐强碱性和耐沸水性较差。聚甲醛具有良好的耐油性和耐碱性，但耐酸性较差。聚碳酸酯对酸性及油类介质稳定，但不耐碱，溶于氯代烃，长期浸入沸水中易引起水解和开裂。PBT和PET对有机溶剂有较强的抵抗能力，但不耐强酸、强碱及酚类等化学药品。在50℃以下的温水中，其性能基本不受影响，但在热水中其力学强度将明显下降。与聚酯类工程塑料相比，聚砜则具有较好的耐酸碱性和耐水解能力。

ABS由于分子结构中有腈基的存在，使它几乎不受稀酸、稀碱及盐类影响，但不耐酮、醛、酯类和氯代烃等有机溶剂。

表 9-2 列举了一些工程塑料的耐蚀性情况。

表 9-2 一些工程塑料的耐蚀性

介质名称	聚三氟氯乙烯	聚全氟乙丙烯	氯化聚醚	聚苯醚	聚苯硫醚
盐酸	★(沸)	★(沸)	★(38%,120℃)	★(60℃)	○(沸)
硫酸	★(98%,175℃) ★(100%,100℃)	★(100%,200℃)	★(<80%,120℃) ★(90%,66℃) ★(95%,25℃) ×(>98%,25℃)	★(<30%,60℃) ★(>30%,20℃)	★(40%,90℃) ○(40%,沸) ○(60%,沸) ×(80%,沸)
硝酸	★(30%,175℃) ★(60%,沸) ○(<98%,100℃) ×(98%,175℃)	★(100%,200℃)	★(<10%,100℃) ×(<10%,120℃) ★(<70%,25℃) ×(100%,25℃)	★(10%,60℃) ★(20%,20℃) ★(50%,20℃) ×(50%,60℃)	○(30%,65℃) ×(30%,90℃) ×(>35%,25℃)
磷酸	★(175℃)	★(200℃)	★(<90%,120℃)	★(60℃)	★(沸)
氢氟酸	★(60%,25℃) ×(60%,175℃)	★(200℃)	★(<48%,120℃) ★(60%,100℃) ×(>70%,25℃)	★(<10%,60℃) ○(50%,20℃)	★(90℃)
硼酸	★(沸)	★(200℃)	★(120℃)	★(60℃)	
高氯酸	★(100℃)	★(200℃)	★(10%,66℃) ×(70%,25℃)		★(40℃)
次氯酸	★(100℃)	★(200℃)	★(66℃)		×(20℃)
氯磺酸	★(浓,25℃) ×(浓,175℃)	★(200℃)	×(25℃)		×(20℃)
王水	○(100℃)	★(200℃)	★(80℃)	×(20℃)	×(20℃)
氟硅酸	★(100℃)	★(200℃)	★(120℃)	○(20℃)	
甲酸	★(60℃) ○(沸)	★(200℃)	★(120℃)	★(60℃)	★(沸)
醋酸	★(90℃) ★(沸) ○(175℃) ★(冰,90℃)	★(200℃)	★(80%,120℃) ★(冰,120℃)	★(<80%,60℃) ×(冰,20℃)	★(<98%,沸) ★(冰,沸)
脂肪酸		★(65℃)	★(120℃)	★(60℃)	
油酸		★(200℃)	★(120℃)	★(60℃)	
乳酸	★(90℃)	★(200℃)	★(<80%,120℃)	★(60℃)	★(90℃)
氯乙酸	★(90℃) ○(140℃)	★(200℃)	★(100℃)		

（续）

介质名称	聚三氟氯乙烯	聚全氟乙丙烯	氯化聚醚	聚苯醚	聚苯硫醚
草酸	★(175℃)	★(200℃)	★(100℃)	★(60℃)	★(30%,100℃)
酒石酸	★(60℃)	★(200℃)	★(120℃)	★(60℃)	
柠檬酸	★(90℃)	★(200℃)	★(120℃)	★(60℃)	
苯甲酸	★(90℃)	★(200℃)	★(120℃)	○(20℃)	
苯酚	★(25℃)	★(200℃)	★(100℃)	×(20℃)	★(30%,90℃) ×(30%,101℃)
氢氧化钠	★(50%,175℃)	★(200℃)	★(<73%,120℃)	★(<50%,60℃) ×(>50%,20℃)	★(<70%,沸)
氢氧化钾	★(50%,沸)	★(200℃)	★(120℃)	★(<50%,60℃)	★(<60%,沸)
氢氧化铵	★(100℃)	★(200℃)	★(120℃)	★(浓,60℃)	★(浓,40℃)
硫酸铵	★(175℃)	★(200℃)	★(120℃)	★(60℃)	
硝酸铵	★(70℃)	★(200℃)	★(120℃)	★(60℃)	
氯化铵	★(175℃)	★(200℃)	★(120℃)	★(60℃)	★(25%,40℃)
硫酸钠	★(175℃)	★(200℃)	★(120℃)	★(60℃)	★(30%,150℃)
硝酸钠		★(200℃)	★(120℃)	★(60℃)	★(30%,150℃)
氯化钠	★(175℃)	★(200℃)	★(120℃)	★(60℃)	★(150℃)
醋酸钠	★(100℃)	★(200℃)	★(120℃)		★(沸)
碳酸氢钠	★(175℃)	★(200℃)	★(120℃)	★(60℃)	
重铬酸钾	★(175℃)	★(10%,200℃)	★(120℃)	★(60℃)	★(30%,100℃)
高锰酸钾	★(100℃)	★(200℃)	★(10%,80℃)	★(60℃)	★(10%,90℃)
氯气	×(60℃)	★(200℃)	★(80℃)	○(20℃)	×(20℃)
液氯	★(100℃)	★(200℃)	×(25℃)		×(20℃)
溴水	★(100℃)	★(200℃)	×(>10%,25℃)	★(60℃)	×(25℃)
过氧化氢	★(30%,60℃) ★(90%,25℃)	★(200℃)	★(<90%,66℃)	★(<30%,20℃) ×(>50%,20℃)	○(30%,150℃)
硫化氢	★(175℃)		★(100℃)	★(60℃)	★(150℃)
甲醇	★(120℃)	★(200℃)	★(100℃)	★(60℃)	★(60℃)
乙醇	★(沸)	★(200℃)	★(100℃)	★(20℃)	★(150℃)
丁醇	★(沸)	★(200℃)	★(100℃)		★(117℃)
乙二醇	★(175℃)	★(200℃)	★(100℃)	★(60℃)	★(90℃)

（续）

介质名称	聚三氟氯乙烯	聚全氟乙丙烯	氯化聚醚	聚苯醚	聚苯硫醚
甲醛	★(90℃)	★(200℃)	★(<37%,120℃)	★(40%,60℃)	★(90℃)
丙酮	○(沸)	★(200℃)	○(60℃)	○(20℃)	★(90℃)
环己酮	○(60℃)	★(200℃)	★(25℃)		★(90℃)
醋酸乙酯	○(25℃)	★(200℃)	○(66℃)	×(20℃)	★(90℃)
醋酸丁酯	○(90℃)	★(200℃)	★(66℃)	×(20℃)	★(90℃)
苯	★(80℃)	★(200℃)	○(66℃)	×(20℃)	★(90℃)
甲苯	○(100℃)	★(200℃)	○(25℃)	×(20℃)	○(110℃)
二甲苯	○(25℃)	★(200℃)	★(66℃)	×(20℃)	★(90℃)
吡啶	○(115℃)	★(200℃)	★(120℃)		
汽油	★(25℃) ○(100℃)	★(200℃)	★(66℃) ○(100℃)	★(60℃)	★(150℃)
煤油	★(100℃)	★(200℃)	★(120℃)		★(90℃)
石脑油	★(100℃)	★(200℃)	★(120℃)		★(90℃)
润滑油	★(80℃)	★(200℃)	★(120℃)		
全损耗系统用油	★(200℃)	★(200℃)	★(120℃)		
三氯甲烷	○(60℃)	★(200℃)	○(66℃)	×(20℃)	○(90℃)
四氯化碳	○(90℃)	★(200℃)	★(120℃)	×(20℃)	○(40℃)
四氢呋喃	○(60℃)	★(200℃)	○(25℃)	×(20℃)	○(90℃)

注：1. ★表示“优”，○表示“尚可”，×表示“差”，浓表示“浓溶液”，沸表示“沸腾”。

2. 表中百分数为质量分数。

5. 对耐腐蚀工程塑料选用应考虑的因素

化工设备制造中对耐腐蚀工程塑料的选用，不仅应当考虑工程塑料自身的耐蚀性，而且还应当根据实际使用条件加以综合考虑。考虑的主要因素如下：

1）介质的种类、组成、浓度及其状态。

2）介质、设备、管道与环境的温度及其分布、变化情况。

3）工程塑料化工设备在制造、安装过程中残余的内应力。

4）使用过程中承受的载荷的种类、大小、时间、交变周期。

5）使用过程中有无发生燃烧的条件及发生静电的可能。

6）结构的强度、使用寿命、安全性及生产成本等。

9.2 工程塑料在化工设备中的应用

9.2.1 换热器

换热器是化工生产中的主要设备之一。金属换热器在防腐蚀方面不能满足要求，即使采用不锈钢、钛、锆等贵重金属也无法取得良好的效果。工程塑料换热器不仅解决了防腐蚀问题，而且大大降低了成本，简化了制造工艺，因此发展很快。用于制造换热器的工程塑料主要是聚四氟乙烯、聚全氟乙丙烯等氟塑料。

1. 聚四氟乙烯换热器

聚四氟乙烯换热器是1965年由美国杜邦公司首先试制的，其管板与管束都是采用聚四氟乙烯制造的。由于聚四氟乙烯属于化学惰性材料，因而能在任何介质中工作。与其他换热器相比，四氟乙烯换热器具有耐蚀性优良、体积小、质量轻、换热面积大、不易附着污垢、传热系数稳定等优点，可在150℃下长期使用。在换热器构造方面，特别是传热管部分，能制造直径很小的管子，这样单位体积的传热面积比金属管增加约5倍，而结构十分紧凑。其缺点是热导率低，但因其管壁薄，管径小，热交换面积大，所以仍具有良好的传热能力。

聚四氟乙烯换热器有管壳式、列管式、管束式、波纹板式、浸淋式等多种类型，与衬里管道、衬里阀和衬里泵，共同组成化工生产中的各种成套装置。但由于聚四氟乙烯的传热效果不够理想，因此，不能采用衬涂聚四氟乙烯的方法来制造换热器。目前，大都采用薄壁F-46细管黏结在蜂窝结构的聚四氟乙烯板上的方法，来制造具有较大传热面积，最高使用温度可达150℃，最大使用压力为10^6Pa的列管式换热器。

聚四氟乙烯管内外附着污垢可能性比金属材料小得多，所以能经常保持一定的热交换能力。这样，将聚四氟乙烯沉浸管束安装在结晶器中，作为加热或冷却之用是非常适宜的。聚四氟乙烯难以附着污垢的原因如下：

1）聚四氟乙烯管并非刚性固定，而是柔性的，所以能够沿任意方向运动，易挠曲。

2）聚四氟乙烯表面光滑，没有黏着性。

3）聚四氟乙烯不活泼，化学性能稳定。除了特定的亲合物质外，几乎不被化学物质侵蚀。

4）聚四氟乙烯的线胀系数约为金属的10倍，这将使污垢受到沿管轴方向的拉伸力或收缩力。从力学观点来看，此力能起到除去污垢的作用。

根据上述原因可知，聚四氟乙烯表面即使附着污垢，也容易除去。通常采用不会腐蚀设备主体的酸洗等化学方法除去污垢。

聚四氟乙烯换热器的另一显著的特性是工作温度与工作压力有一定限制。聚四氟乙烯的使用温度极限与使用压力极限因管子直径不同而不一样，而且使用压力极限还取决于热交换流体的最高温度。图9-1所示为聚四氟乙烯换热器使用压力与使用温度的关系。图中管内侧压力曲线是由管的长期破坏性能所决定的，该曲线相当5年破坏强度的50%。此曲线在短期强度破坏试验的场合，它应能达到3倍上述强度。管外侧压力曲线用对应温度下破坏压力的2/3表示。在相同的条件下，外径为 ϕ6.35mm 管子与外径为 ϕ2.54mm 管子相比，前者的使用压力极限是后者的80%左右。

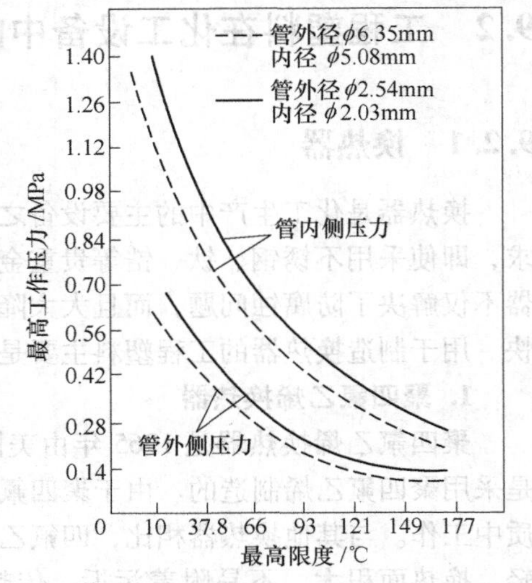

图9-1　聚四氟乙烯换热器使用压力与使用温度的关系

最高使用温度为177℃，工作温度一般定为150℃左右。如加热流体是蒸汽，则应避免过热蒸汽，而应采用饱和蒸汽，并符合表9-3中的规定。表9-4列出了用于氯油塔顶的聚四氟乙烯换热器的结构和工艺参数。

表9-3　聚四氟乙烯换热器工作压力和工作温度

位置	入口压力/MPa	入口温度/℃
聚四氟乙烯管内侧	<0.21	<135
聚四氟乙烯管外侧	<0.14	<125

表9-4　用于氯油塔顶的聚四氟乙烯换热器的结构和工艺参数

结构参数	换热面积/m^2	4			
	换热管数/根	40			
	换热量/（kJ/h）	67407	62802	101739	77456
	总传热系数/［kJ/（m^2·h·K）］	909	917	1126	1281
工艺参数	介质氯乙醇温度/℃	50	55	55	45
	冷却介质流量/（kg/min）	14.4	12.5	35.2	49.1
	冷却介质流速/（m/s）	0.3	0.3	0.7	1.0
	进口温度/℃	20	26	27	26
	出口温度/℃	39	46	39	32

管壳式换热器的结构是在壳体中装入聚四氟乙烯传热管束，传热管束两端做成蜂窝状整体，构成管板。壳体材料是碳钢或不锈钢，管束是用多孔金属轧制的

框安装在壳体内，此框沿长轴方向固定管束，以防止振动。管束内各管的空间配置是用薄的聚四氟乙烯带呈放射形熔接固定的。一些环形折流板将外壳与管束隔开，折流板与“O”形密封环相连接，以防止流体沿壳测的旁路方向流动。折流板的数目与位置应随壳侧的流量而改变。

管壳式聚四氟乙烯换热器的末端有嵌入部分，两端密封是两个具有弹性的“O”形密封环。其中一个是用来密封管束侧，而另一个是用来密封壳体侧流体。卸下管束两端安装的螺栓，取出与末端相连接的对并环，管束即可取出。

聚四氟乙烯的线胀系数约为金属材料的10倍，故管束的热膨胀要比壳体大。换热器两端的管板是与壳体固定在一起的，由于管板具有挠性，故膨胀几乎被吸收。在末端的密封处，为了吸收管板沿轴向的膨胀，该处应具有充分的间隙。

盘管式换热器的结构是将大量极细的聚四氟乙烯传热管（直径为ϕ2.54mm）集中在管束两端的蜂窝状管板上，安装接头或法兰盘。非密闭型的浸液管束群有编织型与非编织型两种。编织型的管束在它所支撑的格子内，各管所占的空间是均匀分配的，因而传热性能好。特制盘管大约分成3～5组，这样可进一步提高传热效率。表9-5所列为聚四氟乙烯换热器的应用实例。

表9-5　聚四氟乙烯换热器的应用实例

名　　称	管数/根	传热面积/m^2	管子内外径/mm	应用实例
管壳式	105 525 650 3100	1.8～81.2	ϕ2.54/ϕ2.03	用于各种流体的冷却、加热、凝结与蒸发
槽内盘管式	2500	56.9～148.2	ϕ3.2/ϕ2.54	用于硫酸制造厂循环酸冷却
细长盘管式	650	7.9～23.7	ϕ2.54/ϕ2.03	用于酸洗槽、大型镀槽等
近似盘管式	160 280 650	1.3～25.3	ϕ2.54/ϕ2.03	用于反应槽、蒸发罐、析晶器及酸洗槽
重叠盘管式	168 280	1.4～10.5	ϕ2.54/ϕ2.03	用于镀槽、酸洗槽表面处理
酸洗用外部循环加热用	650～2500	14.2～56.8	ϕ2.54/ϕ2.03	用于硫酸、盐酸等的加热
小型盘管	1 2	0.2～0.4	ϕ6.35/ϕ5.08	用于试验槽、贵金属镀槽

聚四氟乙烯的热导率很低［0.19W/（m^2·K)］，故它的管壁热阻相对较大，但聚四氟乙烯的污垢热阻比金属材料的要小。在满足耐压前提下，聚四氟乙烯管

的壁厚应尽可能取得小些。这样既可减小热阻，又可视热阻为常数。

聚四氟乙烯换热器的换热系数取决于其形式、聚四氟乙烯管径、管内流体种类、管内压力（对于气体冷却器）和有无搅拌（对于盘管式）。杜邦公司依据大量的运行数据，给出了聚四氟乙烯换热器的换热系数，见表9-6。

表9-6 聚四氟乙烯换热器的换热系数

壳侧流体种类	管侧流体种类	用途	换热系数/［W/（m^2·℃）］	
			管径 ϕ2.54mm	管径 ϕ6.35mm
水	水	冷凝器	272.8	226.4
水	93%（质量分数）硫酸	冷凝器	197.5	173.6
水	98%（质量分数）硫酸	冷凝器	197.5	173.6
水	发烟硫酸	冷凝器	145.3	116.1
水	50%（质量分数）氢氧化钠	冷凝器	116.1	116.1
水	蒸汽	冷凝器	283.3	227.2
水	无机酸	冷凝器	226.4	197.5
水	有机溶剂	冷凝器	174.2	174.5
水	油	冷凝器	283.3	283.3
蒸汽	水	加热器	397.2	397.2
蒸汽	酸	加热器	338.9	338.9
气体	空气	加热器	33.6	33.6

聚四氟乙烯换热器的管间距很小，特别是在管径为ϕ2.54mm的情况下。半径方向流动阻力及冷却剂的流动惯性会妨碍壳侧流体进入管束间，管数越多，流体流动时呈理想的速度分布就越困难。因而，速度的矢量大小及方向将随着半径方向及轴向的不同而变化。

影响速度分布的主要因素为：管间距、管数、环形折流板（为防止流体走旁路而设置的）数目及位置，以及喷流体进喷嘴入口管的中心线与第一块折流板间的轴向距离。为此引入有效速度参数，有效速度常比表观速度小。两个速度的比值取决于表观速度，以及前面提到的各个影响因素。图9-2所示为管数（管间距为3.12mm）对有效速度的影响。由图9-2中的曲线可知，有效速度与管数成反比。当管径为ϕ2.54mm，管数为280根时，最大有效速度与表观速度之比为0.50；若管数为3100根，其比值为0.1。另外，管壳式换热器在使用过程中实际上是经常采用固定框（管束上安有环形折流板，并在两端加以固定），此时折流板的数目较多。图9-3所示为当管数一定时，折流板对有效速度的影响。当使用固定框折流板数目无限多时，有效速度最大，但固定框相应压力降也最大，所以无法使用。

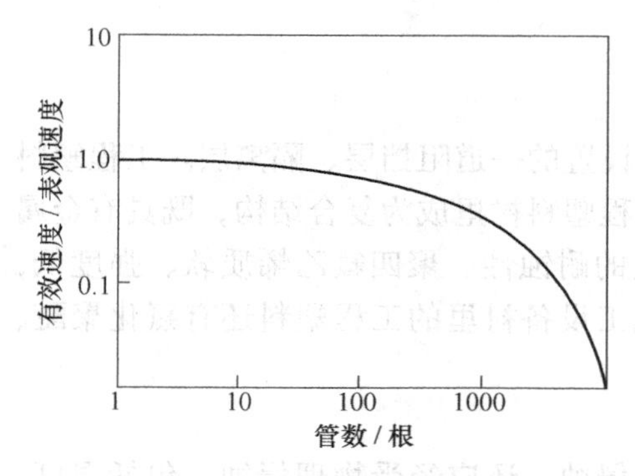

图 9-2 管数对有效速度的影响

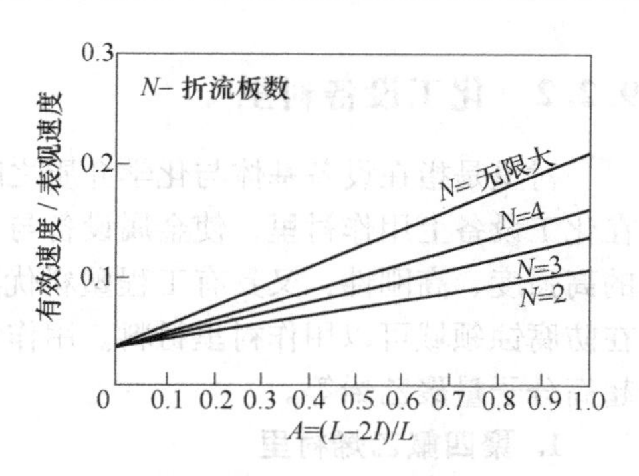

图 9-3 折流板对有效速度的影响
L—喷嘴进出口中心线之间的距离
I—喷嘴中心线至折流板之间的距离

聚四氟乙烯换热器尺寸是根据由层流过渡到湍流状态的实测值来确定的。由于聚四氟乙烯管的挠性好，因此，其流动状态由层流向湍流过渡在比较低的雷诺数时产生。通过实测数据得到层流的雷诺数为 500 ~ 700，其上限在 1000 以下，过渡流的雷诺数为 1000 ~ 10000。

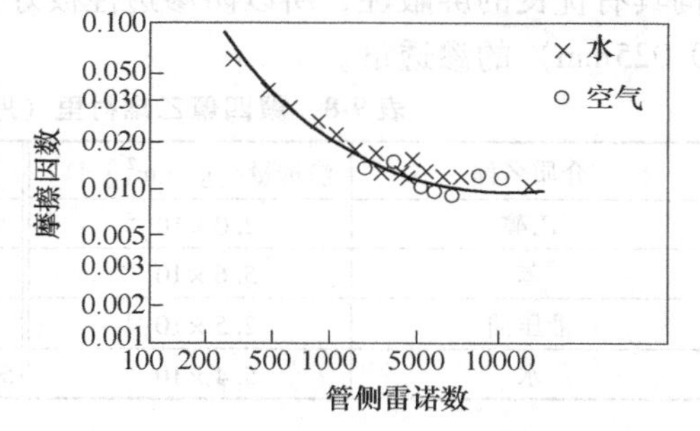

图 9-4 聚四氟乙烯管内的摩擦因数

图 9-4 所示为聚四氟乙烯管内的摩擦因数。管内的压力损失因流速而不同，通常在 0.1MPa 以下。壳侧的压力降不仅与表观速度有关，还与折流板的数目成正比。

2. 聚全氟乙丙烯换热器

聚全氟乙丙烯也被用于制造换热器，其制造工艺优于聚四氟乙烯。表 9-7 列出了以含氟盐酸蒸汽为介质的聚全氟乙丙烯换热器的结构和工艺参数。

表 9-7 以含氟盐酸蒸汽为介质的聚全氟乙丙烯换热器的结构和工艺参数

结构参数	换热面积/m^2	2.8
	换热管数/根	139
	换热管（直径/mm）×（壁厚/mm）	ϕ5.5 ×0.5
	类型	管壳式
工艺参数	介质温度/℃	95
	介质压力	负压
	冷却水温度/℃	32
	冷却水压力/MPa	0.2

9.2.2 化工设备衬里

衬里是指在设备基体与化学介质之间设置的一道阻挡层、隔离层。工程塑料在化工设备上用作衬里，使金属设备与工程塑料衬里成为复合结构，既具有金属的高强度、高刚性，又具有工程塑料优良的耐蚀性。聚四氟乙烯质软、强度低，在防腐蚀领域可以用作衬里材料。用作化工设备衬里的工程塑料还有氯化聚醚、超高分子量聚乙烯等。

1. 聚四氟乙烯衬里

对耐蚀衬里的要求，不仅要经受化学侵蚀，还应经受物理侵蚀，包括温度、渗透及吸收等物理因素。渗透和吸收是两个基本相似的物理过程。渗透是外来物质通过材料层，吸收是外来物质保留在材料层内。温度对渗透和吸收具有重要影响，通常温度每升高10℃，渗透速率将增加1倍左右。聚四氟乙烯由于分子结构具有优良的屏蔽性，所以防渗透性极好。表9-8列出了聚四氟乙烯衬里（厚度0.025mm）的渗透量。

表9-8 聚四氟乙烯衬里（厚度0.025mm）的渗透量

介质名称	渗透量/[g/(m²·d)]	介质名称	渗透量/[g/(m²·d)]
乙醇	2.0×10^{-4}	20%(质量分数)盐酸	2.0×10^{-5}
苯	5.6×10^{-4}	98%(质量分数)硫酸	1.8×10^{-5}
液压油	2.5×10^{-4}	四氯化碳	9.0×10^{-5}
水	5.4×10^{-4}	50%(质量分数)氢氧化钠	5.0×10^{-5}

聚四氟乙烯用于化工设备衬里，耐蚀性和耐热性优良，衬里表面具有不粘性，有利于设备清洗和减少物料污染。一般作为衬里有涂层和板材两种形式。聚四氟乙烯熔融流动性差，涂层必须达到一定的厚度，才能达到耐蚀性要求。因此，作为设备衬里更多的是采用板材。表9-9列出了聚四氟乙烯衬里的主要性能指标。表9-10列出了聚四氟乙烯衬里方法及所用基材。衬里工艺方法有松衬和紧衬两种，其制作工艺流程分别如图9-5所示。

表9-9 聚四氟乙烯衬里的主要性能指标

项　目	指　标
外观	白色、衬里及翻边端面平贴设备内壁，光滑平整，没有裂纹、针孔、贯穿性杂质、黑点等
焊缝系数≥	0.85
静电试验（15kV）	无击穿
水压试验（0.3MPa）	无渗漏
焊缝断裂载荷/N	258
母体拉伸强度对应载荷/N	242

表 9-10 聚四氟乙烯衬里方法及所用基材

衬里方法	基 材
松衬	钢
紧衬	钢、纤维增强塑料

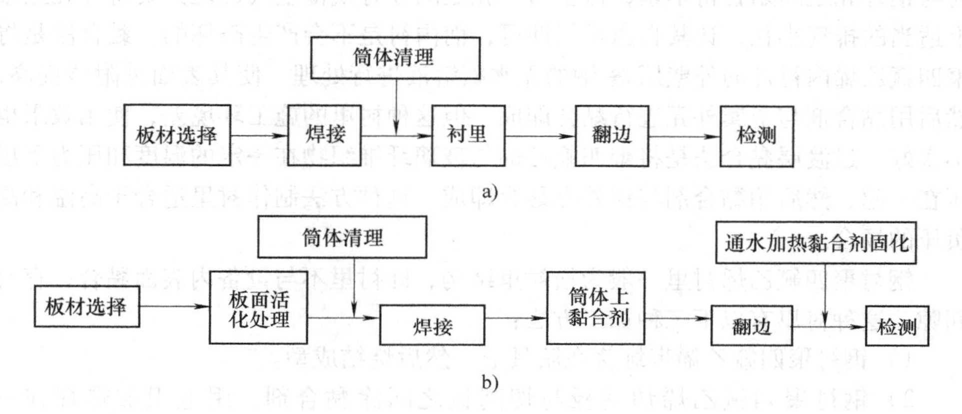

图 9-5 衬里制作工艺流程

a) 松衬 b) 紧衬

等压成型是加工聚四氟乙烯防腐衬里的一种重要方法，其原理为帕斯卡原理，即加在密闭液体上的压强，能按原来大小由液体向各个方向传递。在一个密闭容器里使液体（或气体）的压力沿各个方向均匀地压缩可伸缩的橡胶隔离膜，把压力均匀地传递到聚四氟乙烯粉末层，使在预先设计形状的聚四氟乙烯粉末层上受到等压压缩，得到一个相当于橡胶膜的形状，按聚四氟乙烯压缩比缩小了的预制品，再经烧结即得所需形状的聚四氟乙烯制品。聚四氟乙烯等压成型分为干法和湿法两种。湿法等压成型的优点是模具不受压，适应性强，可以加工各种形状、结构的聚四氟乙烯衬里制品。加工过程中，由于所衬的聚四氟乙烯层受到均匀的压力，使预制品中的应力分布比较均匀，经烧结后制品不易出现翘曲现象。图 9-6 所示为湿法等压成型原理。采用等压成型技术可制作三通、弯头、阀门的聚四氟乙烯防腐衬里。

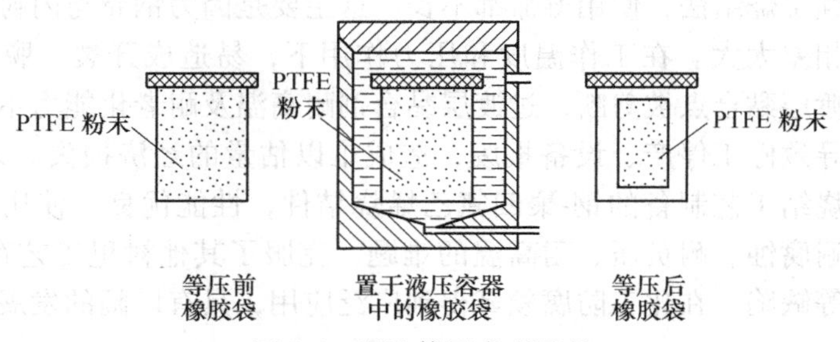

图 9-6 湿法等压成型原理

2. 钢衬聚四氟乙烯衬里

制作聚四氟乙烯衬里的方法有松衬法、黏合法和过渡层黏合法等几种。松衬法简单易行，只要将聚四氟乙烯内衬件自然地套入金属外壳内即成。这种方法内衬与钢外壳之间贴合得不紧，衬里与外壳之间存有残留空气，但只要将外壳上钻上适当的排气小孔，让其自由排气即可，而内衬是不会产生破坏的。黏合法是将聚四氟乙烯内衬件的外壁用萘-钠的无水氨溶液进行处理，使其表面黏附能提高，然后用黏合剂与金属外壳进行黏合即成，但这种衬里的施工环境差，使用效果也不太好。过渡层黏合法是将聚四氟乙烯与玻璃纤维织物在一定的温度和压力下层压在一起，然后用黏合剂与钢外壳黏合即成。这种方法制作衬里适合于高温和高负压的场合。

钢衬聚四氟乙烯衬里一般为松衬里结构，即衬里不与设备内表面黏合，存有间隙。这种衬里有以下三种加工方法：

1）钢衬聚四氟乙烯带缠绕在胎具上，然后烧结成型。

2）钢衬聚四氟乙烯切削板与切削板之间涂黏合剂，用电阻加热焊在一起。

3）采用钢衬聚四氟乙烯焊条将衬里材料焊接在一起。

粗馏塔釜的衬里采用的是钢衬聚四氟乙烯带缠绕在钢丝上烧结成型的结构。这样可提高钢衬聚四氟乙烯衬层抗负压的能力。缠绕后钢丝不与釜内介质直接接触，避免介质对钢丝的腐蚀。

3. 钢-聚四氟乙烯烧结件

聚四氟乙烯具有极优越的化学稳定性和低的摩擦因数，可在较宽的高低温范围（-200~260℃）内使用，是化工防腐领域中的理想材料。但将纯聚四氟乙烯用于贮槽、反应釜、混合器等设备时却无法满足强度和刚度的要求，且价格昂贵、加工困难。因此，采用以金属材料为基体、以聚四氟乙烯为内衬的复合材料，是一种既经济又耐用的方法，但是聚四氟乙烯的不粘性和抗溶剂性却使衬里工艺复杂化。钢-氟塑料复合板中所用聚四氟乙烯的性能见表9-11。研究一种成熟可靠的聚四氟乙烯衬里工艺技术一直是一个技术难题。无论采用松衬法、过渡层黏合法、缠绕烧结法，使用寿命都不长。这主要是因为钢壳与内衬聚四氟乙烯的线胀系数相差太大。在工作温度和压力作用下，易造成开裂、脱落、负压抽瘪，或因过渡层黏合点被剪断，过渡层黏合剂耐高温及耐老化能力不及聚四氟乙烯而失效，导致停工停产、设备报废，造成难以估量的经济损失。采用钢-聚四氟乙烯热压烧结工艺制备的钢-聚四氟乙烯烧结件，性能优良，使用寿命长，较好地解决了耐腐蚀、耐负压、耐高温的难题，克服了其他衬里工艺存在的开裂、脱落、抽瘪等缺陷，在化工防腐领域得到广泛应用，具有广阔的发展前景。

表9-11 钢-氟塑料复合板中所用聚四氟乙烯的性能

性 能	数 据
拉伸强度/MPa	≥15.0
伸长率（%）	≥150
压缩强度/MPa	10.0～12.9
压缩弹性模量/MPa	500～600
邵氏硬度（D）	60～70
线胀系数（20～200℃）/(10^{-5}/K)	12
热导率/［W/（m·K）］	0.24～0.34
比热容/［J/（g·K）	9.0～10.0
摩擦因数（与钢对磨）	0.12

钢-聚四氟乙烯热压烧结工艺是指将聚四氟乙烯与钢壳在没有任何过渡材料的状态下，经烧结充分镶嵌成为一体。其工艺过程是，在高温高压状态下，将聚四氟乙烯与钢壳之间的空气排净，使之成为真空状态，使钢、聚四氟乙烯之间充分接近进行烧结，从而获得极大的黏合力。利用这种黏合力来克服开裂、脱落、抽瘪，以及黏合点被剪断、老化、不耐高温等问题，因而大幅度提高了制件的使用寿命。钢-聚四氟乙烯热压烧结件成型工艺流程见图9-7。

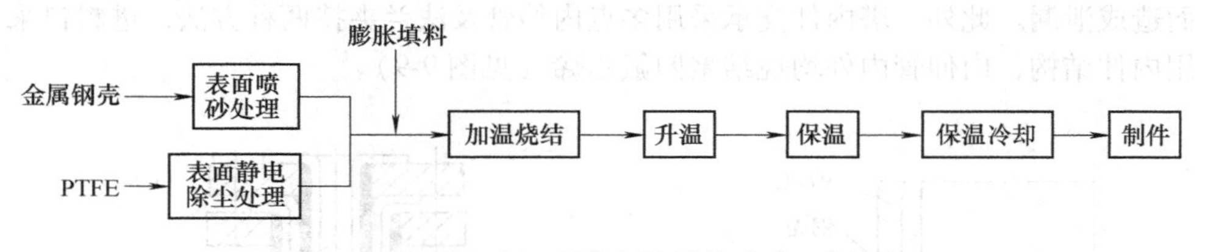

图9-7 钢-聚四氟乙烯热压烧结件成型工艺流程

如图9-7所示，首先根据操作压力、温度、环境选取外壳材料（如碳钢、低合金钢、不锈钢等），并根据强度、刚度计算值确定钢壳壁厚，然后进行喷砂、除锈，以提高黏合力。再将1mm厚的聚四氟乙烯板经除尘处理后按设计所需直径卷筒至设计厚度，作为预制内衬装入钢壳内。在内筒加入膨胀填料，利用其受压后膨胀对聚四氟乙烯加压。然后整体进入烧结炉烧结，在烧结炉内开始缓慢升温至380℃，使聚四氟乙烯完全处于熔融状态。利用聚四氟乙烯自身的膨胀与膨胀填料的膨胀压力，将金属钢壳与聚四氟乙烯之间的空气排干净，使聚四氟乙烯紧密黏附在金属钢壳表面。保温一段时间后进行冷却，冷却速度不可太快，否则会由于内外冷却速度不均匀而产生收缩和裂纹。通常采用保温冷却使冷却速度逐渐缓慢降低，这样才能使聚四氟乙烯内部的结晶度、密度均匀一致，防止产生不均匀收缩和裂纹。烧结炉的最高温度决不允许超过400℃，否则会造成聚四氟乙烯分解，形成气泡，降低力学性能，更重要的是分解气体有强烈的毒性（仅次于光气的毒性）。因此，在聚四氟乙烯加热过程中必须有可靠的安全防护措施。

钢-聚四氟乙烯热压烧结法制备的制品与松衬法制备的制品的相同之处是，聚四氟乙烯与钢件之间都没有任何过渡材料。但松衬法制备的制品看似聚四氟乙烯与钢壳贴得很紧，且难于拔出，实则两者之间仍有缝隙。而钢-聚四氟乙烯热压烧结法制备的制品经用蒸汽与常温水及260～280℃的热油与常温水进行100次骤冷骤热循环检测表明，聚四氟乙烯层不脱落、不起皱、不开裂，这证明聚四氟乙烯衬层与外壳钢件已烧结成整体。

钢-聚四氟乙烯烧结件较好地解决了耐腐蚀、耐负压、耐高温的难题，在碱洗塔、MDI生产装置等接触强酸、强碱及有机溶剂的化工防腐领域广泛应用。

碱洗塔是环氧氯丙烷项目装置中的关键设备，使用介质为混合性介质，除受强酸、强碱腐蚀外，还受丙烯酸等有机溶剂的侵蚀。采用以钢壳为基体，以聚四氟乙烯为内衬的复合材料，既可满足强度和刚度要求，又可达到耐热和耐蚀的良好效果。在衬里工艺的选择上，松衬法在结构设计上要求塔节高度不超过1400mm，否则内衬易脱落、塌陷，而采用钢-聚四氟乙烯烧结工艺不存在这个问题，塔节高度不受限制。考虑到烧结方便、节省钢材，设计中取塔节高度为2000mm。设备法兰两端部及管道接口翻边处（见图9-8）不会因温度变化拉裂而造成泄漏。此外，塔内件支承采用多点内伸管及法兰夹持两种方法，进料口采用内伸结构，内伸管内外均烧结聚四氟乙烯（见图9-9）。

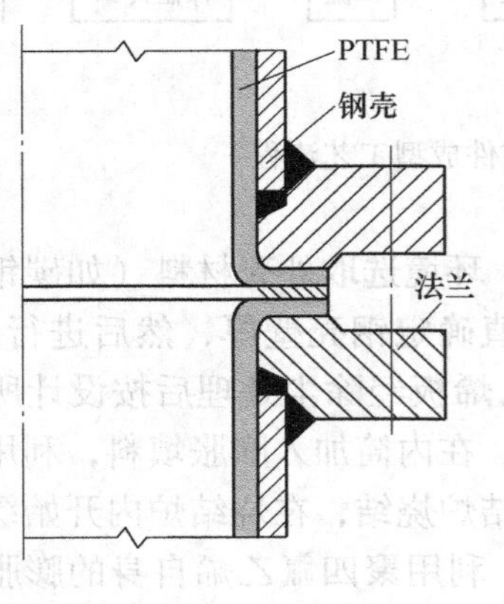

图9-8　法兰连接结构

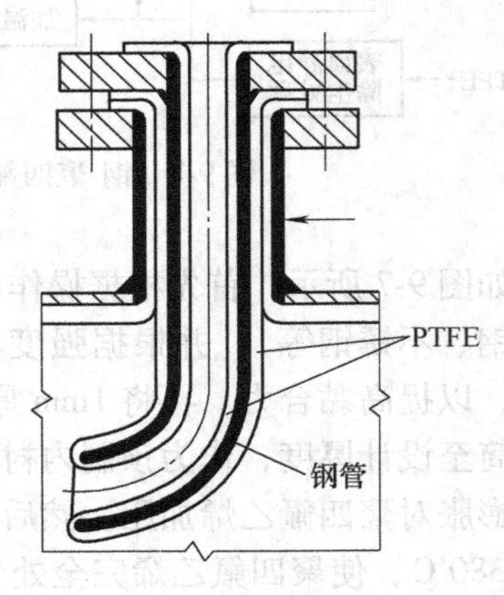

图9-9　内伸管结构

在MDI生产装置中，由于生产所用原料有多种强酸、强碱及有机溶剂，因而如何防腐成为最棘手的问题。采用常规松衬聚四氟乙烯使用效果并不理想，而采用钢-聚四氟乙烯热压烧结件对装置中的部分盐酸、苯胺、甲醛混合液的设备和管道改造后，使用效果非常理想。表9-12列出了钢-聚四氟乙烯热压烧结件的适用范围。

表9-12 钢-聚四氟乙烯热压烧结件的适用范围

项目		适用范围
介质		任何浓度的强酸、强碱、强氧化剂和溶剂
工作温度/℃		-50~250
工作压力/MPa	正压	与外壳钢件相同
	负压	-0.097

4. 可熔融加工氟树脂衬里

聚偏氟乙烯（PVDF）是全球产量和消费量仅次于PTFE的第二大氟树脂品种，具有优异的耐候性、良好的力学性能，具有热塑性树脂的加工特性，可以挤出管材和片膜，注射泵壳和阀件，还可以用溶剂对其溶解配置溶剂型涂料。由于PVDF容易加工，凡是可以用PVC、CPVC或PP加工的制品都可以用PVDF加工制造。采用静电喷涂或流动床浸渍法制备的PVDF粉末涂层的厚度为0.8~1.5mm。PVDF挤出棒材直径为3~100mm，挤出板厚度为2~100mm，其塔、槽、电镀槽在-40~120℃使用，各种注射件最高使用温度可以达到150℃。

乙烯-四氟乙烯共聚物（ETFE）是可熔融加工氟树脂中的大品种之一，具有均衡的耐热性和耐化学腐蚀性，通过交联处理还可提高力学强度和耐热等级。ETFE应用于塔器和槽罐的衬里时，只要对被涂基材表面做一般清洁处理，其本身具有良好的黏合强度，可以用于承受负压的设备和容器。用ETFE片材衬里的设备几乎不沾污垢。熔融加工的ETFE薄膜致密无针孔，因而耐化学药品性能好，有较高的安全性。以厚度为0.6mm的ETFE片材做设备衬里，经1个月的药液浸渍后，其外观不起变化，且对很多种酸都具有良好的耐蚀性。ETFE衬里的槽车使用寿命超过6年。

聚全氟乙丙烯（FEP）衬里设备可以在高温（>200℃）和腐蚀环境下使用，如用于硫酸、氢氟酸、表面活性剂的生产过程和六氟化铀精制过程等。FEP在加工过程中无须添加任何助剂，因而能确保被接触物料不受到污染（对于处理高纯物质的设备衬里，FEP本身的纯度也要很高）。应用于化工设备衬里时，比普通PTFE更容易进行翻边加工处理，但缺点是长期使用温度略低。应用于大型设备时通常采用FEP片材与玻璃布的复合片材，玻璃布的一面用黏合剂与设备金属壁黏合，片间用熔接法相连。对于小型塔、槽则用FEP片材的松衬法或涂层法处理。耐应力开裂的化工设备衬里常用厚度为1.5~2.3mm的FEP片材。塔、槽等设备的附件，如吸入管、液位计、温度计保护套管等，则用传递模压成型法加工。

全氟丙基全氟乙烯基醚共聚物（PFA）实际上是对综合性能优异但又不能熔融加工的PTFE的改性，它保留了PTFE的绝大部分优点，同时又因结晶性下降、熔点下降、熔融黏度大幅下降而可以热熔加工，俗称可溶性PTFE。它在耐热性和耐应力开裂性方面优于FEP，耐折性优异，在高温下的力学强度甚至优于PTFE，因而在很多高端领域得到应用，如半导体产业的应用。在大型塔、槽类设备的衬里层可用PFA片材、PFA-玻璃布复合片材，以及PTFE-PFA-玻璃布三层复合材料，对小型塔、槽类设备主要采用注射成型、传递成型、旋转成型或粉末涂层等方式的衬里。涂层厚度小于1mm时，不适用于高腐蚀性设备的防腐衬里。

5. 氯化聚醚衬里

氯化聚醚可用黏合剂牢固地黏合在钢壳上，所以氯化聚醚衬里一般采用黏合法。黏合法是将厚2~3mm的氯化聚醚薄板剪切后，用氯丁胶加配三异氰酸酯三苯基甲烷制成的黏合剂黏合到金属表面，作为衬里层。为防止板材拼接处的黏合剂被介质腐蚀，接缝处要进行焊接，或用氯化聚醚板条覆盖接缝，再将板条焊在衬板上。

6. 超高分子量聚乙烯衬里

超高分子量聚乙烯（UHMWPE）与普通的聚乙烯相比，随着分子量的升高特别是170×10^4以后，更显示出其优越的力学性能。超高分子量聚乙烯耐蚀性优良，可用于制作化工设备的护面层和衬里，如开式罐、内衬罐、冷却塔体、板式容器、水槽等。由于超高分子量聚乙烯为非极性材料，难以用黏合法制作衬里，一般采用松套法或螺栓压条固定法制作衬里。另外，超高分子量聚乙烯具有极高的耐磨性，摩擦因数为0.07~0.2，同时表面活化能低，具有表面不粘性，可以防止物料的黏合，在散料运输领域具有突出的应用价值。

7. 聚苯硫醚涂层

聚苯硫醚涂层不仅在耐蚀性、耐热性方面可以与氟树脂媲美，而且在与基材黏合性、硬度、无毒性及操作安全方面均优于氟树脂。聚苯硫醚树脂具有高热稳定性、优良的耐化学腐蚀性、电绝缘性、耐磨性和力学强度，而且对碳钢、铸铁、铝、陶瓷及玻璃等表面具有良好的黏合性。在实践中用低温制造的复合聚苯硫醚涂料制成的设备与搪瓷釉涂层设备具有相似和互补的功能，可用于防腐设备的生产。聚苯硫醚涂料是以聚苯硫醚树脂为主要成分，通常需要加入填充剂（二氧化钛）、分散剂（工业酒精）、表面活性剂等，以改进性能并降低成本。

以碳钢塔设备为例，表面经处理后，采用喷涂法以聚苯硫醚做内层，形成独特的复合结构，可充分发挥聚苯硫醚和碳钢两者的长处，是一种性价比很高的耐温、耐压、耐蚀的复合塔设备。经使用表明，聚苯硫醚-碳钢耐蚀复合塔的防腐使用性能远远优于不锈钢和搪玻璃塔，具有使用寿命长，施工简便，价格较廉，对产品质量无影响等优点，可广泛应用于石油、化工、轻工、医药等行业，适用性强，其应用前景广阔。

9.3　工程塑料在化工管路系统中的应用

在化工生产中，管路占有重要的地位。由管材、管配件、阀门和泵等组成的化工管路系统，不仅规模大，而且数量也很大。采用工程塑料替代金属、陶瓷、水泥等材料制作管材、阀门和泵等，不仅安全可靠，性能优良，而且成本较低，施工方便，具有很高的使用价值和经济效益。目前，常用作化工管路系统的工程塑料主要有氟塑料、聚酰胺、氯化聚醚、聚苯硫醚和 ABS 等。

9.3.1　管材及管配件

1. 氟塑料管及管配件

用氟塑料制成的化工管道，不仅具有极其优异的耐蚀性，而且可在较高的温度下使用。例如，管芯采用聚四氟乙烯，外部涂覆四氟乙烯-六氟丙烯共聚物（F-46）制得的软管，使用温度为230℃，使用压力最高可达60MPa。除聚四氟乙烯以外，聚偏氟乙烯、聚三氟氯乙烯及聚全氟乙丙烯等也可用于制造各种规格的管材。

（1）聚四氟乙烯管　聚四氟乙烯既耐腐蚀又耐高温，摩擦因数小，并具有不粘性，但其管材的成型加工较为困难，目前主要采用挤压法和推压法制造。表9-13 列出了聚四氟乙烯管的规格尺寸。表 9-14 ~ 表 9-16 分别列出了聚四氟乙烯内衬管配件的规格尺寸。

利用聚四氟乙烯车削制得的薄带缠绕烧结成型这一特殊加工方法，可以制造以 PTFE 为内衬的复合管，适用于高温、腐蚀性流体的输送，其与橡胶复合的波纹管更有易弯曲、易移动的使用特点。以聚四氟乙烯为内衬防腐层的橡胶复合波纹管，综合了两层材料的特性，不仅具有优良的耐蚀性，而且可适合各种环境下的错位连接，可以弥补管材刚性连接情况下的纵向热胀冷缩及横向错位等缺点。

表 9-13　聚四氟乙烯管的规格尺寸　（单位：mm）

内　径	内径极限偏差	壁　厚	壁厚极限偏差	长　度
0.5, 0.6, 0.7, 0.8, 0.9, 1.0	±0.1	0.2	±0.05	100 ~ 2000
		0.3	±0.08	

（续）

内 径	内径极限偏差	壁 厚	壁厚极限偏差	长 度
1.2，1.4，1.5，1.6，1.8	±0.2	0.2	±0.05	100～2000
		0.3	±0.08	
		0.4	±0.10	
2.0，2.2，2.4，2.5，2.6，2.8，3.0，3.2，3.4，3.5，3.6，3.8，4.0	±0.2	0.2	±0.05	100～2000
		0.3	±0.08	
		0.4	±0.10	
		0.5	±0.10	
		1.0	±0.20	
5，6，7	±0.5	0.5	±0.10	100～2000
		1.0	±0.20	
		1.5	±0.30	
		2.0	±0.30	
8，9，10	±0.5	1.0	±0.20	100～1000
		1.5	±0.30	
		2.0	±0.30	
11，12，13	±0.5	1.0	±0.20	100～2000
		1.5	±0.30	
14，15		2.0	±0.30	
16，17，18，19，20，25，29，30	±0.10	1.5，2.0	±0.20	100～500
		2.5，3.0	±0.30	

表9-14 聚四氟乙烯三通的规格尺寸 （单位：mm）

公称直径 D_e		内衬内径 d	内衬壁厚 δ	内衬翻边外径 F	肘长 X
A	B				
25	25.4	28±1	1.2	≥52	104±1
50	50.8	44±1	1.5	≥85	119±1
80	76.2	74±1	2.0	≥120	144±1
100	101.6	94±1	2.5	≥150	154±1

表9-15 聚四氟乙烯弯头规格与尺寸 （单位：mm）

公称直径 D_g		内衬内径 d		内衬壁厚 δ		内衬翻边外径 F		肘长 X	
A	B	Ⅰ型	Ⅱ型	Ⅰ型	Ⅱ型	Ⅰ型	Ⅱ型	Ⅰ型	Ⅱ型
25	25.4		23±1		1.5		≥45		93±1

（续）

公称直径 D_g		内衬内径 d		内衬壁厚 δ		内衬翻边外径 F		肘长 X	
A	B	Ⅰ型	Ⅱ型	Ⅰ型	Ⅱ型	Ⅰ型	Ⅱ型	Ⅰ型	Ⅱ型
50	50.8	44±1	44±1	1.5	1.5	≥85	≥85	131±1	119±1
80	76.2	74±1	74±1	2.0	2.0	≥120	≥120	183±1	159±1
100	101.6	94±1	94±1	2.5	2.5	≥185	≥150	183±1	199±1

表9-16 聚四氟乙烯异径接管的规格尺寸 （单位：mm）

公称尺寸 D_g		内衬内径 d		翻边外径 F		内衬壁厚 δ	长度 L
A	B	d_1	d_2	F_1	F_2		
80×50	76.2×50.8	74±1	44±1	120	85	1.5	107±1
100×50	101.4×50.8	94±1	44±1	150	85	1.5	107±1
100×80	101.4×76.2	94±1	74±1	150	120	2.0	108±1

聚四氟乙烯热收缩管是聚四氟乙烯分散聚合树脂经推压、烧结、热处理、吹胀后制成的在加热时具有收缩能力的薄壁管材。它除了具有聚四氟乙烯材料的全部优异性能外，还因受热收缩形成紧贴保护层包覆在其他工件外表，使工件具有耐蚀性、耐油性、电绝缘性、不粘性、低温挠曲性、抗冲击性等性能。聚四氟乙烯热收缩管可用于电器、化工、机械、印刷等工业领域。

（2）钢管内衬聚四氟乙烯及玻璃钢增强聚四氟乙烯管　由于聚四氟乙烯的力学强度和耐压性不高，线胀系数较大，而且其力学强度随温度升高而降低，易于变形，因此除纯聚四氟乙烯管以外，还普遍采用钢管内衬聚四氟乙烯，以及用玻璃钢增强的工艺来制造聚四氟乙烯管及管配件。

在用聚四氟乙烯制造管道时，为节约聚四氟乙烯用量，降低成本，可利用聚四氟乙烯热应力松弛的特点，用于制作管道的衬里。制造方法是先将壁厚为1.5~2.0mm的聚四氟乙烯管在不太高的温度下加热并拉伸，伴随其直径的缩小，冷却后使其刚好能套入金属管内，两端均伸出金属管一定的长度；然后在使用温度以上加热（一般为250℃），聚四氟乙烯发生热应力松弛，待恢复至原有尺寸，此时衬里管便自动胀紧在金属管内壁上；再将伸出金属管两端的聚四氟乙烯成型成法兰，并兼作密封垫片。

聚四氟乙烯内衬管与钢外壳的装配主要有松衬法与黏合法两种。松衬法有以下三种工艺：

1）将聚四氟乙烯管外径加工成比钢外壳内径稍小些，聚四氟乙烯管插入钢管后，再在钢管外面滚压，使其直径变小，让聚四氟乙烯内衬管与钢管内壁贴紧。

2）将聚四氟乙烯管外径做得比钢外壳稍大一点，先将聚四氟乙烯管加热拉伸使其直径变小，然后插入钢管内，让其自然松弛变形，直径重新变大与钢管内壁紧贴。

3）将聚四氟乙烯管外径加工成比钢管内径稍小一点，插入钢管后，再在管内加压，使聚四氟乙烯管直径扩大而与钢管内壁紧贴。

以上三种工艺，最终都可达到聚四氟乙烯内衬与钢管内壁紧贴。多年来的实践证明，第三种工艺既简便，又行之有效，所以世界各国基本上都采用这种工艺。

黏合法衬装，必须将聚四氟乙烯管外表面用钠的无水氨溶液或钠-萘络合物处理后，用黏合剂与钢管内壁黏合。

钢管内衬聚四氟乙烯管材及配件能经受许多介质的作用，并取得良好的效果，如溴、苯、甲醛、盐酸、盐酸盐、5%（质量分数，下同）的硫酸、12% NaSCN、HSCN、异丙醚、22% NaOH，氯苯水、对苯磺酸、99.5%氯气、90%～95%叔丁基次氯酸盐、0.5%～1%游离氯、11%～12%氯丙醇水溶液（pH值为2～3）、氯丙醇、二氯丙烷、100%苯、次氯酸、CCl_4等，是解决氢氟酸、高温稀硫酸、各种有机酸、盐酸和有机溶剂等老大难腐蚀问题的理想装备。该管材及配件适用于炼油、氯碱、制酸、磷肥、制药、农药、化纤、染化、焦化、煤气、有机合成、冶炼、原子能，以及高纯产品生产（如离子膜电解等），黏稠物料输送与操作等领域。此外，它还具有良好的刚性，并能耐冲击、振动和扭曲。其使用温度范围为-80～160℃，短期可在250℃以下使用，允许骤冷骤热，或冷热交替操作（无网的常规产品只能在40℃以下使用）。使用压力范围为53～1570kPa，视产品品种规格不同，最高可达64MPa。负压可根据产品规格大小、结构情况与用户要求，采取不同的制造办法，最高可到全真空。表9-17列出了钢管内衬聚四氟乙烯管的规格与尺寸。

表9-17 钢管内衬聚四氟乙烯管的规格尺寸 （单位：mm）

直径	内衬壁厚	长度	内管翻边外径
25	1.5	1200	52
50	2.0	1200	85
75	3.5	1200	125
100	3.5	1200	150

玻璃钢增强聚四氟乙烯管具有玻璃钢和聚四氟乙烯两者的优点，并具有质量轻、耐内外介质腐蚀、耐真空、施工方便等特点。其使用温度可达100℃，真空

度可达100kPa。

（3）金属网聚四氟乙烯管　原化工部化机院氟塑料应用技术研究所经过多年研究，采用特殊技术在内衬层中增加一层金属网，再衬在金属外壳内，从而改变聚四氟乙烯衬里层的物理性能，使它不再受温度的影响而自由收缩。其热胀冷缩量基本与两外壳一致，提高了耐正负压性能，增加了强度，消除了蠕变带来的影响，使聚四氟乙烯衬里产品的使用寿命大为增长，应用范围扩大。金属网聚四氟乙烯衬里产品的耐蚀性：除熔融金属锂、钾、钠，三氯化氯，高温下的二氟化氧，高流速的液氟外，它可以耐各种种类、任意浓度的酸、碱、盐、强氧化剂、有机溶剂，包括浓硝酸和王水。

取金属网聚四氟乙烯管和普通聚四氟乙烯管两组试样，原始直径为ϕ50mm，长度为1000mm，放在烧结箱内加热。从常温（25℃）缓慢升至250℃，并保温一段时间，又快速冷却到常温，升温冷却循环5次，记录其每一阶段长度和直径变化值，再取其算术平均值。表9-18列出了两种聚四氟乙烯管的长度和直径变化。

表9-18　金属网聚四氟乙烯管、普通聚四氟乙烯管的长度和直径变化

项　目	长度/mm			直径/mm		
	金属网PTFE管	普通PTFE管	金属外壳	金属网PTFE管	普通PTFE管	金属外壳
冷却最低值	999.8	979.7	1000	49.44	47.74	50
加热时最大值	1002.6	1012	1002.6	49.57	48.50	50.13
平均变化率（%）	0.3	3.2	0.3	0.3	2	0.26

由表9-18可以看出，金属网聚四氟乙烯管的热胀冷缩变化率基本上与钢外壳相一致，而普通聚四氟乙烯管比钢外壳大10倍左右。

取金属网聚四氟乙烯和普通聚四氟乙烯两组试样，在拉伸试验机上测得的拉伸强度见表9-19。

表9-19　金属网PTFE和普通PTFE两组试样的拉伸强度

项　目	试样标号	拉伸强度/MPa	
普通PTFE试样	1#组	14.2	平均值13.9
	2#组	12.2	
	3#组	15.2	
金属网PTFE试样	4#组	24.5	平均值21.1
	5#组	19.2	
	6#组	19.5	

由表9-19可以看出，与普通聚四氟乙烯试样相比，金属网聚四氟乙烯试样的拉伸强度提高50%左右。

当工作条件是诸如放料或真空反应等负压操作时，可以采取金属网和玻璃纤维过渡层黏合衬里，以提高耐负压性能。金属网外加黏合的衬里产品耐负压数据如表9-20所示。

表9-20 金属网外加黏合的衬里产品的耐负压数据

项 目		直 管			管 配 件		
直径/mm		20~65	80~125	150~200	20~65	80~125	150~300
温度	常温	FV	FV	FV	FV	FV	FV
	100℃	FV	FV	FV	FV	FV	FV
	180℃	FV	FV	FV	FV	FV	0.9FV
	250℃	0.8FV	0.8FV	0.6FV	0.9FV	0.9FV	0.8FV

注：FV表示全真空。

（4）聚偏氟乙烯管 聚偏氟乙烯管路系统适用的温度范围为-20~140℃，管道材料的耐磨性仅次于超高分子量聚乙烯材料和尼龙10，大大优于304不锈钢材料和其他塑料（如PVC-C和PP）。聚偏氟乙烯管路系统广泛地应用于半导体行业的超纯水输送系统、造纸行业、原子能废料加工行业，以及通用的化学工业和水处理膜工业、食品和医药加工行业。

聚偏氟乙烯能采用一般的挤出工艺、注射工艺和压制工艺进行加工。

在钢管中插入挤出成型制得的聚偏氟乙烯管，并用扩口机将管道两端翻边，即可制得聚偏氟乙烯衬管。在有机溶剂中混有氯气、盐酸的生产装置中，聚偏氟乙烯衬管可充分发挥其性能。在有机化学工业中，常用作卤素化合物（如四氯化碳、过氯乙烯、氯仿、五氯苯酚、偏氯乙烯等）生产装置的防腐蚀材料，使用周期长达10年以上，另外，还可用于硫酸、盐酸、铬酸、硼酸等制备装置中。与玻璃、聚丙烯和不锈钢相比，它具有更可靠的长期耐药品性能。除此之外，聚偏氟乙烯衬管对溴具有极其优异的抵抗特性，是迄今为止耐溴性能最佳的配管材料。聚偏氟乙烯衬管在加工过程中无须添加任何助剂，因此，不会发生衬里物质对介质的污染。国外聚偏氟乙烯管衬管已形成系列产品，图9-10和表9-21所示为日本吴羽公司生产的聚偏氟乙烯衬管尺寸。

（5）聚全氟乙丙烯管 聚全氟乙丙烯（FEP）具有良好的耐热性、耐溶剂化学稳定性，可以用作化学装置的衬里防腐材料。在两端有法兰连接的钢管内插入FEP管，管端翻边与钢法兰贴合。FEP管的长度因热膨胀系数大通常取2~3cm，最大为5cm，直径为10~300mm，管壁厚度为1.5~2.0mm。这样的管壁厚度可以防止药液透过FEP对金属管腐蚀。金属管上应设有直径1.5mm左右的

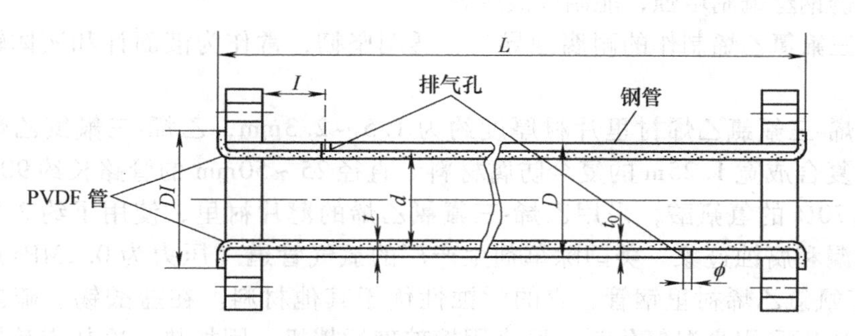

图 9-10 聚偏氟乙烯衬管

小孔排气，气孔的间距为 900mm 左右。FEP 的管配件如弯头、十字头采用传递成型法加工。FEP 耐蚀液压软管直径为 6 ~ 75mm，最高耐压达 40MPa。

表 9-21 聚偏氟乙烯衬管尺寸

尺寸/mm	钢管（JIS 3452）PVDF					排气管			
	D/mm	t_0/mm	t/mm	d/mm	DI/mm	L/mm	ϕ/mm	l/mm	个数
25.4	34.0	9.2	1.5 ±0.2	27.2	51 以上	客户指定长度 ±3	2.5	10	2
38.1	48.6	3.5	1.6 ±0.2	41.2	71 以上	客户指定长度 ±3	2.5	10	2
50.8	60.5	3.8	1.8 ±0.2	53.0	87 以上	客户指定长度 ±3	2.5	15	2
76.2	89.1	4.2	2.1 ±0.2	80.0	120 以上	客户指定长度 ±3	2.5	20	2
101.6	114.3	4.5	2.4 ±0.2	104.8	147 以上	客户指定长度 ±3	3.0	20	2
152.4	165.2	5.0	2.8 ±0.2	154.5	210 以上	客户指定长度 ±3	3.0	30	2

（6）其他氟塑料　四氟乙烯-全氟代烷基乙烯基醚共聚树脂（PFA）具有 PTFE 的诸多优点，且有 FEP 同样的热熔流动性和用途，而 PFA 的耐热性和耐应力开裂性更优于 FEP，特别在高温下的强度高于 PTFE。PFA 可制成直管、管接头、衬套、隔板和管道衬里。PFA 管配件的最小壁厚为 2.38mm，管道衬里层的最小厚度为 1.27mm。PFA 衬里的直管规格，直径 15 ~ 250mm，最大长度为 5m。PFA 管的透明程度高，可以观察管道内情况，但 PFA 管的可挠性小，尤其对大口径 PFA 管几乎不能弯折，为此可制成螺旋形管，提高它的柔性。若在 PFA 管

外以不锈钢丝编制增强，能制成液压软管。

聚三氟氯乙烯制作的耐腐蚀导管，透明坚韧，常作为液面计和液体输入导管。

乙烯-三氟氯乙烯衬里片材厚度约为1.5~2.3mm，乙烯-三氟氯乙烯片与玻璃布复合成宽1.25m的复合防腐材料。直径25~50mm的管路长约90m，用于输送70%的氢氟酸，采用乙烯-三氟氯乙烯的薄片衬里，使用了约2年，无任何渗漏和腐蚀迹象。美国除草剂生产厂的氯气管道（压力为0.2MPa）采用乙烯-三氟氯乙烯衬里钢管，它的耐蚀性优于其他材料。在盐酸锡、硫酸锡等锡盐制造厂采用高温氧化剂，原来用搪玻璃搅拌机，因加热、冷却交替操作容易使玻璃开裂，每年需要更换数次，采用乙烯-三氟氯乙烯衬里后可连续使用1年。

2. 聚酰胺管

聚酰胺（尼龙）管的特点是强度高，耐油性好，用于对耐蚀性要求不太高的化工管道的制造。在安装施工时，尼龙管不必像金属管那样，预先加工成弯曲形状，而可以在现场施工时根据需要进行弯曲装配。

尼龙1010管使用温度为-40~80℃，爆破压力为9.8~14.7MPa。采用尼龙11或尼龙12作为芯管，聚酯纤维编织层作为套管组成的高压软管，不仅具有优良的耐油性和耐蚀性，而且密度小，吸水性小，制品尺寸变化小，易加工成型，具有优异的耐低温冲击性、抗疲劳性、耐磨性、耐水分解性，使用方便，性能可靠，可用于化工设备的高压管道系统。

MC尼龙是一种单体浇铸PA-6，由于相对分子质量提高，使其物理力学性能有所提高。MC尼龙的马丁耐热温度为55℃，长期使用温度为100℃，熔点为220~230℃。MC尼龙管道制品广泛应用于石油、石化、化工、冶金、矿山、造纸、电力、海水处理等行业。

3. 超高分子量聚乙烯管

超高分子量聚乙烯管具有优良的化学稳定性，除某些强酸在高温下对其有轻微腐蚀外，在其他的碱液、酸液中不受腐蚀。在温度小于80℃的浓盐酸、质量分数小于75%的硫酸、质量分数小于20%的硝酸中性能相当稳定，施工中不需要涂刷防腐涂料。超高分子量聚乙烯管采用挤出成型工艺制备，根据挤出设备的不同，可分为柱塞挤出法、单螺杆挤出法和双螺杆挤出法。

采用挤出机将超高分子量聚乙烯制成内管，再用钢丝缠绕机将钢丝缠绕在内管的外壁上，然后与PVC合金材料共挤出，经定型、牵引、切断和管端加工，得到超高分子量聚乙烯复合增强管。这种管可用于各种腐蚀性、磨损性、黏附性结垢介质的中、高压输送。

塑料、化肥等行业的最终产品都是固体颗粒状或粉状，其产品输送主要采取以空气为载体的气力管道输送方式。气力输送也在橡胶加工过程中用来输送合成橡胶和天然橡胶颗粒，管道的材质一般以不锈钢为主。在高速气力输送的过程中，由于输送量大，各种固体颗粒、粉料和管壁的接触面积较大，因此对管道的磨损和腐蚀比较严重，传统的管道难以满足使用要求。超高分子量聚乙烯作为一种高耐磨、耐冲击、耐腐蚀、耐低温、自润滑、不黏附的新型塑料，在固体颗粒、粉料的气力输送方面，具有优越性。

作为一种综合性能优异的新型工程塑料管材，利用其优异的性能，可用于各种高腐蚀性、高黏附性、高磨损性的液体或固液混合物，如各种酸液、碱液、原油、成品油等的输送，充分展现出超高分子量聚乙烯管“节能、环保、经济、高效”的优越性。壁厚为8~24mm，工作压力为1~3MPa的超高分子量聚乙烯管采用法兰或电热熔焊连接工艺，安全可靠，快捷简便，无须采取防腐措施，安装省工省力，安装费用大幅度降低，经济效益是钢管的6倍以上。

超高分子量聚乙烯管具有优异的耐磨性、冲击强度、环境应力开裂抵抗性、耐蚀性、耐候性、抗老化性，密度小、质量轻，安装轻便快捷等特点，是其他管材无可比拟的替代产品，可广泛地应用于石油化工、矿山、煤炭、冶金焦化、清淤工程、污水处理等浆体运输领域。表9-22列出了超高分子量聚乙烯管的技术参数。

表9-22 超高分子量聚乙烯管的技术参数

相对分子质量	$>200\times10^4$	摩擦因数	0.07~0.11
密度/（g/cm^3）	0.935	耐蚀性	优
抗老化能力	5	结垢	不结垢沉积
纵向回缩率（%）	0.79	热变形温度/℃	85
磨损率（%）	21	焊缝强度（电热熔焊）	本体强度2倍以上
拉伸断裂强度/MPa	35.7	耐应力开裂（80℃、40MPa）/h	>1000
悬臂梁缺口冲击强度/(J/m)	1380（23℃）	管材规格尺寸/mm	$\phi65\sim\phi800$
	1500（-40℃）		厚度6~20

超高分子量聚乙烯管具有很强的耐冲击性，是尼龙66管的6倍，聚乙烯管的20倍，高于锰钢管。无论是外力强冲击，还是内部的高压或波动都难以开裂，具有很好的韧性和柔性，且适合地形变化。适用于管道输送压力0.8~1.2 MPa，最高可达2MPa，但经济上合理的管道压力为1MPa以下，完全满足目前钢管输送管道所能适应的范围。

超高分子量聚乙烯分子链长，其磨损指数最小，显示出高耐磨性。耐磨性是普通钢管的6~8倍，不锈钢管的4~7倍，PVC工程塑料管的4~6倍。其化学性能稳定，耐各种酸、碱、盐溶液及有机溶剂等的腐蚀，不降解。另外，管材表面光滑，有良好的不粘性和润滑性，浆体流速达2.3m/s以上不结垢；浆体流动阻力损失小，摩擦因数仅为钢管的1/6；在同等流量和流速的条件下，管道内径设计可比钢管减少截面面积15.4%；在相同输送距离条件下，管道内的输送压力比钢管小。超高分子量聚乙烯管的密度为0.935g/cm^3，是钢管的11.84%，且具有良好的柔韧性，安装方便快捷，大大减轻了工人劳动强度。管道弯头一次成型。它可采用法兰连接或焊接，安装简便，易操作，管线支撑及挖掘量小，施工方便快速，建筑安装工程费用低。

4. 聚碳酸酯管

聚碳酸酯的密度为1.2g/cm^3，无色透明，有良好的透光性，韧而刚，在热塑性塑料中无缺口冲击强度名列前茅，并接近玻璃纤维增强酚醛或不饱和聚酯的水平，尺寸稳定性好，电绝缘性良好；可耐水、稀酸、氧化剂、脂肪烃，但不耐碱、胺、酮、酯、芳香烃，且可溶于二氯甲烷、二氯乙烷、甲酚，长期浸入沸水中会水解破裂和脆化。聚碳酸酯管适宜用作输油管、绝缘套管和耐高温管。

5. 丙烯腈-丁二烯-苯乙烯共聚物（ABS）管

ABS塑料具有高强度、高硬度、高韧性、耐冲击、耐热、耐低温、耐腐蚀、无毒等特点。因此，ABS管被广泛应用于各种水、化学流体、气体与粉体的输送，例如：承压给水、排水，污水处理、水处理，海水输送；化工、药厂的各种化学流体的输送；冶金、造纸工厂的酸、碱化学流体的输送；电子、电力工厂的水与化学流体的输送；食品、饮料、中央空调也广泛应用；但不适用于汽油及有机溶剂、酯、酮、醇类等运输。目前我国ABS管材只占塑料管材用量的很小一部分，主要公称通径有DN15~DN400十多种，最高许可压力为0.6MPa、0.9MPa和1.6MPa三种规格。ABS管主要用于室内冷热水管和水处理的加药管、耐腐蚀的工业管道等。

9.3.2 阀门

阀门是化工生产管路的重要部件。它的作用是切断或沟通管路内流体的流动，改变管路阻力，调节流体通过管内的流速。工程塑料阀门的种类主要有旋塞阀、球阀、单向阀、针形阀、截止阀、隔膜阀、衬里阀等。用于制造阀门的工程塑料主要有氟塑料、氯化聚醚和聚苯硫醚、ABS、尼龙等。

1. 氟塑料阀门

化工生产中使用的各种阀门一般都有耐蚀性的要求，采用氟塑料可在很大程度上提高阀门的耐蚀性。例如，在金属阀体内壁衬涂聚三氟氯乙烯；单向阀的弹簧涂覆聚三氟氯乙烯；用聚四氟乙烯薄膜作为密封阀的隔膜；用聚四氟乙烯或

F-46制成球形阀的阀芯等。氟塑料阀门主要采用聚四氟乙烯、聚三氟氯乙烯、聚偏氟乙烯或聚全氟乙丙烯制造。

一般球阀的衬里、密封件多选用聚四氟乙烯，阀杆由金属杆与塑料复合而成，其使用温度可达-60～160℃。在隔膜阀中，阀膜可用PTFE、橡胶与PTFE复合材料、PTFE漆布与PTFE复合材料等制作，这种阀主要用在计量的控制仪器上。

聚四氟乙烯气动薄膜调节阀、直通阀、针形阀和球阀等，由于耐蚀性优异，使用温度较高，可在各种强酸、强碱、苯、氯、溴、强氧化剂中长期使用，因而在化工防腐领域应用广泛。

聚三氟氯乙烯衬里球阀、衬里截止阀、衬里隔离阀等，适用于在各种浓度的硫酸、盐酸、硝酸、氢氟酸、强碱、氧化性介质中长期使用。使用温度范围为-50～130℃，最高使用压力为2.5MPa。聚三氟氯乙烯尺寸稳定性优于PTFE，它的热膨胀系数约为PTFE的50%，而且低温下的力学强度大，因此适宜制作低温机械的零部件。随着液化天然气的应用，在运输船、贮存罐等要应用大量的耐低温阀片。低温阀用聚三氟氯乙烯球不易泄露，而且对流体流动的阻力小，常常把聚三氟氯乙烯和PTFE组合使用。

聚偏氟乙烯阀有球阀、闸阀、止回球阀、针阀、单向阀、塞阀、隔膜阀等，可在阀与管道、泵等配合使用的成套设备中应用。隔膜阀的阀体、阀盖均可通过模压或注射工艺用PVDF树脂制造，其中直径为$\phi25\sim\phi250$mm的PVDF隔膜阀是离子膜制碱工艺复节槽上必需的产品。球阀的介质通过部分及开闭介质的球体，也可用PVDF圆棒切削加工而成，其特点是具有优异的耐蚀性，高温下优良的力学强度及吸气特性（可防止外部金属部件被腐蚀）。聚偏氟乙烯蝶阀、截止阀工作温度为-40～125℃，适用于输送浓硫酸、浓硝酸、氯、溴及溶剂等。表9-23列出了国产离子膜制碱工艺用聚偏氟乙烯隔膜阀的性能。

表9-23 聚偏氟乙烯隔膜阀的性能

使用温度/℃	使用压力/MPa	使用介质	使用寿命/a	规格尺寸/mm
100	≥0.6	Cl_2、H_2、NaOH、HCl等混合物	>5	$\phi25\sim\phi100$

聚全氟乙丙烯衬里球阀、衬里截止阀、衬里隔膜阀、衬里旋塞阀、单向阀、蝶阀等，可耐除高温熔融碱金属、氟元素、三氟化氯以外的各种腐蚀性介质。钢衬聚全氟乙丙烯阀门现在已有截止阀、球阀、蝶阀、单向阀、角阀、隔膜阀、旋塞阀、直流阀等八大产品。

2. 氧化聚醚阀门

氧化聚醚阀门适用于输送100℃以下腐蚀性流体介质。其工作温度为100～

120℃，工作压力为588～980kPa。用微晶玻璃做球芯的氧化聚醚球阀，使用寿命可达半年以上。

3. 聚苯硫醚阀门

聚苯硫醚阀门主要用于化工行业输送较高温度的腐蚀性流体介质和热水。主要品种有聚苯硫醚阀门衬里球阀、衬里隔膜阀、衬里气动隔膜调节阀、玻璃布增强聚苯硫醚阀门等。

4. ABS阀门

ABS阀门主要用于输送水、弱酸、弱碱等低腐蚀性流体介质，具有良好的耐油性和密封性。ABS阀门设计工作压力为980kPa，使用压力为294～588kPa，工作温度为60℃以下，耐酸碱度为pH值2～10。由于ABS阀门耐气候性不太好，在室外使用时，应在阀门表面涂以涂料以防老化。

5. 尼龙阀门

尼龙可代替铸铁、铝合金、铅等金属材料，广泛用于截止阀阀头、碳化塔液位电极棒、碳化泵泵体轴封、氮氢循环机密封垫片等化工设备零部件的制造。这样不但降低了成本，而且大大提高了使用寿命。

Nylatron Gsm Blum公司推出的铸型尼龙产品中含有二硫化钼（MoS_2）等自润滑剂，使其具有较低的摩擦因数。这种材料专用于高载荷、低速度的条件，可用作阀门、密封垫、垫片和垫板、轴承、轴衬、导杆、套管等。

9.3.3 泵

泵是在化工生产管路系统中以能量提高流体的位能使之流动的机械。塑料泵的种类主要有离心泵、喷射泵、涡旋泵、往复泵等。化工生产中使用的液体输送泵，用得最多的是离心泵。例如，采用聚四氟乙烯和F-46制造离心泵的壳体、叶轮、轴封、背盖，最大扬程可达90m，流量为1.9m^3/min，可用来输送硫酸、盐酸、硝酸、铬酸、甲苯磺酰氯、氯化烷烃等具有强腐蚀作用的药品。中小型泵多采用全塑料结构，可使用硬质聚氯乙烯、聚丙烯等通用塑料，或氟塑料、氯化聚醚、聚苯硫醚等工程塑料；大型泵则主要采用塑料衬里结构，以保证泵体具有足够的强度和刚性。

1. 氟塑料泵

氟塑料泵具有优异的耐蚀性，适用于无机酸、碱、盐溶液和绝大多数有机介质的输送，在塑料泵中耐温最高，耐蚀性最好。

（1）聚四氟乙烯泵 聚四氟乙烯泵可输送几乎所有的腐蚀性介质。主要品种有聚四氟乙烯离心泵、聚四氟乙烯内衬离心泵、聚四氟乙烯磁力驱动泵、聚四氟乙烯液下泵等。

聚四氟乙烯耐腐蚀离心泵所有接触腐蚀性介质的部分都衬有较厚的聚四氟乙

烯。以聚四氟乙烯作为密封材料的机械密封，在泵运转时，可灵活自如地调整，使密封工作压力恰到好处，在液体介质输送和颗粒介质输送中都能达到最佳密封效果，并能延长密封件使用寿命。

聚四氟乙烯板（片）衬里的泵有离心泵、隔膜泵和柱塞泵，主要用于强腐蚀介质，对固体颗粒或结晶的腐蚀介质则不宜使用。

（2）聚三氟氯乙烯泵　聚三氟氯乙烯泵的主要品种为离心泵。它耐蚀性优良，适用于温度不高于100℃的无机酸、碱、盐溶液的输送，特别是在输送氢氟酸介质方面，其性能比一般玻璃泵或不锈钢泵优越。它不适于输送含微小固体颗粒的介质，以及高卤化物、芳香族化合物、发烟硫酸和质量分数为95%的浓硝酸等。表9-24列出了聚三氟氯乙烯离心泵的型号与规格。

表9-24　聚三氟氯乙烯离心泵的型号与规格

型号	流量/(m^3/h)	扬程/m	进口直径/mm	出口直径/mm	转速/(r/min)
80FS-24	54	24	75	65	2900
80FS-24A	49.1	19	75	65	2900
FS-6	26	32	50	40	2880

（3）聚偏氟乙烯泵　聚偏氟乙烯泵有离心泵、自吸泵、柱塞泵、隔膜泵、回转泵、齿轮泵、油池泵、计量泵、污水泵、电磁泵等，与化工产品配套应用。主要品种有聚偏氟乙烯离心泵和聚偏氟乙烯自吸泵。它们适用于输送浓硫酸、浓硝酸、氯、溴等强氧化剂及溶剂，工作温度为-40~125℃。

聚偏氟乙烯树脂可制成电磁泵中与介质接触的部件，如泵壳、磁体、叶轮和耦合器等。这些聚偏氟乙烯部件既具有良好的耐化学性能，又有很高的刚性。泵规格为60~800L/min，使用寿命可达10年以上。聚偏氟乙烯树脂还可用作自吸式泵体材料，起动时因泵空转，摩擦生热而产生的变形极小。气泵中的球体、管子和介质通过部分也可用聚偏氟乙烯树脂。

（4）聚全氟乙丙烯泵　盐酸、硫酸、铬酸等腐蚀性液体的输送泵，如离心泵、活塞泵和隔膜泵等于液体接触部分的衬里层用聚全氟乙丙烯制成。聚全氟乙丙烯泵可用于高温腐蚀环境，并且聚全氟乙丙烯在加工过程中不添加任何助剂就能确保被接触的物料不受到污染。

2. 氯化聚醚泵

氯化聚醚泵的耐蚀性仅次于氟塑料泵，除发烟硫酸、发烟硝酸、氯、溴、氯磺酸外，可耐绝大多数任何浓度的酸、碱、盐溶液及各种有机溶剂，其使用温度范围为0~110℃。表9-25列出了氯化聚醚离心泵的型号与规格。

表 9-25 氯化聚醚离心泵的型号与规格

型号	流量/(m^3/h)	扬程/m	允许吸入高度/m	进口直径/mm	出口直径/mm	转速/(r/min)	电动机功率/kW
40FS-20	6.6	20.5	6	40	20	2900	1.5
40FS-20A	3.3	5.1	6	40	20	1450	1.5
50FS-40	14.4	40	6	50	40	2900	5.5
50FS-40A	13.1	32.5	6	50	40	2900	4.0
80FS-24	54	24	5	80	24	2900	1.0
80FS-24A	50	19	5	80	24	2900	1.0

3. 聚苯硫醚泵

玻璃纤维增强聚苯硫醚泵可用于制造水泵壳体，各种油泵、耐腐蚀泵的骨架和叶轮。用玻璃纤维增强聚苯硫醚来制造采掘原油用的油泵叶轮，可在高温及腐蚀性很大的原油中长期高速运转，具有能耗小、质量轻、生产率高的特点。

4. 尼龙泵

用机械方法使尼龙树脂与玻璃纤维均匀混合（有短纤维法和长纤维法），制得玻璃纤维增强尼龙，从而大大提高其拉伸强度、刚性和冲击强度，可用于制作泵叶轮、输送机链条、高载荷的机械零件等。

将接枝的聚烯烃与干燥之后的尼龙树脂在适当温度下剪切混合（有一定程度的化学反应），挤出造粒从而制得增韧尼龙。它保留了尼龙的基本特性，增加了尺寸的稳定性，使其冲击强度提高 15～25 倍，还可改善容器气密性，成型加工性能良好。它适用于制作泵、阀门、油管、药品容器等。

爱尔兰 FF 制泵公司用 DSM 公司的 NYRIM 尼龙设计了一种齿轮泵，这种泵比钢的强度大，质量却仅为钢的 12.5%，不需要辅助设备即可安装，可用于石油化工行业液体的高速输送。该泵获得了美国塑料工业协会的设计许可。

5. 超高分子量聚乙烯泵

利用超高分子量聚乙烯优良的耐磨性和耐蚀性，可制作化工设备上的泵。湖北汉阳水泵厂生产的小型轴流泵（6in，1in＝25.4mm）使用注射成型的超高分子量聚乙烯水润滑轴套。原来用橡胶、铜等材料，存放期间易受环境气候的影响而发霉、生锈，不能继续使用。用超高分子量聚乙烯轴套就不存在这些现象，且重新使用时无须清理，主机运转自如、平稳，寿命大大延长。中国香港、澳大利亚有关用户反映，该泵改用超高分子量聚乙烯轴套后，效果良好。

9.3.4 密封配套产品

化工、石油行业所用设备绝大多数是管道、容器、塔类、泵、阀等装置，是在一个极其特殊的工况环境下连续运行的系统。由于生产条件苛刻，多数处在高温、高压及腐蚀介质的浸蚀中，所以这些设备和装置除自身需特殊材料制造外，对密封配套件非常挑剔。不同的工艺生产条件需要不同材质、不同性能指标的密封件，特别是一些脆性非金属设备及内衬为非金属衬里的装置，其配套更是严格，不仅要耐腐蚀、耐高温、耐高压，还要有弹性补偿、防止脆性材料爆裂、安全稳定、寿命长，这无疑给配套的密封材料提出了苛刻的要求。采用膨胀聚四氟乙烯（GEPTFE）解决了这一过去化工及其石化行业生产中多年不可逾越的技术难题。表9-26列出了膨胀聚四氟乙烯技术参数。膨胀聚四氟乙烯材料有膜片状、带状和板状等几类。表9-27列出了膨胀聚四氟乙烯材料的规格尺寸。

表9-26 膨胀聚四氟乙烯的技术参数

技术参数	数值
使用温度/℃	-218~320
使用压力/MPa	<20
压缩比率（%）	50~80
压缩变形率（%）	40
回弹率（%）	17
适用介质	有机、非有机类腐蚀介质及普通化学物质。抗强酸、强碱，耐油，无污染，耐腐蚀

表9-27 膨胀聚四氟乙烯材料的规格尺寸 （单位：mm）

膨胀聚四氟乙烯材料种类	规格尺寸	
膜片状	300×0.1 600×0.20	400×0.15 650×0.25
带状	100×30×0.5 50×15×1.0 15×7×3.0	100×15×1.0 30×5×3.0 10×7×3.0
板状	1520×1520×0.5 1520×1520×1.0 1520×1520×1.5	1520×1520×2.0 1520×1520×3.2 1520×1520×6.4

由膨胀聚四氟乙烯制造的各类密封配套产品是当今化工行业普遍使用的密封配套产品，具体应用范围如下：

1）各种（特别是非金属）管道端面连接或管配件的法兰端面密封，各种异形端面连接密封，有缺陷法兰端面的密封，大口径容器端面密封。

2）各种搪瓷、玻璃、塑料及橡胶衬里，不渗性石墨及其他非金属衬里的管道、容器、塔类、反应釜、换热器、蒸发器等端面及法兰密封。

3）表面加工精度较差，不平整区域较大，形状不规则，螺栓紧固力不易用足或不宜过大的大口径设备，或异形端面连接密封。

4）强腐蚀介质和不能被丝毫污染流体的输送、储藏等设备、容器、管道端面密封。

5）各种气体、液体输送管道及储罐等储藏附属设备的端面密封。

参 考 文 献

[1] 石安富，龚云表．工程塑料手册［M］．上海：上海科学技术出版社，2003.

[2] 金国珍．工程塑料［M］．北京：化学工业出版社，2001.

[3] 马之庚，陈开来．工程塑料手册：应用与测试卷［M］．北京：机械工业出版社，2004.

[4] 邓如生，魏运方，陈步宁．聚酰胺树脂及其应用［M］．北京：化学工业出版社，2002.

[5] 邓如生．共混改性工程塑料［M］．北京：化学工业出版社，2003.

[6] 刘广建．超高分子量聚乙烯［M］．北京：化学工业出版社，2001.

[7] 叶瑞汶，冯建跃，陈丽能．塑料导轨应用技术［M］．北京：机械工业出版社，1998.

[8] 王有槐，王新华，朱培．铸型尼龙应用技术［M］．北京：中国石化出版社，1994.

[9] 张玉龙，李长德，王喜梅，等．电气电子工程用塑料［M］．北京：化学工业出版社，2003.

[10] 李尹熙，王力，韩庆国．汽车用非金属材料［M］．北京：北京理工大学出版社，1999.

[11] 张留成．高分子材料导论［M］．北京：化学工业出版社，1995.

[12] 黄立本，张立基，赵旭涛．ABS 树脂及其应用［M］．北京：化学工业出版社，2001.

[13] 叶昌明，余考明，乐启发．工程塑料在轴承上的应用［J］．工程塑料应用，2000，28（4）：41-44.

[14] 吴利英．聚甲醛双齿轮成型加工工艺研究［J］．工程塑料应用，2002，30（2）：22-23.

[15] 杨军，杨先泽．UHMWPE 瓷机滤板的研制［J］．工程塑料应用，2005，33（5）：40-42.

[16] 张建群．NL 系列弹性联轴器玻璃纤维增强尼龙 66 内齿套的研制［J］．工程塑料应用，1992，20（4）：33-36.

[17] 李元先，侯印海，孙万春．PTFE 在 ZL 型立式多级泵中的应用［J］．工程塑料应用，1997，25（6）：28-29.

[18] 马乔林．MC 尼龙螺旋桨的实船测试与应用［J］．江苏船舶，1994，11（1）：27-31.

[19] 陶炜，高志秋，金文兰，等．阻燃抗静电增强尼龙 6 风机叶片的开发与应用［J］．工程塑料应用，2001，29（1）：26-28.

[20] 王国超，廖林清，杨红韵．矿用抽出式局部通风机尼龙叶片的开发与应用［J］．工程塑料应用，2002，30（7）：29-31.

[21] 刘亚盈．杜邦尼龙 66 工程塑料在轴承保持架上的应用［J］．工程塑料应用，1994，22（2）：38-40.

[22] 郭强，田爱国，陈志刚．高性能工程塑料聚醚醚酮特性和应用的研究［J］．工程塑料应用，2001，29（12）：19-21.

[23] 王家序，陈战，陈敏．超高分子量聚乙烯塑料轴承设计研究［J］．润滑与密封，2001，

(4): 1-3.
[24] 朱芝培. 国内外汽车用塑料的进展 [J]. 工程塑料应用, 1999, 27 (2): 31-33.
[25] 樊晓东. 尼龙在汽车上的应用 [J]. 化工时刊, 2004, 18 (8): 58-60.
[26] 高志敏. 汽车雨刮片塑料组件的研制 [J]. 现代塑料加工应用, 1998, 10 (5): 26-28.
[27] 袁中现, 夏青松, 朱长春. 塑料在汽车门锁中的应用 [J]. 工程塑料应用, 1997, 25 (2): 36-38.
[28] 李尹熙. 中国汽车用塑料的现状和发展方向 [J]. 汽车工艺与材料, 2000, (1): 1-7.
[29] 袁荣根. 填充碳纤维 PTFE 在水轮机导叶轴套上的应用 [J]. 合成树脂及塑料应用, 1990, (1): 44-47.
[30] 付红素. 铁路货车用工程塑料保持架的研制与应用 [J]. 铁道机车车辆工人. 2007, (6): 1-6.
[31] 许霞, 吕仙贵. 塑料异型材与加工 [M]. 北京: 化学工业出版社, 2013.
[32] 张光磊. 新型建筑材料 [M]. 北京: 中国电力出版社, 2014.
[33] 潘旺林. 最新建筑材料手册 [M]. 合肥: 安徽科学技术出版社, 2014.
[34] 龚江红, 郭辉. 建筑材料 [M]. 北京: 中国环境科学出版社, 2012.
[35] 於林辉, 谢义林. 塑料建筑材料与加工 [M]. 北京: 化学工业出版社, 2013.
[36] 吴海宏. 现代工程塑料 [M]. 北京: 机械工业出版社, 2009.
[37] 赵启辉, 左寿华, 刘志伟. 工业常用塑料管道设计手册 [M]. 北京: 中国标准出版社, 2008.
[38] 金祖铨, 吴念. 聚碳酸酯树脂及应用 [M]. 北京: 化学工业出版社, 2009.
[39] 魏家瑞. 热塑性聚酯及其应用 [M] 北京: 化学工业出版社, 2011.
[40] 朱建民. 聚酰胺树脂及其应用 [M] 北京: 化学工业出版社, 2011.
[41] 钱知勉, 包永忠, 氟塑料加工与应用 [M]. 北京: 化学工业出版社, 2010.
[42] 江建安, 氟树脂及其应用 [M]. 北京: 化学工业出版社, 2013.
[43] 张玉龙, 张文栋. 实用工程塑料手册 [M]. 北京: 机械工业出版社, 2012.